"十三五"普通高等教育规划教材

# Web 前端开发技术

卢　冶　白素琴　张其亮　张小立　刘永良　编著

机械工业出版社

本书紧贴互联网行业发展对 Web 前端开发工程师岗位的技术与能力的要求，详细地介绍了前端开发的三个基本要素：HTML、CSS 和 JavaScript，也涵盖了当前较为流行的 HTML5、CSS3、jQuery，以及 Ajax 和 JSON 等技术。教材包含大量的实例、思考题，并包含配套的实验，便于读者学习、自主练习与提高，以期达到熟练掌握各类前端开发技术的目的。

本书可以作为应用型本科院校计算机科学与技术、软件工程、信息管理与信息系统、通信工程相关专业"Web 前端开发技术""Web 应用程序设计"或者计算机公共基础的"网页开发与设计""网页制作"等课程的教材，也可以作为高职高专院校相关专业的教材，或者作为 Web 应用程序开发人员的参考用书。

## 图书在版编目（CIP）数据

Web 前端开发技术 / 卢冶等编著. —北京：机械工业出版社，2019.1
（2021.7 重印）
"十三五"普通高等教育规划教材
ISBN 978-7-111-61820-1

Ⅰ. ①W… Ⅱ. ①卢… Ⅲ. ①网页制作工具—高等学校—教材
Ⅳ. ①TP393.092.2

中国版本图书馆 CIP 数据核字（2019）第 036305 号

机械工业出版社（北京市百万庄大街22号　邮政编码100037）
策划编辑：李馨馨　　责任编辑：李馨馨
责任校对：张艳霞　　责任印制：李　昂

北京捷迅佳彩印刷有限公司印刷
2021 年 7 月第 1 版·第 2 次印刷
184mm×260mm·19 印张·465 千字
标准书号：ISBN 978-7-111-61820-1
定价：59.00 元

凡购本书，如有缺页、倒页、脱页，由本社发行部调换

电话服务　　　　　　　　　　　　　　　网络服务
服务咨询热线：（010）88379833　　　　 机 工 官 网：www.cmpbook.com
读者购书热线：（010）68326294　　　　 机 工 官 博：weibo.com/cmp1952
　　　　　　　　　　　　　　　　　　　教育服务网：www.cmpedu.com
封面无防伪标均为盗版　　　　　　　　　金　书　网：www.golden-book.com

# 前　言

Web 前端技术指 HTML、CSS、JavaScript 以及这些技术衍生的各种技术、框架、解决方案，主要用于实现互联网产品的用户界面交互。

前端技术的发展是互联网自身发展变化的一个缩影。在 Web 1.0 时代，由于网速和终端能力的限制，大部分网站只能呈现简单的图文信息，并不能满足用户对界面的需求。随着硬件的完善、高性能浏览器的出现和宽带的普及，前端技术领域迸发出非常旺盛的生命力。尤其是最近几年，移动互联网带来了大量高性能的移动终端设备以及快速的无线网络，HTML5、Node.js 得到广泛应用，各类框架类库层出不穷。前端开发技术的要素也演变成为现今的 HTML5、CSS3、jQuery。

Web 前端开发工程师是一个新职业，既要与上游的交互设计师、视觉设计师和产品经理沟通，又要与下游的服务器端工程师沟通，需要掌握的技能非常多。这就从知识的广度上对 Web 前端开发工程师提出了要求。本书正是为满足应用型软件人才培养过程中对前端开发工程师的知识和技术需求而编写的。

本书分为两大部分。第一部分（第 1~6 章）是 Web 基础：第 1、2 章介绍 HTML 基础和 HTML 高级应用；第 3 章介绍 CSS 基础语法，并结合实例讲解框模型与背景、文本格式化、表格、显示与定位等样式；第 4、5 章介绍 JavaScript 基础语法、DOM、常用内置对象、事件处理等知识，结合大量实例讲解运用 JavaScript 实现页面特效；还介绍了正则表达式；第 6 章讲解轻量级 JavaScript 库 jQuery，包括 jQuery 选择器、jQuery HTML 操作、jQuery 事件、jQuery 特效、jQuery 遍历。第二部分（第 7~10 章）是 Web 进阶：第 7 章围绕 HTML5 新技术，讲解 HTML5 新特性、File API、拖放、Canvas API、SVG、音频和视频、Geolocation API、Communication API、WebSockets API、Web Workers API、Web Storage API、离线 Web 应用；第 8 章讲解最新的层叠样式表 CSS3，结合实例讲解字体、动画、过渡、2D/3D 转换、多列布局等；第 9 章介绍 Ajax 原理、实现与 jQuery Ajax；第 10 章介绍轻量级的文本数据交换格式 JSON，以及从前台到后台的完整实例。

本书在内容选择、深度把握上充分考虑初学者的特点，内容安排上力求做到循序渐进。每章都配备了大量的实例，方便读者阅读、调试和运行，并辅助读者更好地理解所学内容。同时，每章都配有相应的习题，重点部分包含配套的实验，使读者加深印象、学以致用。本书不仅适合应用型本科院校相关专业 Web 应用开发的课程教学，也可以作为高职高专院校相关专业的教材，或者作为 Web 应用程序开发人员的参考用书。

由于作者水平有限，书中难免存在不足之处，敬请各位专家、老师和读者批评指正。

作　者

2018 年 9 月

# 目 录

前言

## 第一部分 Web 基础

### 第1章 HTML 基础 ......1
#### 1.1 HTML 简介 ......1
- 1.1.1 什么是 HTML ......1
- 1.1.2 HTML 标签 ......1
- 1.1.3 HTML 文档 ......1
- 1.1.4 HTML 元素 ......2
- 1.1.5 HTML 属性 ......2
- 1.1.6 HTML 编辑 ......3

#### 1.2 基本的 HTML 标签 ......3
- 1.2.1 HTML 标题 ......3
- 1.2.2 HTML 段落 ......3
- 1.2.3 HTML 折行 ......3
- 1.2.4 HTML 水平线 ......4
- 1.2.5 HTML 列表 ......4
- 1.2.6 HTML 特殊符号 ......5
- 1.2.7 HTML 文本格式化标签 ......5
- 1.2.8 HTML 注释 ......6

#### 1.3 HTML 链接 ......6
- 1.3.1 HTML 链接语法 ......6
- 1.3.2 HTML 链接——target 属性 ......6
- 1.3.3 HTML 链接——name 属性 ......7

#### 1.4 HTML 图像 ......7
- 1.4.1 源属性（src）......7
- 1.4.2 替换文本属性（alt）......7

#### 1.5 HTML 表格 ......8
- 1.5.1 表格和边框属性 ......8
- 1.5.2 表格的表头 ......8
- 1.5.3 跨行或跨列的表格单元格 ......9

思考题 ......10

### 第2章 HTML 高级应用 ......12
#### 2.1 HTML 表单 ......12
- 2.1.1 HTML 输入类型 ......12
- 2.1.2 下拉列表框 ......14
- 2.1.3 文本域 ......15
- 2.1.4 Button 元素 ......15
- 2.1.5 用<fieldset>组合表单数据 ......15
- 2.1.6 表单实例 ......15

#### 2.2 HTML 块 ......17
- 2.2.1 HTML 块级元素和内联元素 ......17
- 2.2.2 HTML<div>元素 ......17
- 2.2.3 HTML<span>元素 ......18

#### 2.3 网站布局 ......18

#### 2.4 HTML 文档类型 ......19
- 2.4.1 HTML 版本 ......19
- 2.4.2 常用的声明 ......20

#### 2.5 HTML 头部元素 ......20
- 2.5.1 HTML<title>元素 ......20
- 2.5.2 HTML<base>元素 ......21
- 2.5.3 HTML<link>元素 ......21
- 2.5.4 HTML<style>元素 ......21
- 2.5.5 HTML<meta>元素 ......21
- 2.5.6 HTML<script>元素 ......22

#### 2.6 HTML 统一资源定位器 ......22

#### 2.7 HTML 多媒体 ......22
- 2.7.1 HTML object 元素 ......23
- 2.7.2 HTML 音频 ......23
- 2.7.3 HTML 视频 ......24

思考题 ......24

### 第3章 CSS 基础 ......26
#### 3.1 CSS 简介 ......26
- 3.1.1 什么是 CSS ......26
- 3.1.2 CSS 的作用 ......26

- 3.2 CSS 基础语法 ·············· 27
- 3.3 如何创建 CSS ·············· 28
  - 3.3.1 外部样式表 ············ 28
  - 3.3.2 内部样式表 ············ 28
  - 3.3.3 内联样式 ·············· 29
  - 3.3.4 多重样式 ·············· 29
- 3.4 CSS 选择器 ················ 30
  - 3.4.1 元素选择器 ············ 30
  - 3.4.2 id 选择器 ·············· 30
  - 3.4.3 类选择器 ·············· 30
  - 3.4.4 属性选择器 ············ 31
  - 3.4.5 派生选择器 ············ 32
  - 3.4.6 伪类 ·················· 34
  - 3.4.7 伪元素 ················ 34
  - 3.4.8 选择器组合 ············ 34
- 3.5 CSS 定位与盒模型 ·········· 35
  - 3.5.1 元素可见性 ············ 35
  - 3.5.2 CSS 定位 ·············· 36
  - 3.5.3 CSS 盒模型 ············ 38
- 3.6 CSS 实例 ·················· 41
  - 3.6.1 设置背景颜色和图片 ···· 41
  - 3.6.2 修饰文本 ·············· 42
  - 3.6.3 修饰列表 ·············· 44
  - 3.6.4 定位 ·················· 45
  - 3.6.5 超链接 ················ 45
  - 3.6.6 修饰表格 ·············· 46
- 思考题 ························ 47

## 第 4 章 JavaScript ·············· 49
- 4.1 JavaScript 简介 ············ 49
- 4.2 JavaScript 使用 ············ 49
  - 4.2.1 <script>标签 ··········· 49
  - 4.2.2 JavaScript 函数和事件 ·· 50
  - 4.2.3 外部的 JavaScript ······ 51
- 4.3 JavaScript 基本语法 ········ 51
  - 4.3.1 JavaScript 输出 ········ 51
  - 4.3.2 JavaScript 语句 ········ 52
  - 4.3.3 JavaScript 注释 ········ 53
  - 4.3.4 JavaScript 变量 ········ 53
  - 4.3.5 JavaScript 数据类型 ···· 54
- 4.3.6 JavaScript 函数 ········· 56
- 4.3.7 JavaScript 变量的生存期 · 58
- 4.3.8 JavaScript 运算符 ······· 58
- 4.3.9 JavaScript 语句 ········· 60
- 4.3.10 JavaScript 错误 ········ 64
- 4.4 HTML DOM ·················· 66
  - 4.4.1 HTML DOM 树 ············ 66
  - 4.4.2 查找 HTML 元素 ········· 67
  - 4.4.3 改变 HTML ·············· 68
  - 4.4.4 改变 CSS ··············· 69
  - 4.4.5 HTML DOM 事件 ·········· 70
  - 4.4.6 操作 HTML 元素 ········· 77
- 4.5 JavaScript 对象 ············ 78
  - 4.5.1 创建并访问对象 ········ 78
  - 4.5.2 JavaScript Number 对象 · 80
  - 4.5.3 JavaScript String 对象 · 82
  - 4.5.4 JavaScript Date 对象 ··· 83
  - 4.5.5 JavaScript Array 对象 ·· 85
  - 4.5.6 JavaScript Boolean 对象 · 88
  - 4.5.7 JavaScript Math 对象 ··· 89
- 4.6 Window 对象 ················ 91
  - 4.6.1 Window 尺寸 ············ 91
  - 4.6.2 其他 window 方法 ······· 92
  - 4.6.3 Window Screen ·········· 93
  - 4.6.4 Window Location ········ 93
  - 4.6.5 Window History ········· 94
  - 4.6.6 Window Navigator ······· 95
  - 4.6.7 JavaScript 消息框 ······ 95
  - 4.6.8 JavaScript 计时 ········ 97
  - 4.6.9 JavaScript Cookies ····· 98
- 4.7 JavaScript 应用实例 ········ 99
  - 4.7.1 制作浮动的带关闭按钮的广告图片 ···················· 99
  - 4.7.2 制作输入提示的特效 ···· 100
  - 4.7.3 级联功能 ·············· 102
  - 4.7.4 树形菜单 ·············· 105
  - 4.7.5 带按钮的广告图片轮播 ·· 106
- 思考题 ························ 108

v

## 第 5 章　正则表达式 ..... 110
### 5.1　正则表达式简介 ..... 110
#### 5.1.1　RegExp 对象 ..... 110
#### 5.1.2　RegExp 对象属性 ..... 111
#### 5.1.3　RegExp 对象方法 ..... 113
#### 5.1.4　支持正则表达式的 String 对象的方法 ..... 114
### 5.2　正则表达式语法 ..... 115
#### 5.2.1　限定符 ..... 115
#### 5.2.2　选择匹配符 ..... 115
#### 5.2.3　分组组合与反向引用符 ..... 116
#### 5.2.4　特殊字符 ..... 116
#### 5.2.5　字符匹配符 ..... 116
#### 5.2.6　定位符 ..... 117
#### 5.2.7　原义字符 ..... 117
### 5.3　正则表达式实例 ..... 118
#### 5.3.1　模式范例 ..... 118
#### 5.3.2　常用表单验证 ..... 118
### 思考题 ..... 119

## 第 6 章　jQuery ..... 121
### 6.1　jQuery 简介 ..... 121
#### 6.1.1　jQuery 库 ..... 121
#### 6.1.2　jQuery 安装 ..... 121
#### 6.1.3　jQuery 语法 ..... 123
#### 6.1.4　文档就绪函数 ..... 123
### 6.2　jQuery 对象和 DOM 对象 ..... 124
#### 6.2.1　DOM 对象 ..... 124
#### 6.2.2　jQuery 对象 ..... 124
#### 6.2.3　jQuery 对象和 DOM 对象的相互转换 ..... 124
### 6.3　jQuery 选择器 ..... 125
#### 6.3.1　jQuery 元素选择器 ..... 125
#### 6.3.2　jQuery #id 选择器 ..... 125
#### 6.3.3　jQuery .class 选择器 ..... 125
#### 6.3.4　jQuery 属性选择器 ..... 125
#### 6.3.5　jQuery 层次选择器 ..... 126
#### 6.3.6　jQuery CSS 选择器 ..... 126
#### 6.3.7　更多选择器示例 ..... 126
### 6.4　jQuery 事件 ..... 127
#### 6.4.1　jQuery 事件函数 ..... 127
#### 6.4.2　单独文件中的函数 ..... 128
#### 6.4.3　jQuery 名称冲突 ..... 128
#### 6.4.4　jQuery 编程原则 ..... 129
### 6.5　jQuery 中的 DOM 操作 ..... 129
#### 6.5.1　获取与设置内容 ..... 129
#### 6.5.2　获取与设置属性 ..... 131
#### 6.5.3　jQuery 添加元素 ..... 132
#### 6.5.4　jQuery 删除元素 ..... 134
#### 6.5.5　jQuery 获取并设置 CSS 类 ..... 136
### 6.6　jQuery 遍历节点 ..... 140
#### 6.6.1　jQuery 遍历祖先 ..... 140
#### 6.6.2　jQuery 遍历后代 ..... 143
#### 6.6.3　jQuery 遍历同胞 ..... 145
#### 6.6.4　jQuery 过滤 ..... 146
### 6.7　jQuery 效果 ..... 151
#### 6.7.1　hide()、show()和 toggle() ..... 151
#### 6.7.2　jQuery 淡入淡出 ..... 152
#### 6.7.3　jQuery 滑动 ..... 156
#### 6.7.4　jQuery 动画 ..... 157
#### 6.7.5　jQuery 停止动画 ..... 158
#### 6.7.6　jQuery Callback 方法 ..... 159
#### 6.7.7　jQuery 链式编程 ..... 160
### 6.8　jQuery 应用实例 ..... 160
#### 6.8.1　jQuery 遍历函数 ..... 160
#### 6.8.2　评分控件 ..... 162
#### 6.8.3　表格选取 ..... 163
#### 6.8.4　倒计时读秒阅读协议 ..... 164
#### 6.8.5　搜索框效果 ..... 164
#### 6.8.6　全选/全不选/反选 ..... 165
#### 6.8.7　提示文字 ..... 166
### 思考题 ..... 167

# 第二部分　Web 进阶

## 第 7 章　HTML5 ..... 169
### 7.1　HTML5 简介 ..... 169

7.2 HTML5 新特性 170
　7.2.1 简化的文档类型和字符集 170
　7.2.2 使用新的 HTML5 解析器 170
　7.2.3 HTML5 文档结构 171
　7.2.4 HTML5 增强的 iframe 元素 172
　7.2.5 HTML5 新增的内联元素 174
　7.2.6 HTML5 表单的新特性 174
7.3 HTML5 文件处理 180
　7.3.1 选择文件的表单控件 180
　7.3.2 HTML5 File API 180
　7.3.3 FileList 接口 181
　7.3.4 FileReader 接口 182
7.4 HTML5 视频 184
　7.4.1 视频格式 184
　7.4.2 在 HTML5 中显示视频 185
　7.4.3 <video>标签的属性 185
7.5 HTML5 音频 186
　7.5.1 音频格式 186
　7.5.2 在 HTML5 中播放音频 186
　7.5.3 <audio>标签的属性 187
7.6 HTML5 拖放 187
　7.6.1 HTML5 拖放事件 187
　7.6.2 HTML5 拖放实例 188
　7.6.3 实例分析 188
7.7 HTML5 Canvas 189
　7.7.1 使用 Canvas 元素 190
　7.7.2 绘制图形实例 190
　7.7.3 图形的操作 194
7.8 HTML5 内联 SVG 196
　7.8.1 SVG 介绍 196
　7.8.2 嵌入.svg 文件 197
　7.8.3 HTML 页面直接定义 SVG 代码 197
　7.8.4 HTML 5 Canvas 与 SVG 200
7.9 HTML5 MathML 201
7.10 HTML5 地理定位 202
　7.10.1 地理位置 202
　7.10.2 使用地理位置实例 202
7.11 HTML5 Web 存储 205
　7.11.1 localStorage 方法 205
　7.11.2 sessionStorage 方法 206
　7.11.3 IndexedDB 207
7.12 HTML5 应用程序缓存 210
　7.12.1 Cache Manifest 基础 210
　7.12.2 Manifest 文件 210
　7.12.3 更新缓存 211
7.13 HTML5 Web Worker 213
　7.13.1 Web Worker 工作过程 213
　7.13.2 Web Worker 工作实例 214
　7.13.3 其他类型的 Worker 215
7.14 HTML5 服务器发送事件 215
　7.14.1 接收 Server-Sent 事件通知 215
　7.14.2 检测 Server-Sent 事件支持 216
　7.14.3 服务器端代码示例 216
　7.14.4 EventSource 对象 216
7.15 Web 通信 217
　7.15.1 跨文档消息机制 217
　7.15.2 XMLHttpRequest Level 2 219
　7.15.3 Web Socket 222
思考题 226

# 第 8 章 最新的层叠样式表 CSS3 228
8.1 CSS3 简介 228
8.2 CSS3 新技术 228
　8.2.1 CSS3 边框 228
　8.2.2 CSS3 背景 231
　8.2.3 CSS3 文本效果 232
　8.2.4 CSS3 字体 234
　8.2.5 CSS3 2D 转换 236
　8.2.6 CSS3 3D 转换 238
　8.2.7 CSS3 过渡 240
　8.2.8 CSS3 动画 242
　8.2.9 CSS3 多列 244
8.3 CSS3 应用实例 245
　8.3.1 设计页面布局 245
　8.3.2 设计登录页面 247
　8.3.3 设计 3D 导航菜单 250
　8.3.4 设计自动轮播效果 252

VII

| | | |
|---|---|---|
| 思考题 | | 255 |
| **第9章 Ajax 技术** | | 256 |
| 9.1 Ajax 基础 | | 256 |
| 9.1.1 | XMLHttpRequest 对象 | 256 |
| 9.1.2 | XHR 请求 | 257 |
| 9.1.3 | XHR 响应 | 260 |
| 9.1.4 | XHR readyState | 263 |
| 9.1.5 | Ajax 应用的5个步骤 | 264 |
| 9.2 jQuery Ajax | | 264 |
| 9.2.1 | jQuery 加载 | 265 |
| 9.2.2 | jQuery get()和 post() | 266 |
| 9.2.3 | jQuery $.ajax() | 268 |
| 思考题 | | 269 |
| **第10章 JSON 简介** | | 270 |
| 10.1 | JSON 与 XML | 270 |
| 10.2 | JSON 语法 | 271 |
| 10.2.1 | JSON 语法规则 | 271 |
| 10.2.2 | JSON 名称/值对 | 272 |
| 10.2.3 | JSON 使用 JavaScript 语法 | 273 |
| 10.2.4 | JSON 文件 | 274 |
| 10.3 | JSON 使用 | 274 |
| 10.3.1 | 将 JSON 文本转换为 JavaScript 对象 | 274 |
| 10.3.2 | 将 JSON 对象转换为 JSON 字符串 | 275 |
| 10.4 | JSON 特点及后台使用 | 275 |
| 10.5 | 综合应用 | 276 |
| 10.5.1 | JSP 页面 | 276 |
| 10.5.2 | Servlet 编写 | 277 |
| 思考题 | | 278 |
| **附录 实验** | | 279 |
| 实验一 | 使用 JavaScript 实现网页特效 | 279 |
| 实验二 | 使用 jQuery 实现网页特效 | 280 |
| 实验三 | HTML5 表单及文件处理 | 281 |
| 实验四 | 使用 Canvas API 画图 | 283 |
| 实验五 | 获取浏览器的地理位置信息 | 286 |
| 实验六 | Web 通信 | 288 |
| 实验七 | 使用 CSS3 表现页面 | 289 |
| 实验八 | Ajax 技术应用 | 293 |
| **参考文献** | | 294 |

# 第一部分 Web 基础

# 第1章 HTML 基础

## 1.1 HTML 简介

HTML 指超文本标记语言，是通向 Web 技术世界的钥匙。

### 1.1.1 什么是 HTML

HTML 是用来描述网页的一种语言。
- HTML 指的是超文本标记语言（Hyper Text Markup Language）。
- HTML 不是一种编程语言，而是一种标记语言（markup language）。
- 标记语言是一套标记标签（markup tag）。
- HTML 使用标记标签来描述网页。

所谓超文本，是由信息结点和表示信息结点间相关性的链接构成的一个具有一定逻辑结构和语义的网络。

传统的文本是顺序的，线性表示的，而超文本不是顺序的，它是一个非线性的网状结构，把文本按其内部固有的独立性和相关性划分成不同的基本信息块。超文本是一种用于文本、图形或者计算机的信息组织形式，它使得单一的信息块之间相互交叉"引用"。这种"引用"并不是通过复制来实现的，而是通过指向对方的地址字符串来指引用户获取相应的信息。这种信息组织形式是非线性的，它使得 Internet 成为真正为大多数人所接受的交互式的网络。

### 1.1.2 HTML 标签

HTML 标记标签通常被称为 HTML 标签（HTML tag）。
- HTML 标签是由尖括号包围的关键词，例如<html>。
- HTML 标签通常是成对出现的，例如<body>和</body>。
- 标签对中的第一个标签是开始标签，第二个标签是结束标签。
- 开始和结束标签也被称为开放标签和闭合标签。

### 1.1.3 HTML 文档

HTML 文档也被称为网页。HTML 文档包含 HTML 标签和纯文本。Web 浏览器的作用就是读取 HTML 文档，并以网页的形式呈现它们。浏览器不会显示 HTML 标签，而是使用标签来解释页面的内容。

**例 1-1：**

```
<html>
  <body>
    <h1>My First Heading</h1>
    <p>My first paragraph.</p>
  </body>
</html>
```

其中：
- <html>与</html>之间的文本描述网页。
- <body>与</body>之间的文本是可见的页面内容。
- <h1>与</h1>之间的文本被显示为标题。
- <p>与</p>之间的文本被显示为段落。

### 1.1.4　HTML 元素

HTML 元素指的是从开始标签（start tag）到结束标签（end tag）的所有代码。

**1．HTML 元素语法**
- HTML 元素以开始标签起始。
- HTML 元素以结束标签终止。
- 元素的内容是开始标签与结束标签之间的内容。
- 某些 HTML 元素具有空内容（empty content）。
- 空元素在开始标签中关闭。
- 大多数 HTML 元素可以拥有属性。
- 大多数 HTML 元素可以嵌套，即可以包含其他 HTML 元素。
- HTML 文档由嵌套的 HTML 元素构成。

**2．空的 HTML 元素**

没有内容的 HTML 元素称为空元素。空元素是在开始标签中关闭的。例如：<br>就是没有关闭标签的空元素，<br>标签定义换行。在开始标签中添加斜杠——<br/>，是关闭空元素的正确方法。

**3．HTML 使用小写标签**

HTML 标签对大小写不敏感：<P>等同于<p>。许多网站都使用大写的 HTML 标签。万维网联盟（W3C）在 HTML 4 中推荐使用小写，在未来的(X)HTML 版本中强制使用小写。

### 1.1.5　HTML 属性

HTML 属性为 HTML 元素提供附加信息。属性总是以名称/值对的形式出现，例如：name="value"。属性总是在 HTML 元素的开始标签中定义。

**例 1-2：**

HTML 链接由<a>标签定义。链接的地址在 href 属性中指定：

```
<a href="http://zjg.just.edu.cn">江科大张家港校区</a>
```

**1．使用小写属性**

属性和属性值对大小写不敏感。万维网联盟（W3C）在 HTML 4 中推荐使用小写，在未来的(X)HTML 版本中强制使用小写。

**2．始终为属性值加引号**

属性值应该始终被包括在引号内。双引号是最常用的，不过使用单引号也没有问题。在某些个别的情况下，例如属性值本身就含有双引号，那么就必须使用单引号，例如：name='Tom "HelloWorld" Smith'。

### 1.1.6　HTML 编辑

可以使用 Notepad 或者 TextEdit 来编写 HTML 文档，也可以使用专业的 HTML 编辑器，例如 Adobe Dreamweaver。当保存 HTML 文件时，既可以使用.htm 也可以使用.html 扩展名。两者没有区别，完全根据个人喜好。HTML 文件可以在浏览器中运行。

## 1.2　基本的 HTML 标签

### 1.2.1　HTML 标题

HTML 标题（Heading）通过<h1> - <h6>标签进行定义。应该将 h1 用做主标题（最重要的），其次是 h2（次重要的），再次是 h3，依此类推。

例 1-3：

```
<h1>This is a heading</h1>
<h2>This is a heading</h2>
<h3>This is a heading</h3>
```

### 1.2.2　HTML 段落

HTML 段落是通过<p>标签进行定义的，<p>是块级元素。块级元素（block element）在浏览器中显示时，通常会以新行来开始和结束，和其对应的是内联元素（inline element）。内联元素的显示可以形象地称为"文本模式"，即一个挨着一个，都在同一行按从左至右的顺序显示，不单独占一行。

例 1-4：

```
<p>This is a paragraph.</p>
<p>This is another paragraph.</p>
```

### 1.2.3　HTML 折行

如果希望在不产生一个新段落的情况下换行，应使用<br/>标签。<br/>元素是一个空的 HTML 元素。由于关闭标签没有任何意义，因此它没有结束标签。

例1-5:

    &lt;p&gt;This is&lt;br/&gt;a para&lt;br/&gt;graph with line breaks&lt;/p&gt;

### 1.2.4 HTML水平线

&lt;hr/&gt;标签在 HTML 页面中创建水平线,可用于分隔内容。&lt;hr/&gt;标签同样也没有结束标签。使用水平线(&lt;hr/&gt;标签)来分隔文章中的小节是一个办法,但并不是唯一的办法。

例1-6:

    &lt;p&gt;This is a paragraph.&lt;/p&gt;
    &lt;hr/&gt;
    &lt;p&gt;This is a paragraph.&lt;/p&gt;
    &lt;hr/&gt;
    &lt;p&gt;This is a paragraph.&lt;/p&gt;

### 1.2.5 HTML列表

#### 1. 无序列表

无序列表是一个项目的列表,此列项目使用粗体圆点进行标记。无序列表始于&lt;ul&gt;标签,每个列表项始于&lt;li&gt;。

例1-7:

    &lt;ul&gt;
        &lt;li&gt;Apple&lt;/li&gt;
        &lt;li&gt;Banana&lt;/li&gt;
        &lt;li&gt;Orange&lt;/li&gt;
    &lt;/ul&gt;

#### 2. 有序列表

有序列表也是一列项目,列表项目使用数字进行标记。有序列表始于&lt;ol&gt;标签,每个列表项始于&lt;li&gt;标签。&lt;ol&gt;标签的 type 属性表示列表前缀的格式,通常有 1、a、A、i、I 五个值,而 start 属性表示从 type 类型的第几个数字开始。

例1-8:

    &lt;ol type="i" start="20"&gt;
        &lt;li&gt;Apple&lt;/li&gt;
        &lt;li&gt;Banana&lt;/li&gt;
        &lt;li&gt;Orange&lt;/li&gt;
    &lt;/ol&gt;

#### 3. 自定义列表(dl-dt-dd)

自定义列表不只是一列项目,而是项目及其注释的组合。自定义列表以&lt;dl&gt;标签开始,每个自定义列表项以&lt;dt&gt;开始,每个自定义列表项的定义以&lt;dd&gt;开始。在自定义列表中,dt 和 dd 中有了一个缩进。使用有序和无序列表实现此结构就要用到列表的嵌套。

**例 1-9：**

```
<dl>
    <dt>一级</dt>
        <dd>二级</dd>
        <dd>二级</dd>
    <dt>一级</dt>
        <dd>二级</dd>
        <dd>二级</dd>
</dl>
```

## 1.2.6 HTML 特殊符号

有时候需要向网页中加入特殊符号使网页更好看，更确切地表达意思。向 HTML 页面中输入特殊字符，需要在 HTML 代码中加入以&开头的字母组合或者以&#开头的数字。常用的 HTML 特殊符号见表 1-1。

表 1-1 HTML 特殊符号

| 特殊符号 | 命名实体 | 十进制编码 |
|---|---|---|
| 空格 |   |   |
| © | &copy; | &#169; |
| ® | &reg; | &#174; |
| < | &lt; | &#60; |
| > | &gt; | &#62; |
| & | &amp; | &#38; |
| " | &quot; | &#34; |

## 1.2.7 HTML 文本格式化标签

常用的 HTML 文本格式化标签见表 1-2。

表 1-2 HTML 文本格式化标签

| 标 签 | 描 述 |
|---|---|
| <b> | 定义粗体文本 |
| <em> | 标记重点强调的文本，以斜体形式呈现 |
| <strong> | 文本以加粗形式呈现 |
| <pre> | 定义预格式文本 |

<b>标签和<strong>标签虽然在网页中显示效果一样，但实际目的却不同。<b>标签对应 bold，即文本加粗，其目的仅仅是为了加粗显示文本，是一种样式风格需求。<strong>标签的意思是加强，表示该文本比较重要，提醒读者或者终端注意。为了达到这个目的，浏览器等终端将其加粗显示。

## 1.2.8 HTML 注释

可以将注释插入 HTML 代码中，这样能够提高程序的可读性，使代码更容易被人理解。浏览器会忽略注释，也不会显示它们。合理地使用注释可以对未来的代码编辑、维护工作产生帮助。注释示例如下：

例 1-10：

```
<!-- This is a comment -->
```

## 1.3 HTML 链接

HTML 使用超链接与网络上的另一个文档相连。几乎在所有的网页中都可以找到链接。超链接可以是一个字、一个词或者一组词，也可以是一幅图像，点击这些内容可以跳转到新的文档或者当前文档中的某个部分。当用户把鼠标指针移动到网页中的某个链接上时，箭头会变为一只小手。

通过使用<a>标签在 HTML 中创建链接。有两种使用<a>标签的方式：
- 通过使用 href 属性创建指向另一个文档的链接。
- 通过使用 name 属性创建文档内的书签。

### 1.3.1 HTML 链接语法

链接的 HTML 代码通过<a>标签进行定义，href 属性规定链接的目标。开始标签和结束标签之间的文字被作为超级链接来显示。"链接文本"未必一定是文本，图片或者其他 HTML 元素都可以成为链接。

例 1-11：

```
<a href="http://zjg.just.edu.cn/">访问江苏科技大学（张家港）</a>
```

上面这行代码显示为：访问江苏科技大学（张家港）。点击这个文本超链接会把用户带到江苏科技大学（张家港）的首页。

### 1.3.2 HTML 链接——target 属性

使用 target 属性，可以定义被链接的文档在何处显示。target 属性的取值见表 1-3。

表 1-3 taget 属性取值

| 属性值 | 描述 |
| --- | --- |
| _blank | 在新窗口中打开被链接文档 |
| _self | 默认，在相同的框架中打开被链接文档 |
| _parent | 在父框架集中打开被链接文档 |
| _top | 在整个窗口中打开被链接文档 |

下面这行代码会在新窗口中打开文档：

```
<a href="http://zjg.just.edu.cn/" target="_blank">访问江苏科技大学（张家港）</a>
```

### 1.3.3 HTML 链接——name 属性

name 属性规定锚点（anchor）的名称，使用它可以创建 HTML 页面中的书签。命名锚点链接（也叫书签链接）常常用于那些内容庞杂、烦琐的网页。通过点击命名锚点，不仅能够指向文档，还能够指向页面里的特定段落，更能当作"精准链接"的便利工具，让链接对象接近焦点。这样浏览者就无需不停地滚动页面来寻找他们需要的信息了，便于查看网页内容，类似于书籍中的目录页码或者章回提示。在需要指定到页面的特定部分时，标记锚点是最佳的方法。锚点的名称可以是用户喜欢的任何名字，也可以使用 id 属性来替代 name 属性，命名锚点同样有效。命名锚点的语法：

    &lt;a name="label"&gt;锚点（显示在页面上的文本）&lt;/a&gt;

**例 1-12**：锚点链接

首先，创建一个书签，即在 HTML 文档中对锚点进行命名：

    &lt;a name="tips"&gt;基本的注意事项 - 有用的提示&lt;/a&gt;

然后，在同一个文档中创建指向该锚点的链接：

    &lt;a href="#tips"&gt;有用的提示&lt;/a&gt;

也可以在其他页面中创建指向该锚点的链接：

    &lt;a href="http://zjg.just.edu.cn/html/guide.htm#tips"&gt;有用的提示&lt;/a&gt;

在上面的代码中，将#符号和锚点名称添加到 URL 的末端，就可以直接链接到 tips 这个命名锚点了。

## 1.4 HTML 图像

在 HTML 中，图像由&lt;img&gt;标签定义。&lt;img&gt;是空标签，即只包含属性，并且没有闭合标签。

### 1.4.1 源属性（src）

要在页面上显示图像，需要使用源属性（src），src 指 source。源属性的值是图像的 URL 地址。定义图像的语法是：

    &lt;img src="url" /&gt;

URL 指存储图像的位置。如果名为 boat.gif 的图像位于 zjg.just.edu.cn 的 images 目录中，那么其 URL 为 http://zjg.just.edu.cn/images/boat.gif。

浏览器将图像显示在文档中图像标签出现的地方。例如，将图像标签置于两个段落之间，那么浏览器会首先显示第一个段落，然后显示图片，最后显示第二段。

### 1.4.2 替换文本属性（alt）

alt 属性用来为图像定义一串预备的可替换的文本。替换文本属性的值是用户自定义的。在浏览器无法载入图像时，替换文本属性将告诉读者他们看不到的信息。此时，浏览器会显示这个替代性的文本而不是图像。为页面上的图像都加上替换文本属性是个好习惯，这样有助于更好地显示信息，并且对于那些使用纯文本浏览器的用户是非常有用的。

```
<img src="boat.gif" alt="Big Boat">
```

## 1.5 HTML 表格

表格由<table>标签来定义。每个表格均有若干行，由<tr>标签定义，每行被分割为若干单元格。字母 td 指表格数据（table data），即数据单元格的内容。数据单元格可以包含文本、图片、列表、段落、表单、水平线、表格等。

例 1-13：

```
<table border="1">
  <tr>
    <td>row 1, cell 1</td>
    <td>row 1, cell 2</td>
  </tr>
  <tr>
    <td>row 2, cell 1</td>
    <td>row 2, cell 2</td>
  </tr>
</table>
```

在浏览器中显示如下：

| row 1, cell 1 | row 1, cell 2 |
|---|---|
| row 2, cell 1 | row 2, cell 2 |

### 1.5.1 表格和边框属性

如果不定义边框属性，表格将不显示边框，但是大多数时候还是希望显示边框的。以下代码使用边框属性来显示一个带有边框的表格：

```
<table border="1"> ...</table>
```

### 1.5.2 表格的表头

使用<th>标签定义表头。大多数浏览器会把表头显示为粗体居中的文本。

例 1-14：

```
<table border="1">
  <tr>
    <th>Heading</th>
    <th>Another Heading</th>
```

```
        </tr>
        <tr>
            <td>row 1, cell 1</td>
            <td>row 1, cell 2</td>
        </tr>
        <tr>
            <td>row 2, cell 1</td>
            <td>row 2, cell 2</td>
        </tr>
    </table>
```

在浏览器中显示如下：

| Heading | Another Heading |
|---------|-----------------|
| row 1, cell 1 | row 1, cell 2 |
| row 2, cell 1 | row 2, cell 2 |

### 1.5.3  跨行或跨列的表格单元格

colspan 和 rowspan 这两个属性用于创建特殊的表格。colspan 是 "column span（跨列）"的缩写，它用在 td 标签中，用来指定单元格横向跨越的列数。rowspan 属性也用在 td 标签中，指定单元格纵向跨越的行数。

例 1-15：

```
<body>
    <table border="1" width="300">
        <tr>
            <td>1</td>
            <td>2</td>
            <td>3</td>
        </tr>
        <tr>
            <td>4</td>
            <td>5</td>
            <td>6</td>
        </tr>
    </table>
    <br/>
    <table border="1" width="300">
        <tr>
            <td colspan=3>合并第一行的三列</td>
        </tr>
        <tr>
            <td>4</td>
            <td>5</td>
            <td>6</td>
        </tr>
```

```
            </table>
            <br/>
            <table border="1" width="300">
                <tr>
                    <td rowspan="2">合并第一列的两行</td>
                    <td>2</td>
                    <td>3</td>
                </tr>
                <tr>
                    <td>5</td>
                    <td>6</td>
                </tr>
            </table>
        </body>
```

## 思考题

1. 下列代码片段用于实现（　　）。

   `<body background="back_image.jpg"></body>`

  A．在页面左边的背景中显示图片"back_image.jpg"
  B．将"back_image.jpg"图片平铺填充到整个页面的背景中
  C．在页面顶部显示图片"back_image.jpg"
  D．在页面背景的中间显示图片"back_image.jpg"

2. HTML 中（　　）标签用于以预定义的格式显示文本，即文本在浏览器中显示时遵循在 HTML 源文档中定义的格式。

  A．`<hr>`     B．`<img>`     C．`<pre>`     D．`<br>`

3. 要在 HTML 文档中段落显示：注册商标®，版权所有©，下列语句正确的是（　　）。

  A．`<p>注册商标&copy;，版权所有&amp;</p>`
  B．`<p>注册商标&reg;，版权所有&copy;</p>`
  C．`<p>注册商标&reg;，版权所有&yen;</p>`
  D．`<p>注册商标&amp;，版权所有&quot;</p>`

4. 在 HTML 文档中，下面代码的作用是（　　）。

   `<a href="poem.htm#李白">李白诗词</a>`

  A．在 poem.htm 页面创建锚点"李白"
  B．在 poem.htm 页面创建锚点"李白诗词"
  C．跳转到 poem.htm 页面的锚点"李白"处
  D．跳转到 poem.htm 页面的锚点"李白诗词"处

5. 运行如下代码，将会在浏览器里看到（　　）。

```
<table width = "30%" border = "1">
    <tr>
        <td colspan = "3"> </td>
    </tr>
    <tr>
        <td rowspan = "2"> </td>
        <td> </td>
        <td> </td>
    </tr>
    <tr>
        <td> </td>
        <td> </td>
    </tr>
</table>
```

  A．3 个单元格       B．4 个单元格
  C．5 个单元格       D．6 个单元格
6．HTML 中规范的注释声明是（   ）。
  A．//这是注释       B．<!--这是--注释-->
  C．/*这是注释*/       D．<!--这是注释-->

# 第 2 章　HTML 高级应用

## 2.1　HTML 表单

HTML 表单是一个包含表单元素的区域，用于搜集不同类型的用户输入。表单元素是允许用户在表单中输入信息的元素，例如：文本域、下拉列表、单选框、复选框等。表单使用表单标签<form>定义，表单本身并不可见。

<form>标签有两个比较重要的属性：

（1）action 属性——定义提交表单时执行的动作。

通常，表单会被提交到 Web 服务器上的网页。如果省略 action 属性，则 action 会被设置为当前页面。

（2）method 属性——规定在提交表单时所用的 HTTP 方法（GET 或者 POST）。

当使用 GET 方式时，表单提交通常是被动的（例如搜索引擎查询），并且没有敏感信息，表单数据在页面地址栏中也是可见的。GET 最适合少量数据的提交，浏览器会设定容量限制。当使用 POST 方式时，表单通常正在更新数据，或者包含敏感信息（例如密码）。POST 的安全性更强，因为在页面地址栏中被提交的数据是不可见的。

### 2.1.1　HTML 输入类型

常用的表单标签是输入标签<input>，输入类型是由类型属性（type）定义的。如果要正确地被提交，每个输入字段必须设置一个 name 属性，value 属性规定输入字段的初始值，size 属性规定输入字段的尺寸（以字符计）。经常被用到的输入类型如下。

**1．文本域（Text Fields）**

当用户要在表单中键入字母、数字等内容时，就会用到文本域。

例 2-1：

```
<form>
  First name:
  <input type="text" name="firstname" />
  <br />
  Last name:
  <input type="text" name="lastname" />
</form>
```

在大多数浏览器中，文本域的缺省宽度是 20 个字符。

**2．密码域（Passwords）**

当用户要在表单中键入密码时，就会用到密码域。密码域中的字符会被做掩码处理。

**例 2-2：**

```
<form>
  Name:
  <input type="text" name="name" />
  <br />
  Password:
  <input type="password" name="password" />
</form>
```

### 3．单选按钮（Radio Button）

当用户从若干给定的选项中选取其一时，就会用到单选按钮。

**例 2-3：**

```
<form>
  <input type="radio" name="sex" value="male" /> Male
  <br />
  <input type="radio" name="sex" value="female" /> Female
</form>
```

提示：如果希望把单选按钮归类为一组，设置它们的 name 属性为同一个名字即可。

### 4．复选框（Checkbox）

当用户需要从若干给定的选项中选取一个或多个时，就会用到复选框。

**例 2-4：**

```
<form>
  <input type="checkbox" name="language" checked="checked" />
  C++<br />
  <input type="checkbox" name="language" />
  Java<br />
  <input type="checkbox" name="language" />
  C#<br />
  <input type="checkbox" name="language" />
  Python
</form>
```

提示：checked 属性规定在页面加载时应该被预先选定的 input 元素。checked 属性与<input type="checkbox">或者<input type="radio">配合使用。checked 属性也可以在页面加载后，通过 JavaScript 代码进行设置。

### 5．创建按钮

type="button"用于定义可点击按钮。多数情况下，可以通过 JavaScript 启动脚本。type="reset"用于定义重置按钮，重置按钮会清除表单中的所有数据。

**例 2-5：**

```
<html>
```

```
<body>
  <form>
    <input type="button" value="确定"/>
    <input type="reset" value="重置"/>
  </form>
</body>
</html>
```

**6．表单的动作属性和提交按钮**

向服务器提交表单的通常做法是使用提交按钮。当用户单击提交按钮时，表单的内容会被传送到另一个文件。表单的动作属性（Action）定义了目的文件的文件名，由动作属性定义的这个文件通常会对接收到的输入数据进行相关的处理。

**例 2-6：**

```
<form name="input" action="login.jsp" method="get">
    Username:
    <input type="text" name="name" /><br/>
    Password:
    <input type="password" name="password" /><br/>
    <input type="submit" value="提交" />
</form>
```

假如在上面的文本框内键入几个字母，然后点击提交按钮，那么输入数据会传送到"login.jsp"的页面。

**7．文件域**

在设计用户注册表单的时候，经常会涉及用户头像之类的上传。这时可以用一个<input type="file" />定义输入字段和"浏览"按钮，供文件上传。

**8．隐藏域**

<input type="hidden" />用于定义隐藏字段，隐藏字段对于用户是不可见的。隐藏字段通常会存储一个默认值，它们的值也可以由JavaScript进行修改。

**9．图像域**

<input type="image" />用于定义图像形式的提交按钮。

## 2.1.2　下拉列表框

下拉列表框是一个可选列表。select 元素可以创建单选或者多选菜单，<select>元素中的<option>标签用于定义列表中的可用选项。

**例 2-7：**

```
<html>
  <body>
    <form>
      <select name="fruits">
        <option value="apple" selected="selected">Apple</option>
        <option value="orange">Orange</option>
```

```
            <option value="banana">Banana</option>
            <option value="watermelon">Watermelon</option>
        </select>
    </form>
  </body>
</html>
```

提示：如果想要创建带有预选值的下拉列表，可在<option>标签中使用 selected="selected"属性。

### 2.1.3 文本域

用户可以在文本域中写入文本，且可写入字符的字数不受限制。<textarea>标签用于定义多行的文本输入控件。

例 2-8：

```
<html>
  <body>
    <textarea rows="10" cols="30">
        The cat was playing in the garden.
    </textarea>
  </body>
</html>
```

### 2.1.4 Button 元素

<button>元素用于定义可点击的按钮。例如：

```
<button type="button" onclick="alert('Hello World!')">Click Me!</button>
```

### 2.1.5 用<fieldset>组合表单数据

在 form 表单中，可以对表单中的信息进行分组归类。例如用户注册表单，可以将注册信息分为两部分：
- 基本信息（一般为必填）。
- 详细信息（一般为可选）。

那么如何更好地来实现呢？可以考虑在表单 form 中加入下面两个标签：
- <fieldset>元素用于分组，组合表单中的相关数据。
- <legend>元素为每组<fieldset>元素定义标题。

### 2.1.6 表单实例

例 2-9：个人表单信息

```
<html>
  <body>
```

```html
<form action="" method="post">
    <fieldset>
        <legend>基本信息</legend>
        姓名：
        <input type="text" name="name"/>
        性别：
        <input type="radio" name="sex" value="male" /> 男
        <input type="radio" name="sex" value="female" /> 女
        <br/><br/>
        手机：
        <input type="text" name="mobile"/><br/><br/>
        住址：
        <input type="text" name="address" size="50"/>
        <br/><br/>
        头像：
        <input type="file"/>
    </fieldset>
    <br/>
    <fieldset>
        <legend>个人爱好</legend>
        体育:<br/>
        <input type="checkbox" name="hobbies" />
        足球
        <input type="checkbox" name="hobbies" />
        篮球
        <input type="checkbox" name="hobbies" />
        羽毛球
        <input type="checkbox" name="hobbies" />
        乒乓球
        <br/>
        音乐:<br/>
        <input type="checkbox" name="music" />
        民谣
        <input type="checkbox" name="music" />
        爵士
        <input type="checkbox" name="music" />
        摇滚
        <input type="checkbox" name="music" />
        说唱
        <input type="checkbox" name="music" />
        乡村
    </fieldset>
    <br/>
    <input type="button" value="确定"/>
    <input type="reset" value="重置"/>
</form>
```

```
        </body>
    </html>
```

**例 2-10**：从表单发送电子邮件

```
<html>
    <body>
        <form action="MAILTO:someone@zjg.just.edu.cn"
            method="post" enctype="text/plain">
            <h3>这个表单会把电子邮件发送到校区邮箱。</h3>
            姓名：<br />
            <input type="text" name="name" value="yourname" size="20"/><br />
            电邮：<br />
            <input type="text" name="mail" value="yourmail" size="20"/><br />
            内容：<br />
            <input type="text" name="comment" value="yourcomment" size="40"/>
            <br /><br />
            <input type="submit" value="发送"/>
            <input type="reset" value="重置"/>
        </form>
    </body>
</html>
```

## 2.2　HTML 块

可以通过<div>和<span>标签将 HTML 元素组合起来。

### 2.2.1　HTML 块级元素和内联元素

大多数 HTML 元素被定义为块级元素（block element）或内联元素（inline element）。

**1．HTML 块级元素**

块级元素在浏览器显示时，通常会以新行来开始和结束。例如：<h1>、<p>、<ul>、<table>。

**2．HTML 内联元素**

内联元素在显示时通常不会以新行开始，相邻的行内元素会排列在同一行里，直到一行排不下，才会换行，其宽度随元素的内容而变化。例如：<b>、<td>、<a>、<img>。

### 2.2.2　HTML<div>元素

HTML <div>元素是块级元素，它是用于组合其他 HTML 元素的容器。<div>元素没有特定的含义。除此之外，由于它属于块级元素，浏览器会在其前后显示折行。如果与 CSS 一同使用，<div>元素可用于对大的内容块设置样式属性。

<div>元素的另一个常见的用途是文档布局。它取代了使用表格定义布局的老式方法。使用<table>元素进行文档布局不是表格的正确用法，<table>元素的作用是显示表格化的数据。

### 2.2.3 HTML<span>元素

HTML<span>元素是内联元素，可以用作文本的容器。<span>元素没有特定的含义。当与 CSS 一同使用时，<span>元素可用于为部分文本设置样式属性。

## 2.3 网站布局

大多数网站会把内容安排到多个列中，就像杂志或者报纸那样。可以使用<div>或者<table>元素来创建多列。CSS 用于对元素进行定位，或者为页面创建背景以及色彩丰富的外观。即使可以使用 HTML 表格来创建漂亮的布局，但设计表格的目的是呈现表格化数据，表格不是布局工具。

**例 2-11**：使用表格呈现格式化数据

```
<html>
  <head>
    <title>表格布局</title>
  </head>
  <body>
    <table width="280">
      <tr>
        <td colspan="2"><img src="images/adv.jpg" /></td>
      </tr>
      <tr>
        <td width="116" rowspan="6" align="left">
          <img src="images/adv1.jpg" width="116" height="142"/>
        </td>
        <td><a href="#">超值魅力手袋 2.5 折!</a></td>
      </tr>
      <tr>
        <td><a href="#">时尚活力女装 6.5 折!</a></td>
      </tr>
      <tr>
        <td><a href="#">VIP 会员独享 8.8 折!</a></td>
      </tr>
      <tr>
        <td><a href="#">春季流行风向标</a></td>
      </tr>
      <tr>
        <td><a href="#">时尚环保主义</a></td>
      </tr>
      <tr>
        <td><a href="#">超值红包大礼回馈</a></td>
      </tr>
    </table>
  </body>
</html>
```

*18*

**例 2-12**：使用五个 div 元素来创建多列布局

```html
<html>
  <head>
    <style>
      div#container{width:500px}
      div#header {background-color:#99bbbb;}
      div#menu {background-color:#ffff99;
      height:200px; width:150px; float:left;}
      div#content {background-color:#EEEEEE;
                   height:200px; width:350px; float:left;}
      div#footer {background-color:#99bbbb; clear:both; text-align:center;}
      h1 {margin-bottom:0;}
      h2 {margin-bottom:0; font-size:14px;}
      ul {margin:0;}
    </style>
  </head>
  <body>
    <div id="container">
      <div id="header">
        <h1>Main Title of Web Page</h1>
      </div>
      <div id="menu">
        <h2>Menu</h2>
        <ul>
          <li>HTML</li>
          <li>CSS</li>
          <li>JavaScript</li>
        </ul>
      </div>
      <div id="content">Content goes here</div>
      <div id="footer">Copyright zjg.just.edu.cn</div>
    </div>
  </body>
</html>
```

## 2.4 HTML 文档类型

<!DOCTYPE>声明帮助浏览器正确地显示网页。

Web 世界中存在许多不同的文档。只有完全明白页面中使用的确切 HTML 版本，浏览器才能完全正确地显示出 HTML 页面，这就是<!DOCTYPE>的用处。<!DOCTYPE>不是 HTML 标签。它为浏览器提供一项信息（声明），即 HTML 是用什么版本编写的。

### 2.4.1 HTML 版本

从 Web 诞生至今，已经发展出多个 HTML 版本，见表 2-1。

表 2-1 HTML 版本

| 版 本 | 年 份 |
|---|---|
| HTML | 1991 |
| HTML+ | 1993 |
| HTML 2.0 | 1995 |
| HTML 3.2 | 1997 |
| HTML 4.01 | 1999 |
| XHTML 1.0 | 2000 |
| HTML5 | 2012 |
| XHTML5 | 2013 |

### 2.4.2 常用的声明

**1. HTML5**

&lt;!DOCTYPE html&gt;

**2. HTML 4.01**

&lt;!DOCTYPE HTML PUBLIC "-//W3C//DTD HTML 4.01 Transitional//EN"
"http://www.w3.org/TR/html4/loose.dtd"&gt;

**3. XHTML 1.0**

&lt;!DOCTYPE html PUBLIC "-//W3C//DTD XHTML 1.0 Transitional//EN"
"http://www.w3.org/TR/xhtml1/DTD/xhtml1-transitional.dtd"&gt;

## 2.5 HTML 头部元素

&lt;head&gt;元素是所有头部元素的容器。&lt;head&gt;内的元素可以包含脚本，指示浏览器在何处可以找到样式表、提供元信息等。以下标签都可以添加到 head 部分：&lt;title&gt;、&lt;base&gt;、&lt;link&gt;、&lt;meta&gt;、&lt;script&gt;和&lt;style&gt;。

### 2.5.1 HTML&lt;title&gt;元素

&lt;title&gt;标签定义文档的标题。title 元素在所有 HTML/XHTML 文档中都是必需的。title 元素能够：
- 定义浏览器工具栏中的标题。
- 提供页面被添加到收藏夹时显示的标题。
- 显示在搜索引擎给出的搜索结果中的页面标题。

**例 2-13**：一个简化的 HTML 文档

&lt;!DOCTYPE html&gt;
&lt;html&gt;

```
        <head>
            <title>Title of the document</title>
        </head>
        <body>
            The contents of the document......
        </body>
    </html>
```

### 2.5.2 HTML<base>元素

<base>标签为页面上的所有链接规定默认地址或者默认目标(target)。

**例 2-14**：

```
<head>
    <base href="http://zjg.just.edu.cn/images/" />
    <base target="_blank" />
</head>
```

### 2.5.3 HTML<link>元素

<link>标签定义文档与外部资源之间的关系,常用于连接样式表。

**例 2-15**：

```
<head>
    <link rel="stylesheet" type="text/css" href="mystyle.css" />
</head>
```

### 2.5.4 HTML<style>元素

<style>标签用于为 HTML 文档定义样式信息。可以在 style 元素内规定 HTML 元素在浏览器中呈现的样式。

**例 2-16**：

```
<head>
    <style>
        body {background-color: yellow}
        p {color: blue}
    </style>
</head>
```

### 2.5.5 HTML<meta>元素

元数据(meta data)是关于数据的信息。<meta>标签提供关于 HTML 文档的元数据,<meta>标签始终位于 head 元素中。元数据不会显示在页面上,但是对于机器是可读的。典型的情况是,meta 元素被用于规定页面的描述、关键词、文档的作者、最后修改时间以及其他元数据。元数据可用于浏览器(如何显示内容或者重新加载页面)、搜索引擎(关键词)或者其他 Web 服务。针对搜索引擎的关键词,一些搜索引擎会利用 meta 元素的 name 和

*21*

content 属性来索引您的页面。

下面的 meta 元素定义了页面的描述：

&lt;meta name="description" content="Web tutorials on HTML, CSS, JavaScript" /&gt;

下面的 meta 元素定义了页面的关键词：

&lt;meta name="keywords" content="HTML, CSS, JavaScript" /&gt;

name 和 content 属性的作用是描述页面的内容。

### 2.5.6　HTML&lt;script&gt;元素

&lt;script&gt;标签用于定义客户端脚本，例如 JavaScript。Script 元素既可包含脚本语句，也可以通过 src 属性指向外部脚本文件。type 属性规定脚本的 MIME 类型（为保证兼容性，老旧的浏览器 type 是必需属性）。JavaScript 常用于图片操作、表单验证以及内容动态更新。

下面的脚本会向浏览器输出"Hello World!"：

```
<script>
  document.write("Hello World!")
</script>
```

## 2.6　HTML 统一资源定位器

统一资源定位器（Uniform Resource Locator, URL），用于定位万维网上的文档或者其他数据。URL 也称为网址。URL 可以由单词组成，例如"sina.com.cn"，或者是因特网协议（IP）地址，例如 192.168.1.253。大多数人在上网时，会键入网址的域名，因为域名比数字容易记忆。

网址遵守以下的语法规则：

scheme://host.domain:port/path/filename

scheme——定义因特网服务的类型，最常见的类型是 http。
host——定义域主机（http 的默认主机是 www）。
domain——定义因特网域名，例如 zjg.just.edu.cn。
port——定义主机上的端口号（http 的默认端口号是 80）。
path——定义服务器上的路径（如果省略，则文档必须位于网站的根目录中）。
filename——定义文档或者资源的名称。

## 2.7　HTML 多媒体

多媒体有多种格式，它可以是听到或者看到的任何内容，包括文字、图片、音乐、音效、录音、电影、动画等。现代浏览器支持多种多媒体格式。

多媒体元素（例如视频和音频）存储于媒体文件中。确定媒体类型的最常用的方法是查看文件扩展名。当浏览器得到文件扩展名.htm 或.html 时，它会假定该文件是 HTML 页面。.xml 扩展名指示 XML 文件，而.css 扩展名指示样式表。图片格式则通过.gif 或.jpg 来识别。多媒体元素也拥有带有不同扩展名的文件格式，例如.swf、.wmv、.mp3 以及.mp4。常用的视频格式有 AVI、WMV、MPEG、QuickTime、RealVideo、Flash、Mpeg-4 等。常用的音频格式有 MIDI、RealAudio、Wave、WMA、MP3 等。

### 2.7.1 HTML object 元素

<object>元素的作用是支持 HTML 辅助应用程序。辅助应用程序（helper application）是可由浏览器启动的程序，也称为插件，是一种扩展浏览器标准功能的小型程序。插件有很多用途：播放音乐、显示地图、验证银行账号、控制输入等。可以使用<object>或者<embed>标签将插件添加到 HTML 页面。这些标签定义资源（通常为非 HTML 资源）的容器，根据类型，它们既会由浏览器显示，也会由外部插件显示。

使用插件播放视频和音频的一个优势是，能够允许用户控制部分或者全部播放设置。大多数辅助应用程序允许对音量设置和播放功能（例如后退、暂停、停止和播放）的手工（或者程序的）控制。

**例 2-17：**

```
<object width="400" height="50" data="/video/bookmark.swf"></object>
<object data="/images/logo.jpg"></object>
```

### 2.7.2 HTML 音频

在 HTML 中播放音频，需要确保音频文件在所有浏览器中（Internet Explorer、Chrome、Firefox、Safari、Opera）和所有硬件上（PC、平板电脑、手机）都能够播放。

**1．使用<embed>元素**

<embed>标签用于定义嵌入的内容，例如插件，该元素实现与<object>元素相同的效果。这是一个 HTML5 标签，在 HTML4 中是非法的，但在所有浏览器中都有效。<embed>标签必须有 src 属性，指明嵌入内容的 URL。下面的代码片段能够显示嵌入网页中的 MP3 文件：

```
<embed height="100" width="100" src="song.mp3" />
```

存在的问题：
- <embed>标签在 HTML 4 中是无效的，页面无法通过 HTML 4 验证。
- 不同的浏览器对音频格式的支持也不同。
- 如果浏览器不支持该文件格式，没有插件的话就无法播放该音频。
- 如果用户的计算机未安装插件，无法播放音频。
- 如果把该文件转换为其他格式，仍然无法在所有浏览器中播放。

**提示**：使用<!DOCTYPE html>（HTML5）可以解决验证问题。

**2．使用<object>元素**

下面的代码片段能够显示嵌入网页中的 MP3 文件：

```
<object height="100" width="100" data="song.mp3"></object>
```

存在的问题：
- 不同的浏览器对音频格式的支持不同。
- 如果浏览器不支持该文件格式，没有插件的话就无法播放该音频。
- 如果用户的计算机未安装插件，无法播放音频。
- 如果把该文件转换为其他格式，仍然无法在所有浏览器中播放。

### 2.7.3 HTML 视频

在 HTML 中播放视频，需要确保视频文件在所有浏览器中（Internet Explorer、Chrome、Firefox、Safari、Opera）和所有硬件上（PC、平板电脑、手机）都能够播放。

**1．使用<embed>元素**

下面的 HTML 代码显示嵌入网页的 Flash 视频：

```
<embed src="movie.swf" height="200" width="200"/>
```

存在的问题：
- HTML4 无法识别<embed>标签，页面无法通过验证。
- 如果浏览器不支持 Flash，那么视频将无法播放。
- iPad 和 iPhone 不能显示 Flash 视频。
- 如果将视频转换为其他格式，那么它仍然不能在所有浏览器中播放。

**2．使用<object>元素**

下面的 HTML 片段显示嵌入网页的一段 Flash 视频：

```
<object data="movie.swf" height="200" width="200"/>
```

存在的问题：
- 如果浏览器不支持 Flash，将无法播放视频。
- iPad 和 iPhone 不能显示 Flash 视频。
- 如果将视频转换为其他格式，那么它仍然不能在所有浏览器中播放。

## 思考题

1. HTML 中（　　）标签用于在网页中创建表单。
   A．<input>　　　　B．<select>　　　　C．<table>　　　　D．<form>
2. HTML 中（　　）属性用于设置表单要提交的地址。
   A．name　　　　　B．method　　　　　C．action　　　　　D．id
3. 阅读代码，选择正确答案（　　）。

   ```
   <input type = "text"……
   <input type = "radio"……
   <input type = "checkbox"……
   <input type = "file"……
   ```

   A．分别表示：文本框，单选按钮，复选框，文件域

B．分别表示：单选按钮，文本框，复选框，文件域

C．分别表示：复选框，文本框，单选按钮，文件域

D．分别表示：文件域，文本框，单选按钮，复选框

4．在 HTML 中，下列代码（    ）可以实现每隔 60s 自动刷新页面的功能。

　　A．\<meta http-equiv ="refresh" content = "1"\>

　　B．\<meta http-equiv ="refresh" content = "60"\>

　　C．\<meta http-equiv ="expires" content = "1"\>

　　D．\<meta http-equiv ="expires" content = "60"\>

5．请使用适当的表单元素构建下图内容。

# 第 3 章  CSS 基础

## 3.1  CSS 简介

HTML 标签原本被设计为用于定义文档内容。通过使用<h1>、<p>、<table>这样的标签，HTML 的初衷是表达"这是标题"、"这是段落"、"这是表格"之类的信息。同时文档布局由浏览器来完成，而不使用任何格式化标签。

当时，由于两种主要的浏览器（Netscape 和 Internet Explorer）不断地将新的 HTML 标签和属性（例如字体标签和颜色属性）添加到 HTML 规范中，创建文档内容清晰地独立于文档表现层的站点变得越来越困难。

为了解决这个问题，万维网联盟（W3C）肩负起了 HTML 标准化的使命，并在 HTML 4.0 之外创造出样式（Style）。所有的主流浏览器均支持层叠样式表。

### 3.1.1  什么是 CSS

CSS 指层叠样式表（Cascading Style Sheets），是一种用来表现HTML或者XML等文件样式的计算机语言。CSS 不仅可以静态地修饰网页，还可以配合各种脚本语言动态地对网页各元素进行格式化。

样式通常保存在外部的.css 文件中。通过编辑一个简单的 CSS 文档，外部样式表使程序员有能力同时改变站点中所有页面的布局和外观。由于允许同时控制多重页面的样式和布局，CSS 可以称得上是 Web 设计领域的一个突破。作为网站开发者，如果需要进行全局的更新，只需要简单地改变样式，网站中的所有元素就会自动更新。

### 3.1.2  CSS 的作用

CSS 网页布局的意义体现在如下方面：
- 样式定义如何显示 HTML 元素。
- 样式通常存储在样式表中。
- 样式是为了解决内容与表现分离的问题。
- 外部样式表可以极大提高工作效率。
- 外部样式表通常存储在 CSS 文件中。
- 多个样式定义可以层叠为一个。

**1．多重样式将层叠为一个**

样式表允许以多种方式规定样式信息，可以规定在单个的 HTML 元素中，在 HTML 页面的头元素中，或者在一个外部的 CSS 文件中，甚至可以在同一个 HTML 文档内部引用多个外部样式表。层叠，简单地说，就是给一个元素多次设置同一个样式，这将使用最后一次设置的属性值。例如，对一个站点中的多个页面使用了同一套 CSS 样式表，而某些页面中的某些元素想使用其他样式，就可以针对这些样式单独定义一个样式表应用到页面中。这些后来定义的样式将对前面的样式设置进行重写，在浏览器中看到的将是最后面设置的样式效果。

**2．层叠次序**

当同一个 HTML 元素被不止一个样式定义时，会使用哪个样式呢？一般而言，所有的样式会根据下面的规则层叠于一个新的虚拟样式表中，其中规则（4）拥有最高的优先权。

（1）浏览器默认设置
（2）外部样式表
（3）内部样式表（位于<head>标签内部）
（4）内联样式（在 HTML 元素内部）

因此，内联样式（在 HTML 元素内部）拥有最高的优先权，这意味着它将优先于以下的样式声明：<head>标签中的样式声明，外部样式表中的样式声明或者浏览器中的样式声明。

关于选择器的优先级：选取元素越精确，优先级越高。即 id 选择器指定的样式 > 类选择器指定的样式 > 元素类型选择器指定的样式。

## 3.2 CSS 基础语法

样式表由一系列 CSS 规则组成。规则由两个主要的部分构成：选择器以及一条或者多条声明。

　　　　selector { declaration1; declaration2; ... ; declarationN }

选择器通常是需要改变样式的 HTML 元素。每条声明由一个属性和一个值组成。属性（property）是希望设置的样式属性（style attribute）。每个属性有一个值，属性和值被冒号分开。

　　　　selector { property: value }

**例 3-1：**

　　　　h1 { color: blue; font-size: 12px; }

这行代码的作用是将 h1 元素内的文字颜色定义为蓝色，同时将字体大小设置为 12 像素。
注意事项：
● 值可以有不同写法和单位。以颜色为例，下面五种写法都定义了蓝色：

　　　　p { color: blue; }
　　　　p { color: #0000ff; }
　　　　p { color: #00f; }
　　　　p { color: rgb(0,0,255); }
　　　　p { color: rgb(0%,0%,100%); }

● 如果值为若干单词，则要给值加引号。

- 如果要定义不止一个声明，则需要用分号将每个声明分开。
- 是否包含空格不会影响 CSS 在浏览器的工作效果。
- CSS 对大小写不敏感。不过存在一个例外：如果涉及与 HTML 文档一起工作的话，class 和 id 名称对大小写是敏感的。
- 选择器可以进行分组，用逗号将需要分组的选择器分开。这样，被分组的选择器就可以分享相同的声明。在下面的例子中对所有的标题元素进行了分组，所有的标题元素都是绿色的。

```
h1, h2, h3, h4, h5, h6 {
    color: green;
}
```

## 3.3 如何创建 CSS

当读到一个样式表时，浏览器会根据它来格式化 HTML 文档。插入样式表的方法有四种。

### 3.3.1 外部样式表

当样式需要应用于很多页面时，外部样式表将是理想的选择。在使用外部样式表的情况下，可以通过改变一个文件来改变整个站点的外观。每个页面使用<link>标签链接到样式表，<link>标签在 HTML 文档的头部。

例 3-2：

```
<head>
    <link rel="stylesheet" type="text/css" href="mystyle.css" />
</head>
```

浏览器会从文件 mystyle.css 中读到样式声明，并根据它来格式化文档。

外部样式表可以在任何文本编辑器中进行编辑。文件不能包含任何 HTML 标签。样式表应该以.css 扩展名进行保存。下面是一个样式表文件的例子：

例 3-3：

```
hr {color: blue;}
p {margin-left: 20px;}
body {background-image: url("images/background.gif");}
```

**注意**：不要在属性值与单位之间留空格。假如使用 "margin-left: 20 px"，它仅在 IE 6 中有效，在 Mozilla/Firefox 或者 Netscape 中都无法正常工作。

### 3.3.2 内部样式表

当单个文档需要特殊的样式时，就应该使用内部样式表。使用<style>标签在 HTML 文档头部定义内部样式表。

例 3-4：

```
<head>
  <style>
    hr {color: blue;}
    p {margin-left: 20px;}
    body {background-image: url("images/background.gif");}
  </style>
</head>
```

### 3.3.3 内联样式

要使用内联样式，需要在相关的标签内使用样式（style）属性。style 属性可以包含任何 CSS 属性。由于要将表现和内容混杂在一起，内联样式会损失样式表的许多优势。本例展示如何改变段落的颜色和左外边距。

例 3-5：

```
<p style="color: blue; margin-left: 20px">
  This is a paragraph.
</p>
```

### 3.3.4 多重样式

如果某些属性在不同的样式表中被同样的选择器定义，那么属性值将从更具体的样式表中被继承过来。例如，外部样式表拥有针对 h3 选择器的三个属性。

例 3-6：

```
h3 {
    color: red;
    text-align: left;
    font-size: 8pt;
}
```

而内部样式表拥有针对 h3 选择器的两个属性：

```
h3 {
    text-align: right;
    font-size: 20pt;
}
```

假如拥有内部样式表的这个页面同时与外部样式表链接，那么 h3 最终得到的样式是：

```
color: red;
text-align: right;
font-size: 20pt;
```

即颜色属性将继承于外部样式表，而文字排列（text-alignment）和字体尺寸（font-size）会被内部样式表中的规则取代。

## 3.4 CSS 选择器

要使用 CSS 对 HTML 页面中的元素实现一对一、一对多或者多对一的控制，就需要用到 CSS 选择器。HTML 页面中的元素就是通过 CSS 选择器进行控制的。

### 3.4.1 元素选择器

最常见的 CSS 选择器是元素选择器。换句话说，文档的元素本身就是最基本的选择器。例如 p、h1、table、a，甚至可以是 html 本身。

```
html {color: gray;}
h1 {color: blue;}
p {color: black;}
h2, p {color: silver;}
* {color: red;}
```

\* 代表通配符选择器，可以与任何元素匹配，就像是一个通配符。上面的规则可以使文档中的每个元素都为红色。

### 3.4.2 id 选择器

id 选择器可以为标有特定 id 的 HTML 元素指定特定的样式。id 选择器以 "#" 符号来定义。

```
#red {color: red;}
#green {color: green;}
```

下面的 HTML 代码中，id 属性为 red 的 p 元素显示为红色，而 id 属性为 green 的 p 元素显示为绿色。

```
<p id="red">这个段落是红色。</p>
<p id="green">这个段落是绿色。</p>
```

提示：id 属性只能在每个 HTML 文档中出现一次。

### 3.4.3 类选择器

类选择器用于描述一组元素的样式，它以一个点号显示。

```
.center {text-align: center;}
```

在上面的例子中，所有拥有 center 类的 HTML 元素均为居中。在下面的 HTML 代码中，h1 和 p 元素都拥有 center 类。这意味着两者都将遵守 .center 选择器中的规则。

```
<h1 class="center">
    This heading will be center-aligned
</h1>
<p class="center">
```

This paragraph will also be center-aligned.
</p>
```

## 3.4.4 属性选择器

可以为拥有指定属性的 HTML 元素设置样式，而不仅限于 class 和 id 属性。注意：只有在规定了!DOCTYPE 时，IE7 和 IE8 才支持属性选择器。在 IE6 及更低的版本中，不支持属性选择。下面的例子为带有 title 属性的所有元素设置样式：

```
[title] { color: red; }
```

### 1. 属性和值选择器

下面的例子为 title="just"的所有元素设置边框为 5px 的蓝实线：

```
[title=just] {
    border: 5px solid blue;
}
```

### 2. 属性和值选择器-多个值

下面的例子为包含指定值的 title 属性的所有元素设置样式，适用于由空格分隔的属性值：

```
[title~=hello] { color: red; }
<h1 title="hello world">Hello world(I'm red)</h1>
<p title="student hello">Hello CSS students! (I'm red)</p>
<p title="welcome">Welcome students!</p>
```

下面的例子为包含指定值的 lang 属性的所有元素设置样式，适用于由连字符分隔的属性值：

```
[lang|=en] { color: red; }
<p lang="en">Hello! (I'm red)</p>
<p lang="en-us">Hi! (I'm red)</p>
<p lang="en-gb">Hello! (I'm red)</p>
```

### 3. 各种属性和值选择器

表 3-1 列举了各种属性和值选择器。

表 3-1　属性选择器

| 选择器 | 描　　述 |
| --- | --- |
| [attribute] | 用于选取带有指定属性的元素 |
| [attribute=value] | 用于选取带有指定属性和值的元素 |
| [attribute~=value] | 用于选取属性值中包含指定词汇的元素 |
| [attribute\|=value] | 用于选取带有以指定值开头的属性值的元素，该值必须是整个单词 |
| [attribute^=value] | 匹配属性值以指定值开头的每个元素 |
| [attribute$=value] | 匹配属性值以指定值结尾的每个元素 |
| [attribute*=value] | 匹配属性值中包含指定值的每个元素 |
```

### 3.4.5 派生选择器

CSS可以依据元素位置的上下文关系来定义样式。在 CSS1 中，通过这种方式来应用规则的选择器称为上下文选择器（Contextual selectors），这是由于它们依赖上下文关系来应用或者避免某项规则。在 CSS2 中，它们被称为派生选择器，但是无论怎样称呼它们，它们的作用都是相同的。派生选择器允许根据文档的上下文关系来确定某个元素的样式。通过合理地使用派生选择器，可以使 HTML 代码更加整洁。派生选择器包含：CSS 后代选择器、CSS 子元素选择器和 CSS 相邻兄弟选择器。

**1．后代选择器**

后代选择器（Descendant selector）又称为包含选择器，可以选择作为某元素后代的元素。可以定义后代选择器来创建一些规则，使这些规则在某些文档结构中起作用，而在另外一些结构中不起作用。举例来说，如果希望只对 h1 元素中的 em 元素应用样式，可以这样写：

```
h1 em { color: red; }
```

上面这个规则会把作为 h1 元素后代的 em 元素的文本变为红色。其他 em 文本（例如段落或者块引用中的 em）则不会被这个规则选中：

```
<h1>This is a <em>important</em> heading</h1>
<p>This is a <em>important</em> paragraph.</p>
```

关于后代选择器，很重要的一点就是第一个参数和第二个参数之间的代数可以是无限的。例如 HTML 代码：

**例 3-7：**

```
<ul>
  <li>
    <ul>
      <li>
        <em>This will be styled.</em>
      </li>
    </ul>
  </li>
  <li>
    <em>This will be styled too.</em>
  </li>
</ul>
```

CSS 代码：

```
ul em{ color:red; }
```

以上 CSS 样式会运用于 HTML 代码中两处红色的<em>元素。

**2．子元素选择器**

与后代选择器相比，子元素选择器（Child selector）只会选择作为某元素子元素的元素，而不会扩大到任意的后代元素。

例如，如果希望选择只作为 h1 元素子元素的 strong 元素，可以这样写：

    h1 > strong { color: red; }

这个规则会把第一个 h1 下面的 strong 元素变为红色，但是第二个 h1 中的 strong 元素不受影响：

    <h1>This is <strong>This will be styled.</strong>important.</h1>
    <h1>This is <em>really<strong>This will not be styled.</strong></em>important.</h1>

**3．相邻兄弟选择器**

如果需要选择紧接在另一个元素后的元素，而且二者有相同的父元素，可以使用相邻兄弟选择器（Adjacent sibling selector）。例如下列 HTML 代码：

**例 3-8：**

    <div>
        <h2>This is a heading</h2>
        <strong>This will be styled.</strong>
        <strong>This will not be styled.</strong>
    </div>

CSS 代码：

    h2 + strong {color:red;}

以上第一个 strong 元素紧邻着 h2 元素并且它们拥有相同的父亲 div 元素，所以 h2 + strong 会选择第一个<strong>元素而不会选择第二个<strong>元素。

**例 3-9：**

    <div>
        <ul>
            <li>List item 1</li>
            <li>List item 2(I'm red)</li>
            <li>List item 3(I'm red)</li>
        </ul>
        <ol>
            <li>List item 1</li>
            <li>List item 2(I'm red)</li>
            <li>List item 3(I'm red)</li>
        </ol>
    </div>

CSS 代码：

    li + li {color:red;}

以上 li + li 是选择紧挨着 li 元素后面的第一个<li>元素，所以第一个<li>元素不会被选择；而第二个<li>元素是紧挨着第一个 li 元素的，所以会被选择；第三个<li>元素是紧挨着第二个<li>元素的，同样也会被选择。

### 3.4.6 伪类

CSS 伪类用于向某些选择器添加特殊的效果。同一个标签，根据其不同的状态，有不同的样式，这就叫作"伪类"。伪类的语法如下：

  selector: pseudo-class { property: value; }

CSS 类也可以与伪类搭配使用：

  selector.class: pseudo-class { property: value; }

例如，超链接样式设定：
超链接点击之前：a:link { color: #ff0000; }
超链接被访问过之后：a:visited { coolor: #00ff00; }
鼠标悬停在标签上的时候：a:hover { color: #ff00ff; }
鼠标点击标签，但是不松手时：a:active { color: #0000ff; }

### 3.4.7 伪元素

伪元素（pseudo-element）是 HTML 中并不存在的元素，用于向某些选择器设置特殊效果。由定义可知，伪元素原来在 DOM（文档对象模型）结构中是不存在的。伪元素创建了一个容器，这个容器不包含在 DOM 结构中，但是却有内容，使用"content"来添加内容，可以对其进行样式的自定义，也可以获取其中的内容。一个选择器只能使用一个伪元素，并且伪元素必须处于选择器语句的最后。

在 CSS3 中，伪元素由两个冒号::开头，然后是伪元素的名称。使用两个冒号::是为了区别伪类和伪元素（CSS2 中并没有区别）。当然，考虑到兼容性，CSS2 中已经存在的伪元素仍然可以使用一个冒号:的语法，但是 CSS3 中新增的伪元素必须使用两个冒号。

伪元素的语法如下：

  selector: pseudo-element { property: value; }

CSS 类也可以与伪元素配合使用：

  selector.class: pseudo-element { property: value; }

例如，对文本首行设置特殊样式：

  p:first-line { color: #ff0000; }

其他的伪元素，例如:first-letter 用于向文本的第一个字母添加特殊样式；:before在元素之前添加内容；:after在元素之后添加内容。

### 3.4.8 选择器组合

**1. id 选择器和派生选择器**

在现代布局中，id 选择器常常用于建立派生选择器。

  #sidebar p {
   font-style: italic;

```
        text-align: right;
        margin-top: 0.5em;
    }
```

上面的样式只会应用于出现在 id 是 sidebar 的元素内的段落。这个元素很可能是 div 层或者是表格单元，也可能是一个表格或者其他块级元素。它甚至可以是一个内联元素，例如 <em></em> 或者 <span></span>，不过这样的用法是非法的，因为不可以在内联元素 <span> 中嵌入 <p>。

提示：单位"em"是一个相对的大小，用户的浏览器默认渲染的文字大小是"16px"，如果将元素的字体大小设置为"0.75em"，那么其字体大小计算出来后就相当于"0.75 × 16px = 12px"。

**2．类选择器和派生选择器**

和 id 一样，class 也可被用作派生选择器。

```
.fancy td {
    color: #f60;
    background: #666;
}
```

在上面这个例子中，类名为 fancy 的更大的元素内部的表格单元都会以灰色背景显示橙色文字，名为 fancy 的更大的元素可能是一个表格或者一个 div 层。

**3．元素可以基于它们的类而被选择**

```
td.fancy {
    color: #f60;
    background: #666;
}
```

在上面的例子中，类名为 fancy 的表格单元将是带有灰色背景的橙色文字。

```
<td class="fancy">
```

用户可以将类 fancy 分配给任何一个表格元素任意多的次数。那些以 fancy 标注的单元格都会是带有灰色背景的橙色文字。那些没有被分配名为 fancy 的类的单元格不会受这条规则的影响。还有一点值得注意，class 为 fancy 的段落也不会是带有灰色背景的橙色文字。当然，任何其他被标注为 fancy 的元素也不会受这条规则的影响。这都是由于书写这条规则的方式，这个效果仅在被标注为 fancy 的表格单元中有效，即使用 td 元素来选择 fancy 类。

## 3.5 CSS 定位与盒模型

### 3.5.1 元素可见性

1．display 属性：该属性主要有 inline、block 和 none 三个属性值。
（1）display: inline

主要用来设置元素为行内元素，设置了该属性之后再设置高度、宽度都无效。

（2）display: block

设置元素为块级元素，如果不指定宽高，默认会继承父元素的宽度，并且独占一行，即使宽度有剩余也会独占一行，高度一般以子元素撑开的高度为准，当然也可以自己设置宽度和高度。

（3）display: none

将元素设置为 none 的时候既不会占据空间，也无法显示，相当于该元素不存在。

2．visibility 属性：该属性设置元素是否可见，确定元素是显示还是隐藏。visibility="visible|hidden"，visible 为显示，hidden 为隐藏。当 visibility 被设置为"hidden"的时候，元素虽然被隐藏了，但它仍然占据原来所在的位置，仍然会影响布局。

然而，visibility 还可能取值为 collapse。当设置元素"visibility: collapse"后，一般的元素的表现与"visibility: hidden"一样，即也会占用空间。但如果该元素是与 table 相关的元素，例如 table row、table column、table column group 等，其表现却与"display: none"一样，即将其占用的空间释放。

### 3.5.2 CSS 定位

CSS 为定位和浮动提供了一些属性，利用这些属性，可以建立列式布局，将布局的一部分与另一部分重叠，还可以完成多年来通常需要使用多个表格才能完成的任务。定位的基本思想很简单，它允许定义元素框相对于其正常位置应该出现的位置，或者相对于父元素、另一个元素甚至浏览器窗口本身的位置。

1．position 属性：该属性指定了元素的定位类型。元素可以使用顶部、底部、左侧和右侧属性定位。然而，这些属性无法工作，除非事先设定 position 属性。position 属性的主要取值如下：

- static：HTML 元素的默认值，即没有定位，元素出现在正常的文档流中。静态定位的元素不会受到 top、bottom、left、right 或者 z-index 的影响。
- relative：元素框偏移某个距离，相对定位元素的定位是相对其正常位置。元素仍保持其未定位前的形状，它原本所占的空间仍保留。
- fixed：元素的位置相对于浏览器窗口是固定位置，即使窗口是滚动的它也不会移动。fixed 定位使元素的位置与文档流无关，因此不占据空间。fixed 定位的元素和其他元素重叠。
- absolute：元素框从文档流中完全删除，并相对于其包含块定位。包含块可能是文档中的另一个元素或者是初始包含块。元素原先在正常文档流中所占的空间会关闭，就好像元素原来不存在一样。元素定位后生成一个块级框，而不论原来它在正常流中生成何种类型的框。

例 3-10：position 定位

```
<!DOCTYPE html >
<html>
    <head>
        <title>position</title>
```

```html
<style>
    div {
        height: 200px;
        width: 300px;
        border-color: Black;
        border-style: solid;
        border-width: 1px;
    }
    #a {
        position:absolute;
        left:400px;
        top:150px;
    }
    #b {
        position:relative;
        left:800px;
        top:100px;
    }
    #c {
        position:fixed;
        left:800px;
        top:400px;
    }
    #d {
        position:static;
        background-color:yellow;
    }
</style>
</head>
<body>
    <div id="a">div-a<br />
        position:absolute;<br />
        绝对定位：脱离文档流，遗留空间由后续元素填充。
    </div>
    <div id="b">div-b<br />
        position:relative;<br />
        相对定位：不脱离文档流，只改变自身的位置，在文档流原先的位置遗留空白区域。
    </div>
    <div id="c">div-c<br />
        position:fixed;<br />
        固定定位：固定在页面中，不随浏览器的大小改变而改变位置。
    </div>
    <div id="d"></div>
    <input type="text" value="input1" />
</body>
</html>
```

2. z-index 属性：该属性设置元素的堆叠顺序。拥有更高堆叠顺序的元素总是会处于堆叠顺序较低的元素的前面。该属性设置一个定位元素沿 z 轴的位置，z 轴定义为垂直延伸到显示区的轴。如果为正数，则离用户更近，为负数则表示离用户更远。

3. float 属性：会使元素向左或者向右移动，其周围的元素也会重新排列。浮动往往是用于图像，但它在布局时也一样非常有用。元素在水平方向浮动，意味着元素只能左右移动而不能上下移动。一个浮动元素会尽量向左或者向右移动，直到它的外边缘碰到包含框或者另一个浮动框的边框为止。浮动元素之后的元素将围绕它，而浮动元素之前的元素将不会受到影响。

### 3.5.3　CSS 盒模型

所有 HTML 元素可以看作盒子。CSS 盒模型（Box Model）本质上是一个盒子，封装在 HTML 元素的周围。它规定了元素框处理元素内容、内边距、边框和外边距的方式。CSS 盒模型见图 3-1。

元素框的最内部分是实际的内容，直接包围内容的是内边距（padding）。内边距呈现了元素的背景。内边距的边缘是边框（border）。边框以外是外边距（margin），外边距默认是透明的，因此不会遮挡其后的任何元素。背景通常是由内容、内边距和边框组成的区域。在 CSS 中，width 和 height 指的是内容区域的宽度和高度。增加内边距、边框和外边距不会影响内容区域的尺寸，但是会增加元素框的总尺寸。

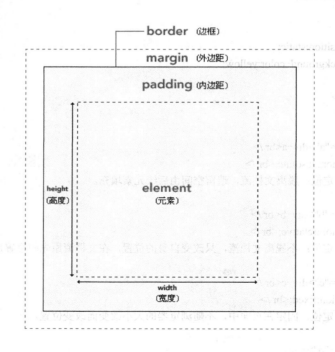

图 3-1　CSS 盒模型

#### 3.5.3.1　内边距

CSS padding 属性用于定义元素的内边距。padding 属性接受长度值或者百分比值，但不允许使用负值。可以按照上、右、下、左的顺序分别设置各边的内边距，各边均可以使用不同的单位或者百分比值。

  h1 {padding: 15px 0.25em 3ex 15%;}

**提示**：px，em，ex，%都是 CSS 的相对长度单位，其中 ex 代表字母 x 的高度。

也可以通过使用下面四个单独的属性，分别设置上、右、下、左内边距：

```
padding-top, padding-right, padding-bottom, padding-left
h1 {
    padding-top: 15px;
    padding-right: 0.25em;
    padding-bottom: 3ex;
    padding-left: 15%;
}
```

#### 3.5.3.2 边框

元素的边框（border）是围绕元素内容和内边距的一条或者多条线。CSS border 属性允许规定元素边框的样式、宽度和颜色。

**1．边框样式**

边框样式使用border-style 属性。可以为一个边框定义多个样式，这里的值采用的也是top-right-bottom-left 顺序。边框的样式包括：none：无样式；dotted：点线；dashed：虚线；solid：实线；double：双线；groove：槽线；ridge：脊线；inset：内凹；outset：外凸。例如：

  div {border-style: solid dotted dashed double;}

上面这条规则为 div 层定义了四种边框样式：实线上边框、点线右边框、虚线下边框和一个双线左边框。

如果希望为元素框的某一个边单独设置边框样式，而不是设置所有 4 个边框样式，可以使用下面的单边边框样式属性：

```
border-top-style, border-right-style, border-bottom-style, border-left-style
div {
    border-top-style: solid;
    border-right-style: dotted;
    border-bottom-style: dashed;
    border-left-style: double;
}
```

**2．边框宽度**

可以通过border-width 属性为边框指定宽度。为边框指定宽度有两种方法：可以指定长度值，例如 2px 或者 0.1em；或者使用 3 个关键字之一，它们分别是 thin、medium（默认值）和 thick。

  p {border-style: solid; border-width: 5px;}

p {border-style: solid; border-width: thick;}

可以按照 top-right-bottom-left 的顺序设置元素的各边边框：

p {border-style: solid; border-width: 15px 5px 15px 5px;}

或者简写成：

p {border-style: solid; border-width: 15px 5px;}

用两个值取代前面 4 个值的情形，叫作值复制。CSS 定义了一些规则，允许为外边距指定少于 4 个值。规则如下：
- 如果缺少左外边距的值，则使用右外边距的值。
- 如果缺少下外边距的值，则使用上外边距的值。
- 如果缺少右外边距的值，则使用上外边距的值。

换句话说，如果为外边距指定了 3 个值，则第 4 个值（即左外边距）会从第 2 个值（右外边距）复制得到。如果给定了两个值，第 4 个值会从第 2 个值复制得到，第 3 个值（下外边距）会从第 1 个值（上外边距）复制得到。最后一种情况，如果只给定一个值，那么其他 3 个外边距都由这个值（上外边距）复制得到。

同样地，也可以通过下列四个属性分别设置边框各边的宽度：border-top-width，border-right-width，border-bottom-width，border-left-width。

```
p {
    border-style: solid;
    border-top-width: 15px;
    border-right-width: 5px;
    border-bottom-width: 15px;
    border-left-width: 5px;
}
```

**3．边框颜色**

设置边框颜色非常简单，CSS 使用一个简单的border-color 属性，它一次可以接受最多 4 个颜色值。

```
p {
    border-style: solid;
    border-color: blue rgb(25%,35%,45%) #636465 yellow;
}
```

还有一些单边边框颜色属性，它们的原理与单边样式和单边宽度属性相同：border-top-color，border-right-color，border-bottom-color，border-left-color。

CSS2 引入了边框颜色值 transparent，这个值用于创建有宽度的不可见边框。

**3.5.3.3 外边距**

设置外边距的最简单的方法就是使用margin 属性。这个属性接受任何长度单位、百分数甚至负值。

```
h1 {margin: 10px 0px 15px 5px;}
```

与内边距的设置相同,这些值的顺序是从上外边距(top)开始围着元素顺时针旋转的。也可以使用下列任何一个属性单独设置相应的外边距,而不会直接影响其他外边距:margin-top,margin-right,margin-bottom,margin-left。

```
h1 {
    margin-top: 10px;
    margin-right: 0px;
    margin-bottom: 15px;
    margin-left: 5px;
}
```

## 3.6 CSS 实例

### 3.6.1 设置背景颜色和图片

**例 3-11**:设置背景颜色

```
<!DOCTYPE html>
<html>
  <head>
    <style>
      div {background-color: rgb(189, 0, 208); border:3px solid red;}
      h1 {background-color: #0000ff;}
      h2 {background-color: transparent;}
      p {background-color: yellow;}
      p.no2 {background-color: green; padding: 20px;}
    </style>
  </head>
  <body>
    <div>
      <h1>这是标题 1</h1>
      <h2>这是标题 2</h2>
      <p>这是段落</p>
      <p class="no2">这个段落设置了内边距。</p>
    </div>
  </body>
</html>
```

**例 3-12**:设置背景图片

```
<!DOCTYPE html>
<html>
  <head>
    <title>设置网页背景图像的例子</title>
```

```
</head>
<body style="background-image: url('cat.bmp'); background-repeat: repeat;"/>
</html>
```

## 3.6.2 修饰文本

**例 3-13**：设置字体

```
<!DOCTYPE html>
<html>
  <head>
    <style>
      p.para1 {
        font-family: 宋体;
        font-size: 16px;
        font-style: italic;
        font-weight: bold;
      }
      p.para2 {font: italic bold 16px 宋体;}
    </style>
  </head>
  <body>
    <p class="para1">这是段落 1</p>
    <p class="para2">这是段落 2</p>
  </body>
</html>
```

提示：font 属性可以按如下顺序设置。

- font-style
- font-variant：设置小型大写字母的字体显示文本，这意味着所有的小写字母均会被转换为大写，但所有的使用小型大写字母的字母与其余文本相比，其字体尺寸更小。
- font-weight
- font-size/line-height：字体大小或者行高。
- font-family

**例 3-14**：文本修饰

```
<!DOCTYPE html>
<html>
  <head>
    <style>
      h1 {text-decoration: overline;}
      h2 {text-decoration: line-through;}
      h3 {text-decoration: underline;}
      h4 {text-align:center;}
      a {text-decoration: none;}
```

```
        </style>
    </head>
    <body>
        <h1>这是标题 1</h1>
        <h2>这是标题 2</h2>
        <h3>这是标题 3</h3>
        <h4>这是标题 4</h4>
        <p><a href="http://zjg.just.edu.cn/index.html">张家港校区</a></p>
    </body>
</html>
```

**例3-15**：文本缩进与换行

```
<!DOCTYPE html>
<html>
    <head>
        <style>
            p {
                text-indent: 1cm;
                white-space: pre;
            }
        </style>
    </head>
    <body>
        <p>
            这是段落中的一些文本。
            这是段落中的一些文本。
            这是段落中的一些文本。
            这是段落中的一些文本。
            这是段落中的一些文本。
            这是段落中的一些文本。
            这是段落中的一些文本。
            这是段落中的一些文本。
            这是段落中的一些文本。
            这是段落中的一些文本。
            这是段落中的一些文本。
        </p>
    </body>
</html>
```

提示：一般来说，可以为所有块级元素应用 text-indent，但无法将该属性应用于行内元素，图像之类的替换元素上也无法应用 text-indent 属性。不过，如果一个块级元素（比如段落）的首行中有一个图像，它会随该行的其余文本移动。

white-space 属性会影响到用户代理对源文档中的空格、换行和 tab 字符的处理。通过使用该属性，可以影响浏览器处理字之间和文本行之间的空白符的方式。如果将 white-space 设置为 pre，空白符的处理就有所不同，其行为就像 pre 元素一样，空白符不会被忽略。

### 3.6.3 修饰列表

例 3-16：

```html
<!DOCTYPE html>
<html>
  <head>
    <style>
      ul.circle {list-style-type: circle}
      ol.decimal {list-style-type: decimal}
      ol.lroman {list-style-type: lower-roman}
      ol.uroman {list-style-type: upper-roman}
      ol.lalpha {list-style-type: lower-alpha}
      ul.square {list-style-type: square}
    </style>
  </head>
  <body>
    <ul class="circle">
      <li>HTML</li>
      <li>CSS</li>
      <li>JavaScript</li>
    </ul>
    <ol class="lroman">
      <li>HTML</li>
      <li>CSS</li>
      <li>JavaScript</li>
    </ol>
    <ol class="uroman">
      <li>HTML</li>
      <li>CSS</li>
      <li>JavaScript</li>
    </ol>
    <ol class="lalpha">
      <li>HTML</li>
      <li>CSS</li>
      <li>JavaScript</li>
    </ol>
    <ul class="square">
      <li>HTML</li>
      <li>CSS</li>
      <li>JavaScript</li>
    </ul>
  </body>
</html>
```

## 3.6.4 定位

**例 3-17**：使带有边框和边界的图像浮动于段落的右侧

```html
<!DOCTYPE html>
<html>
  <head>
    <style>
      img {
        float: right;
        border: 1px dotted black;
        margin: 0px 0px 15px 20px;
      }
    </style>
  </head>
  <body>
    <p>在下面的段落中,图像会浮动到右侧,并且添加了点状的边框
       我们还为图像添加了边距,这样就可以把文本推离图像:
       上和右外边距是 0px,下外边距是 15px
       而图像左侧的外边距是 20px</p>
    <p>
      <img src="flower.gif" />
      This is some text. This is some text. This is some text.
      This is some text. This is some text. This is some text.
      This is some text. This is some text. This is some text.
      This is some text. This is some text. This is some text.
      This is some text. This is some text. This is some text.
      This is some text. This is some text. This is some text.
      This is some text. This is some text. This is some text.
      This is some text. This is some text. This is some text.
    </p>
  </body>
</html>
```

## 3.6.5 超链接

**例 3-18**：

```html
<!DOCTYPE html>
<html>
  <head>
    <style>
      a.one:link {color:#ff0000;}
      a.one:visited {color:#0000ff;}
      a.one:hover {color:#66ff66;}
```

```
            a.two:link {color:#ff0000;}
            a.two:visited {color:#0000ff;}
            a.two:hover {font-size:200%;}

            a.three:link {color:#ff0000;}
            a.three:visited {color:#0000ff;}
            a.three:hover {background:#ffcc00;}
        </style>
    </head>
    <body>
        <p>请把鼠标指针移动到下面的链接上，查看它们的样式变化。</p>
        <p><b><a class="one" href="" target="_blank">
            这个链接改变颜色</a></b></p>
        <p><b><a class="two" href="" target="_blank">
            这个链接改变字体尺寸</a></b></p>
        <p><b><a class="three" href="" target="_blank">
            这个链接改变背景色</a></b></p>
    </body>
</html>
```

### 3.6.6 修饰表格

例 3-19：

```
<!DOCTYPE html>
<html>
    <head>
        <style>
            table {
                font-family: Arial, Helvetica, sans-serif;
                width: 60%;
                border-collapse: collapse;
            }
            td, th {
                font-size: 10px;
                border: 1px solid #98bf21;
                padding: 3px 7px 2px 7px;
            }
            th {
                font-size: 10px;
                text-align: center;
                padding-top: 5px;
                padding-bottom: 4px;
                background-color: #0033ff;
                color: #ffffff;
            }
```

```
            tr.even {
                color: #000000;
                background-color: #00bbff;
            }
        </style>
    </head>
    <body>
        <table>
            <tr>
                <th>浏览器</th>
                <th>版本</th>
                <th>得分</th>
            </tr>
            <tr>
                <td>Chrome</td>
                <td>23.0.1271.64</td>
                <td>448</td>
            </tr>
            <tr class="even">
                <td>Opera Next</td>
                <td>12.10</td>
                <td>404</td>
            </tr>
            <tr>
                <td>Firefox</td>
                <td>16.0</td>
                <td>357</td>
            </tr>
            <tr class="even">
                <td>苹果浏览器 Safari for Windows</td>
                <td>5.1.7</td>
                <td>278</td>
            </tr>
            <tr>
                <td>Internet Explorer</td>
                <td>9.0</td>
                <td>138</td>
            </tr>
        </table>
    </body>
</html>
```

## 思考题

1. 简述 CSS 样式的作用。

2. 简述 CSS 引入样式的方式。
3. 简述 CSS 样式应用的优先规则。
4. 若要向网页中导入同一目录下的样式表"main.css",正确的代码是（     ）。
   A. &lt;link src="main.css" rel="stylesheet" type="text/css"&gt;
   B. &lt;link href="main.css" rel="stylesheet" type="text/css"&gt;
   C. &lt;link href="main.css" type="text/css"&gt;
   D. &lt;include rel="stylesheet" type="text/css" src="main.css"&gt;
5. 有关下面代码片段,说法正确的是（     ）。

   ```
   <style>
   a { color:blue; text-decoration:none; }
   a: link { color:blue; }
   a: hover { color:red; }
   a: visited { color:green; }
   </style>
   ```

   A. a 样式与 a:link 样式效果相同
   B. a:hover 是鼠标正在按下时链接文字的样式
   C. a:link 是未被访问的链接样式
   D. a:visited 是鼠标正在按下时链接文字的样式
6. 以下关于 CSS 样式中文本属性的说法,错误的是（     ）。
   A. font-size 用于设置文本字体的大小
   B. font-family 用于设置文本的字体类型
   C. color 用于设置文本的颜色
   D. text-align 用于设置文本的字体形状
7. 下列（     ）属性能够设置框模型的内边距为 10、20、30、40（顺时针方向）。
   A. padding:10px                              B. padding:10px 20px 30px
   C. padding:10px 20px 30px 40px               D. padding:10px 40px
8. 用 CSS 设置 div 的左边框为蓝色实线,下面代码正确的是（     ）。
   A. style="border-top: #0000ff 1px dotted;"
   B. style ="border-left: 1px, #0000ff, solid;"
   C. style ="border-left: 1px #0000ff solid;"
   D. style ="border-right: 1px, #ff0000, dashed;"

# 第 4 章 JavaScript

## 4.1 JavaScript 简介

JavaScript 是世界上最流行的脚本语言。它是属于 Web 的语言，适用于 PC、笔记本电脑、平板电脑和智能手机。设计 JavaScript 的主要目的是为 HTML 页面增加交互性。许多 HTML 开发者都不是程序员，但是由于 JavaScript 拥有非常简单的语法，几乎每个人都有能力将小的 JavaScript 片段添加到网页中。
- JavaScript 是一种轻量级的编程语言。
- JavaScript 是可以插入 HTML 页面的编程代码。
- JavaScript 插入 HTML 页面后，可由所有的现代浏览器执行。
- JavaScript 很容易学习。

JavaScript 与 Java 之间的关系：
- 无论在概念还是设计上，JavaScript 与 Java 是两种完全不同的语言。
- Java 由 Sun 公司发明，是更复杂的编程语言。
- ECMA-262 是 JavaScript 标准的官方名称，由 Brendan Eich 发明。它于 1995 年出现在 Netscape 浏览器中，并于 1997 年被 ECMA 标准协会采纳。

## 4.2 JavaScript 使用

HTML 中的脚本必须位于<script>与</script>标签之间。程序员可以在 HTML 文档中放入不限数量的脚本。脚本可位于 HTML 的<body>或者<head>部分中，或者同时存在于两个部分中。通常的做法是把函数放入<head>部分中，或者放在页面底部。这样就可以把它们安置到同一处，不会干扰页面的内容。

### 4.2.1 <script>标签

如果需要在 HTML 页面中插入 JavaScript，应使用<script>标签。<script>和</script>会告诉 JavaScript 在何处开始和结束。<script>和</script>之间的代码行包含了 JavaScript：

```
<script>
  alert("My First JavaScript");
</script>
```

目前，<script>标签中无需使用 type="text/javascript"，JavaScript 是所有现代浏览器以及 HTML5 中的默认脚本语言。

## 4.2.2 JavaScript 函数和事件

上面例子中的 JavaScript 语句，会在页面加载时执行。通常，当需要在某个事件发生时执行代码，例如当用户点击按钮时，如果把 JavaScript 代码放入函数中，就可以在事件发生时调用该函数。在稍后的章节将学到更多有关 JavaScript 函数和事件的知识。

下面的例子中，把一个 JavaScript 函数放置到页面的<head>部分，该函数会在点击按钮时被调用。

例 4-1：

```
<!DOCTYPE html>
<html>
  <head>
    <script>
      function myFunction() {
        document.getElementById("demo").innerHTML
          = "My First JavaScript Function";
      }
    </script>
  </head>
  <body>
    <h1>My Web Page</h1>
    <p id="demo">A Paragraph</p>
    <button type="button" onclick="myFunction()">Try it</button>
  </body>
</html>
```

下面的例子中，把一个 JavaScript 函数放置到页面的<body>部分。该函数会在点击按钮时被调用。

例 4-2：

```
<!DOCTYPE html>
<html>
  <body>
    <h1>My Web Page</h1>
    <p id="demo">A Paragraph</p>
    <button type="button" onclick="myFunction()">Try it</button>
    <script>
      function myFunction() {
        document.getElementById("demo").innerHTML
          = "My First JavaScript Function";
      }
    </script>
  </body>
</html>
```

把 JavaScript 放到页面代码的底部，可以确保在<p>元素创建之后再执行脚本。

### 4.2.3 外部的 JavaScript

也可以把脚本保存到外部文件中。外部文件通常包含被多个网页使用的代码。外部 JavaScript 文件的文件扩展名是.js。如果需要使用外部文件，应在<script>标签的 src 属性中设置该.js 文件。

**例 4-3：**

```
<!DOCTYPE html>
<html>
    <body>
        <script src="myScript.js"></script>
    </body>
</html>
```

在<head>或者<body>中引用脚本文件都是可以的。实际运行效果与在<script>标签中编写脚本完全一致。外部脚本不能包含<script>标签。

## 4.3 JavaScript 基本语法

### 4.3.1 JavaScript 输出

**1．弹框效果**

使用 window.alert("")方法可以实现弹框效果。前缀 window 可以省略，后面讲解 window 对象时还会再次介绍。弹出对话框比较突然，用户体验不是很理想，该方法基本用来测试代码使用。

```
<script>
    alert("我是弹框");
</script>
```

**2．写到文档输出**

document.write()方法用于直接向 HTML 文档输出内容。下面的例子直接把<p>元素写到 HTML 文档中：

```
<script>
    document.write("<p>My First JavaScript</p>");
</script>
```

**提示**：使用 document.write()仅仅向文档输出写内容。如果在文档已经完成加载后执行该方法，整个 HTML 页面将会被覆盖。

**3．Console 系列**

Console 对象用于 JavaScript 调试。JavaScript 默认是没有 Console 对象的，这是宿主对象（也就是浏览器）提供的内置对象，用于访问调试控制台（一般使用 F12 键打开）。在不同的浏览器里效果可能不同。

```
<script>
    console.log("文字信息");
    console.info("提示信息");
    console.warn("警告信息");
    console.error("错误信息");
</script>
```

#### 4. 使用 innerHTML 写入到 HTML 元素

首先，需要从 JavaScript 访问某个 HTML 元素，可以使用 document.getElementById(id) 方法，请使用 id 属性来标识 HTML 元素。然后使用 innerHTML 属性来获取或者插入元素内容。

**例 4-4：**

```
<!DOCTYPE html>
<html>
    <body>
        <h1>My First Web Page</h1>
        <p id="demo">My First Paragraph</p>
        <script>
            document.getElementById("demo").innerHTML="My First JavaScript";
        </script>
    </body>
</html>
```

### 4.3.2 JavaScript 语句

JavaScript 语句用于向浏览器发出命令，语句的作用是告诉浏览器该做什么。

#### 1. 分号用于分隔 JavaScript 语句

通常在每条可执行的语句结尾添加分号。分号的另一用处是在一行中编写多条语句。在 JavaScript 中，用分号来结束语句是可选的。

#### 2. JavaScript 代码

JavaScript 代码是 JavaScript 语句的序列，JavaScript 是脚本语言。浏览器会在读取代码时，逐行地执行脚本代码，即按照编写顺序来执行每条语句。而对于传统编程来说，会在执行前对所有代码进行编译。

#### 3. JavaScript 代码块

JavaScript 语句通过代码块的形式进行组合。块由左花括号开始，由右花括号结束。块的作用是使语句序列一起执行。JavaScript 函数是将语句组合在块中的典型例子。下面的例子将运行可以操作两个 HTML 元素的函数：

**例 4-5：**

```
function myFunction() {
    document.getElementById("div1").innerHTML="Hello World!";
    document.getElementById("div2").innerHTML="Hello JavaScript!";
}
```

**4．JavaScript 对大小写敏感**

JavaScript 对大小写是敏感的。当编写 JavaScript 语句时，应留意是否关闭大小写切换键。例如，函数 getElementById 与 getElementbyID 是不同的，变量 myVariable 与 MyVariable 也是不同的。

**5．空格**

JavaScript 会忽略多余的空格。可以向脚本添加空格来提高其可读性。

**6．对代码行进行折行**

可以在文本字符串中使用反斜杠对代码行进行换行。

例 4-6：

```
document.write("Hello \
World!");
```

不过，不能像这样折行：

```
document.write \
("Hello World!");
```

### 4.3.3　JavaScript 注释

JavaScript 不会执行注释。可以添加注释来对 JavaScript 进行解释，提高代码的可读性。
- 单行注释以 // 开头。
- 多行注释以 /* 开始，以 */ 结尾。

### 4.3.4　JavaScript 变量

变量是存储信息的容器。JavaScript 变量可用于存放值（例如 x=2）和表达式（例如 z=x+y）。变量可以使用短名称（例如 x 和 y），也可以使用描述性更好的名称（例如 age, sum, totalVolume）。变量的命名要求如下：
- 变量必须以字母、$或_符号开头。
- 变量名称对大小写敏感。

**1．声明 JavaScript 变量**

在 JavaScript 中创建变量通常称为"声明"变量，使用 var 关键词来声明变量。

```
var userName;
```

变量声明之后，该变量是空的，它没有值。如果需要向变量赋值，应使用等号。

```
userName = "Tom";
```

不过，也可以在声明变量时直接对其赋值。

```
var userName = "Tom";
```

**2．一条语句，多个变量**

可以在一条语句中声明很多变量。该语句以 var 开头，使用逗号分隔变量即可。

var userName = "Tom Smith", age = 46, job = "Manager";

**3．重新声明 JavaScript 变量**

如果重新声明 JavaScript 变量，该变量的值不会丢失。在以下两条语句执行后，变量 userName 的值依然是"Tom"。

var userName = "Tom";
var userName;

### 4.3.5　JavaScript 数据类型

JavaScript 数据类型包括：字符串、数字、布尔、数组、对象、Null、Undefined。

**1．JavaScript 拥有动态类型**

JavaScript 拥有动态类型，这意味着相同的变量可用作不同的类型。

var x;　　　　　　　// x 为 undefined
var x = 6;　　　　　 // x 为数字
var x = "Tom";　　　 // x 为字符串

**2．JavaScript 字符串**

字符串（例如"Tom Smith"）是存储字符的变量。字符串可以是引号中的任意文本。可以使用单引号或者双引号。

var userName = "Tom Smith";

或者

var userName = 'Tom Smith';

可以在字符串中使用引号，只要不匹配包围字符串的引号即可。

var greeting = "Nice to meet you!";
var greeting = "He is called 'Tom'";
var greeting = 'He is called "Tom"';

**3．JavaScript 数字**

JavaScript 只有一种数字类型。数字可以带小数点，也可以不带。

var x1 = 56.00;　　　//使用小数点
var x2 = 56;　　　　 //不使用小数点

极大或极小的数字可以通过科学（指数）计数法来书写。

var y = 123e5;　　　　//12300000
var z = 123e-5;　　　 //0.00123

**4．JavaScript 布尔**

布尔常用在条件测试中。布尔只能有两个值：true 或者 false。

```
var x = true;
var y = false;
```

### 5．JavaScript 数组

下面的代码创建名为 employees 的数组：

```
var employees = new Array();
employees[0] = "Tom Smith";
employees[1] = "David White";
employees[2] = "Mary Johnson";
```

或者 Condensed array：

```
var employees = new Array("Tom Smith", "David White", "Mary Johnson");
```

或者 Literal array：

```
var employees = ["Tom Smith", "David White", "Mary Johnson"];
```

数组下标是基于零的，所以第一个项目是[0]，第二个是[1]，依次类推。

### 6．JavaScript 对象

对象由花括号分隔。在括号内部，对象的属性以名称-值对的形式{name : value}来定义，属性由逗号分隔。

```
var employee = {firstname:"Tom", lastname:"Smith", age:46};
```

上面例子中的对象（employee）有三个属性：firstname、lastname 以及 age。空格和折行无关紧要。声明可跨多行。

```
var employee = {
    firstname : "Tom",
    lastname : "Smith",
    age : 46
};
```

对象属性有两种寻址方式。
- lname = employee.lastname;
- lname = employee["lastname"];

### 7．undefined 和 null

undefined 这个值表示变量不含有值。可以通过将变量的值设置为 null 来清空变量。null 和 undefined 都表示"值的空缺"，可以认为 undefined 是表示系统级的、出乎意料的或者类似错误的值的空缺，而 null 则是表示程序级的、正常的或者在意料之中的值的空缺。

### 8．声明变量类型

当声明新变量时，可以使用关键词 new 来声明其类型。

```
var userName = new String;
var x = new Number;
```

```
var y = new Boolean;
var employees = new Array;
var person = new Object;
```

JavaScript 变量均为对象。当声明一个变量时，就创建了一个新的对象。

### 4.3.6 JavaScript 函数

函数是由事件驱动的或者当它被调用时执行的可重复使用的代码块。

**例 4-7：**

```
<!DOCTYPE html>
<html>
  <head>
    <script>
      function myFunction() {
        alert("Hello JavaScript!");
      }
    </script>
  </head>
  <body>
    <button onclick="myFunction()">点击这里</button>
  </body>
</html>
```

**1．JavaScript 函数语法**

函数就是包裹在花括号中的代码块，前面使用了关键词 function。

```
function functionName() {
  //这里是要执行的代码
}
```

当调用该函数时，会执行函数内的代码。可以在某事件发生时直接调用函数（例如当用户点击按钮时），并且可由 JavaScript 在任何位置进行调用。JavaScript 对大小写敏感。关键词 function 必须是小写的，并且必须以与函数名称相同的大小写来调用函数。

**2．调用带参数的函数**

在调用函数时，可以向其传递值，这些值被称为参数。这些参数可以在函数中使用。可以发送任意多的参数，由逗号(,)分隔。

```
myFunction(argument1, argument2)
```

当声明函数时，请把参数作为变量来声明。

```
function myFunction(var1, var2) {
  //这里是要执行的代码
}
```

变量和参数必须以一致的顺序出现。第一个变量就是第一个被传递的参数的给定值，依此类推。

**例 4-8：**

```
<button onclick = "myFunction('Tom Smith', 'Manager')">点击这里</button>
<script>
  function myFunction(name, job) {
    alert("Welcome " + name + ", the " + job);
  }
</script>
```

上面的函数运行后，按钮被点击时提示"Welcome Tom Smith, the Manager"。
函数很灵活，可以使用不同的参数来调用该函数，这样就会给出不同的消息。

```
<button onclick = "myFunction('David White', 'Engineer')">点击这里</button>
<button onclick = "myFunction('Mary Johnson', 'Secretary')">点击这里</button>
```

根据点击的不同的按钮，上面的例子会提示"Welcome David White, the Engineer"或者"Welcome Mary Johnson, the Secretary"。

**3．带有返回值的函数**

有时会希望函数将值返回调用它的地方，通过使用 return 语句就可以实现。在使用 return 语句时，函数会停止执行，并返回指定的值。

```
function myFunction() {
  var x = 5;
  return x;
}
```

上面的函数会返回值 5。整个 JavaScript 并不会停止执行，仅仅是函数。JavaScript 将从调用函数的地方继续执行代码。

（1）函数调用将被返回值取代：

```
var myVar = myFunction();
```

myVar 变量的值是 5，也就是函数 myFunction() 所返回的值。

（2）即使不把它保存为变量，也可以使用返回值：

```
document.getElementById("demo").innerHTML = myFunction();
```

demo 元素的 innerHTML 将成为 5，也就是函数 myFunction() 所返回的值。

（3）可以使返回值基于传递到函数中的参数：

**例 4-9：** 计算两个数字的乘积，并返回结果

```
function myFunction(a, b) {
  return a*b;
}
document.getElementById("demo").innerHTML = myFunction(8, 7);
```

demo 元素的 innerHTML 将是：56。

（4）在仅仅希望退出函数时，也可使用 return 语句。返回值是可选的。

例 4-10：

```
function myFunction(a,b) {
  if (a>b) {
    return;
  }
  x = a+b;
}
```

如果 a 大于 b，则上面的代码将退出函数，并不会计算 a 和 b 的总和。

### 4.3.7　JavaScript 变量的生存期

JavaScript 变量的生命周期从它们被声明的时间开始。局部变量会在函数运行以后被删除。全局变量会在页面关闭后被删除。

**1．局部 JavaScript 变量**

在 JavaScript 函数内部声明的变量（使用 var）是局部变量，所以只能在函数内部访问它，该变量的作用域是局部的。可以在不同的函数中使用名称相同的局部变量，因为只有声明过该变量的函数才能识别出该变量。只要函数运行完毕，本地变量就会被删除。

**2．全局 JavaScript 变量**

在函数外声明的变量是全局变量，网页上的所有脚本和函数都能访问它。

**3．向未声明的 JavaScript 变量分配值**

如果把值赋给尚未声明的变量，该变量将被自动作为全局变量声明。

例如：userName="Tom"; 将声明一个全局变量 userName，即使它在函数内执行。

### 4.3.8　JavaScript 运算符

**1．算术运算符**

算术运算符参见表 4-1。

表 4-1　算术运算符

| 运算符 | 描述 |
| --- | --- |
| + | 加 |
| − | 减 |
| * | 乘 |
| / | 除 |
| % | 求余数（保留整数） |
| ++ | 累加 |
| −− | 递减 |

**2．赋值运算符**

赋值运算符参见表 4-2。

表 4-2 赋值运算符

| 运算符 | 例子 | 等价于 |
|---|---|---|
| = | x=y | |
| += | x+=y | x=x+y |
| -= | x-=y | x=x-y |
| *= | x*=y | x=x*y |
| /= | x/=y | x=x/y |
| %= | x%=y | x=x%y |

**3．字符串拼接**

+ 运算符用于把文本值或字符串变量加起来（连接起来）。

    txt1 = "I enjoy learning";
    txt2 = "JavaScript";
    txt3 = txt1 + txt2;

在以上语句执行后，变量 txt3 包含的值是"I enjoy learningJavaScript"。

**例 4-11**：对字符串和数字进行加法运算

    result = 3 + 2;
    document.write(result);
    result = "3" + "2";
    document.write(result);
    result = 3 + "2";
    document.write(result);
    result = "3" + 2;
    document.write(result);

规则是：如果把数字与字符串相加，结果将成为字符串。

**4．比较运算符**

比较运算符在逻辑语句中使用，以测定变量或值是否相等。表 4-3 中假定 x = 6，并解释了比较运算符。

表 4-3 比较运算符

| 运算符 | 描述 | 例子 |
|---|---|---|
| == | 等于 | x==8 为 false |
| === | 全等（值和类型） | x===6 为 true；x==="6"为 false |
| != | 不等于 | x!=8 为 true |
| > | 大于 | x>8 为 false |
| < | 小于 | x<8 为 true |
| >= | 大于或等于 | x>=8 为 false |
| <= | 小于或等于 | X<=8 为 true |

5. 逻辑运算符

逻辑运算符用于测定变量或值之间的逻辑。表 4-4 给定 x=7 以及 y=4，并解释了逻辑运算符。

表 4-4 逻辑运算符

| 运算符 | 描 述 | 例 子 |
| --- | --- | --- |
| && | 与运算 | (x<10&&y>1)为 true |
| \|\| | 或运算 | (x==5\|\|y==5)为 false |
| ! | 非运算 | !(x==y)为 true |

6. 条件运算符

JavaScript 还包含了基于某些条件对变量进行赋值的条件运算符。

语法：variableName = (condition)?value1:value2

result = (bmi >= 25)?"超重": (bmi >= 18)?"正常":"偏轻";

如果变量 bmi 中的值大于或等于 25，则向变量 result 赋值"超重"，否则继续和 18 比较，如果介于 18 至 25 之间，赋值"正常"，否则赋值"偏轻"。

### 4.3.9　JavaScript 语句

#### 4.3.9.1　条件语句

通常在写代码时，总是需要为不同的决定来执行不同的动作，可以在代码中使用条件语句来完成该任务。在 JavaScript 中，我们可使用以下条件语句。

1. if 语句：只有当指定条件为 true 时，该语句才会执行代码。

```
if(条件) {
    //只有当条件为 true 时执行的代码
}
```

注意：请使用小写的 if。使用大写字母（IF）会产生 JavaScript 错误。

2. if...else 语句：使用 if....else 语句在条件为 true 时执行代码，在条件为 false 时执行其他代码。

```
if(条件) {
    //当条件为 true 时执行的代码
} else {
    //当条件不为 true 时执行的代码
}
```

3. if...else if...else 语句：使用 if....else if...else 语句可选择多个代码块之一来执行。

```
if(条件 1) {
    //当条件 1 为 true 时执行的代码
} else if(条件 2)　{
```

```
//当条件 2 为 true 时执行的代码
} else {
    //当条件 1 和条件 2 都不为 true 时执行的代码
}
```

#### 4.3.9.2 开关语句

switch 开关语句可基于不同的条件执行不同的动作。

```
switch(n) {
case 1:
    执行代码块 1
    break;
case 2:
    执行代码块 2
    break;
default:
    n 与 case1 和 case2 不同时执行的代码
}
```

首先设置表达式 n（通常是一个变量）。随后表达式的值会与结构中的每个 case 的值做比较。如果存在匹配，则与该 case 关联的代码块会被执行。请使用 break 来阻止代码自动向下一个 case 运行。default 关键词用来规定匹配不存在时做的事情。

**例 4-12：**

假设评价学生的考试成绩，10 分为满分。按照每一分一个等级将成绩分等，并根据成绩的等级做出不同的评价。

```
switch (score) {
case 0:
case 1:
case 2:
case 3:
case 4:
case 5:
    degree = "继续努力！";
    break;
case 6:
    degree = "及格，加油！";
    break;
case 7:
    degree = "还行，奋进！";
    break;
case 8:
    degree = "很棒，继续！";
    break;
case 9:
case 10:
```

```
        degree = "高手，大牛！";
        break;
    default:
        degree = "成绩不在范围内";
}
document.write("评语：" + degree + "<br/>");
```

#### 4.3.9.3　循环语句

循环可以将代码块执行指定的次数。JavaScript 支持不同类型的循环：

- for——循环代码块一定的次数。
- for/in——循环遍历对象的属性。
- while——当指定的条件为 true 时循环指定的代码块。
- do/while——当指定的条件为 true 时循环指定的代码块。

**1．for 循环**

for 循环是在希望创建循环时常会用到的工具。下面是 for 循环的语法：

```
for (语句 1; 语句 2; 语句 3) {
    //被执行的代码块
}
```

- 语句 1 在循环（代码块）开始前执行。
- 语句 2 定义运行循环（代码块）的条件。
- 语句 3 在循环（代码块）已被执行之后执行。

**2．for/in 循环**

for/in 语句用于循环遍历对象的属性。

**例 4-13：**

```
var employees = new Array();
employees[0] = "Tom Smith";
employees[1] = "David White";
employees[2] = "Mary Johnson";
for (emp in employees) {
    document.write(employees[emp] + "<br/>");
}
```

**3．while 循环**

while 循环会在指定条件为真时循环执行代码块。语法如下：

```
while (条件) {
    //需要执行的代码
}
```

**例 4-14：**

```
var i = 1;
while (i <= 10) {
```

```
            document.write(i++ + "<br/>");
        }
```

提示：如果忘记增加条件中所用变量的值，该循环永远不会结束，可能导致浏览器崩溃。

### 4．do/while 循环

do/while 循环是 while 循环的变体。该循环会执行一次代码块，然后检查条件是否为真，如果条件为真，就会重复这个循环。语法如下：

```
do {
    //需要执行的代码
} while (条件);
```

**例 4-15：**

```
var i = 1;
while (i <= 10) {
    document.write(i++ + "<br/>");
}
do {
    document.write(i-- + "<br/>");
} while (i >= 1);
```

提示：该循环至少会执行一次，即使条件是 false，隐藏代码块会在条件被测试前执行。别忘记增加条件中所用变量的值，否则循环永远不会结束。

#### 4.3.9.4　break 语句

已经在 4.3.9.2 节中见到过 break 语句，它用于跳出 switch()语句。break 语句也可用于跳出循环。break 语句跳出循环后，会继续执行该循环之后的代码（如果有的话）。

**例 4-16：**

```
for (i=0; i<10; i++) {
    if (i == 6) break;
    x = x + "The number is " + i + "<br/>";
}
```

#### 4.3.9.5　continue 语句

continue 语句中断循环中的迭代，如果出现了指定的条件，则继续循环中的下一个迭代。下面例子跳过了值 6：

**例 4-17：**

```
for (i=0;i<=10;i++) {
    if (i == 6) continue;
    document.write("The number is " + i + "<br/>");
}
```

#### 4.3.9.6　JavaScript 标签

正如在 4.3.9.2 节中看到的，可以对 JavaScript 语句进行标记。如需标记 JavaScript 语句，请在语句之前加上冒号。

```
label:
    语句
break labelname;
continue labelname;
```

break 和 continue 语句仅仅是能够跳出代码块的语句。continue 语句（带有或者不带标签引用）只能用在循环中。break 语句（不带标签引用），只能用在循环或者 switch 中。通过标签引用，break 语句可以用于跳出任何 JavaScript 代码块。

**例 4-18：**

```
var num=0;
outer:
for(var i=0; i<10; i++){
   for(var j=0; j<10; j++){
     if (i==5 && j==5){
     document.write("break outer");
     break outer;
     }
     num++;
   }
}
console.log(num);
```

### 4.3.10 JavaScript 错误

当 JavaScript 引擎执行 JavaScript 代码时，可能会发生各种错误。可能是语法错误，通常是程序员造成的编码错误；可能是拼写错误或者由于浏览器缺少语言功能；可能是由于来自服务器的错误输出或者用户的错误输入而导致的错误；也可能是由于许多其他不可预知的因素。

JavaScript 通过 try 和 catch 测试和捕捉错误。当错误发生时，JavaScript 引擎通常会停止，并抛出一个错误。语法如下：

```
try {
   //在这里运行代码
} catch(err) {
   //在这里处理错误
} finally {
   //结束处理
}
```

- try——包含可能产生异常的代码，在 try 块里面直接或者通过调用函数间接抛出的异常都可以被捕获到。部分浏览器还可以找到抛出异常的具体位置。
- catch——是捕获异常并处理异常的地方，包括条件捕获和非条件捕获。

条件捕获，如 catch(e instanceof obj)的形式，用 instanceof 判断异常的对象类型，实现指定的异常处理方式。非条件捕获，如 catch(e)的形式，当异常抛出时，无论异常是何种类型都进行捕获并处理。

这里有两点注意，如果条件捕获和非条件捕获共用，那么非条件捕获必须放在最后，因为它是无条件的捕获类型，捕获后会忽略后面的任意 catch 块。

- finally——无论是否捕获异常，都会在 try 或者 catch 块后立即执行。finally 块常常用于文件的关闭、标记的取消等操作，更多的时候作为一种"优雅的失败"而存在，常常代替 catch 块。
- throw——创建自定义错误。

throw 语句允许网页设计人员创建自定义错误，即创建或者抛出异常（exception）。如果把 throw 与 try 和 catch 一起使用，那么能够控制程序流，并生成自定义的错误消息。异常可以是 JavaScript 字符串、数字、逻辑值或者对象。语法如下：

  throw exception

也可以自定义异常对象，主要包括 name 和 message 属性。

**例 4-19**：try-catch-finally 用法

```
<!DOCTYPE html>
<html>
  <head>
    <script>
      var txt="";
      function message() {
        try {
          adddlert("Welcome guest!"); //出现错误
        } catch(err) {
          //做出错误应答
          txt = "本页中存在错误。\n\n";
          txt += "错误描述： " + err.message + "\n\n";
          txt += "点击"确定"继续。\n\n";
          alert(txt);
        } finally {
          document.write("错误与否都会执行" + "<br/>");
        }
      }
    </script>
  </head>
  <body>
    <input type="button" value="查看消息" onclick="message()" />
  </body>
</html>
```

**例 4-20**：throw 用法

```
<script>
  var x = prompt("请输入 0 至 10 之间的数：","")
```

```
try {
    if (x>10)
        throw {name: "Err1",
            message:"错误！该值太大！"}
    else if (x<0)
        throw {name: "Err2",
            message:"错误！该值太小！"}
    else if (isNaN(x))
        throw {name: "Err3",
            message:"错误！该值不是数字！"}
    else
        document.write("您输入了："+ x);
} catch(err) {
    alert(err.name + ": " + err.message);
}
</script>
```

## 4.4 HTML DOM

HTML DOM，即文档对象模型（Document Object Model），定义了访问和操作 HTML 文档的标准方法。当网页被加载时，浏览器会创建页面的 DOM。DOM 以树结构表达 HTML 文档。

### 4.4.1 HTML DOM 树

HTML DOM 将 HTML 文档视作树结构，这种结构被称为节点树，如图 4-1 所示。根据 W3C 的 HTML DOM 标准，HTML 文档中的所有内容都是节点：

- 整个文档是一个文档节点。
- 每个 HTML 元素是元素节点。
- HTML 元素内的文本是文本节点。
- 每个 HTML 属性是属性节点。
- 注释是注释节点。

节点树中的节点彼此拥有层级关系。常用父（parent）、子（child）和同胞（sibling）等术语来描述这些关系。父节点拥有子节点，同级的子节点被称为同胞（兄弟或者姐妹）。

- 在节点树中，顶端节点被称为根（root）。
- 每个节点都有父节点，除了根（它没有父节点）。
- 一个节点可拥有任意数量的子节点。
- 同胞是拥有相同父节点的节点。

通过可编程的对象模型，JavaScript 获得了足够的能力来创建动态的 HTML。

- JavaScript 能够改变页面中的所有 HTML 元素。
- JavaScript 能够改变页面中的所有 HTML 属性。
- JavaScript 能够改变页面中的所有 CSS 样式。

- JavaScript 能够对页面中的所有事件做出反应。

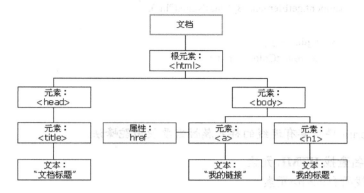

图 4-1　HTML DOM 树

## 4.4.2　查找 HTML 元素

通常，用户需要通过 JavaScript 操作 HTML 元素。为了做到这件事情，必须首先找到该元素。有四种方法来做这件事：
- 通过 id 找到 HTML 元素。
- 通过类名找到 HTML 元素。
- 通过标签名找到 HTML 元素。
- 通过元素的 name 属性找到 HTML 元素。

先看如下的 HTML 代码：

&lt;div id="div1" name="div1" class="hi"&gt;&lt;/div&gt;
&lt;p class="hi"&gt;Hi&lt;/p&gt;
&lt;p&gt;Hello&lt;/p&gt;

**1．通过 id 查找 HTML 元素**

在 DOM 中查找 HTML 元素的最简单的方法，是通过使用元素的 id。

例 4-21：查找 id="div1"元素

```
var x = document.getElementById("div1");
```

如果找到该元素，则该方法将以对象（在 x 中）的形式返回该元素。如果未找到该元素，则 x 将包含 null。

**2．通过类名查找 HTML 元素**

返回文档中所有指定类名的元素集合，作为 NodeList 对象。NodeList 对象代表一个有顺序的节点列表。可以通过节点列表中的节点索引号来访问列表中的节点（索引号由 0 开始）。NodeList 对象的 length 属性用来确定指定类名的元素个数，并遍历各个元素来获取需要的那个元素。

例 4-22：获取所有指定类名的元素

&lt;script&gt;

```
function myFunction() {
  var x = document.getElementsByClassName("hi");
  var i;
  for (i=0; i<x.length; i++) {
    x[i].style.backgroundColor = "red";
  }
}
</script>
```

提示：JavaScript 操作具有连线的样式属性需要使用驼峰法。

**3．通过标签名查找 HTML 元素**

**例 4-23**：查找所有的<p>元素

```
var x = document.getElementsByTagName("p");
```

getElementsByTagName()方法获得的也是对象数组，这里包含两个元素。

**4．通过 name 查找 HTML 元素**

**例 4-24**：获取所有指定 name 的元素

```
var x = document.getElementsByName("div1");
```

getElementsByName()方法获得的也是对象数组，不过这里只包含一个元素。

### 4.4.3 改变 HTML

HTML DOM 允许 JavaScript 改变 HTML 元素的内容。

**1．改变 HTML 输出流**

在 JavaScript 中，document.write()可用于直接向 HTML 输出流写内容，创建动态的 HTML 内容。

**例 4-25**：

```
<!DOCTYPE html>
<html>
  <body>
    <script>
      document.write(Date());
    </script>
  </body>
</html>
```

输出内容为：Fri Aug 10 2018 11:15:07 GMT+0800 (中国标准时间)。

提示：不要在文档加载之后使用 document.write()，这样做会覆盖该文档。

**2．改变 HTML 内容**

修改 HTML 内容的最简单的方法是使用 innerHTML 属性。如果需要改变 HTML 元素的内容，请使用这个语法：

```
document.getElementById(id).innerHTML = new HTML
```

**例 4-26**：改变元素内容

```
<html>
  <body>
    <h1 id="header">Old Header</h1>
    <p id="p1">Old Text!</p>
    <script>
      var element = document.getElementById("header");
      element.innerHTML = "New Header";
      document.getElementById("p1").innerHTML = "New Text!";
    </script>
  </body>
</html>
```

**3．改变 HTML 属性**

如需改变 HTML 元素的属性，请使用如下语法：

document.getElementById(id).attribute = new value

**例 4-27**：改变<img>元素的 src 属性

```
<!DOCTYPE html>
<html>
  <body>
    <img id="image" src="oldPicture.jpg"/>
    <script>
      document.getElementById("image").src = "newPicture.jpg";
    </script>
  </body>
</html>
```

### 4.4.4 改变 CSS

HTML DOM 允许 JavaScript 改变 HTML 元素的样式。如果需要改变 HTML 元素的样式，请使用如下语法：

document.getElementById(id).style.property = new style

**例 4-28**：改变<p>元素文字颜色

```
<p id="p2">Hello JavaScript!</p>
<script>
  document.getElementById("p2").style.color = "blue";
</script>
```

**例 4-29**：当用户点击按钮时，改变 id="id1"的标题文字颜色

```
<h1 id="id1">My Heading 1</h1>
  <button type="button"
```

```
            onclick="document.getElementById('id1').style.color = 'red'">点击这里
    </button>
```

**例 4-30**：段落显示或者隐藏

```
<!DOCTYPE html>
<html>
  <body>
    <p id="text">这是一个段落。</p>
    <input type="button" value="隐藏段落"
        onclick = "document.getElementById('text').style.visibility = 'hidden'" />
    <input type="button" value="显示段落"
        onclick = "document.getElementById('text').style.visibility = 'visible'" />
  </body>
</html>
```

### 4.4.5　HTML DOM 事件

HTML DOM 使 JavaScript 拥有能力对 HTML 事件做出反应。可以在事件发生时执行 JavaScript，例如当用户在 HTML 元素上点击时。常用的事件例子如下：

- 当用户点击鼠标时。
- 当网页已加载时。
- 当图像已加载时。
- 当鼠标移动到元素上时。
- 当输入字段被改变时。
- 当提交 HTML 表单时。
- 当用户触发按键时。

如果需要在用户点击某个元素时执行代码，可以向一个 HTML 事件属性添加 JavaScript 代码。例如，当用户在<h1>元素上点击时，会改变其内容：

```
<h1 onclick = "this.innerHTML = '谢谢!'">请点击该文本</h1>
```

也可以从事件处理器调用一个函数。例如：为 h1 元素指定事件处理函数 changeText()。

**例 4-31**：

```
<!DOCTYPE html>
<html>
  <head>
    <script>
      function changeText(id) {
          id.innerHTML = "欢迎光临!";
      }
    </script>
  </head>
  <body>
```

```html
<h1 onclick = "changeText(this)">请点击该标题</h1>
    </body>
</html>
```

这种方式虽然用得比较多,但是在 HTML 中指定事件处理程序时有两个缺点:
- 存在一个时差问题。就上面的例子来说,假设 changeText()函数是在 h1 下方,即在页面的最底部定义的,如果用户在页面解析 changeText()函数之前就点击了标题,就会引发错误。
- HTML 与 JavaScript 代码紧密耦合。如果要更换 changeText()函数,就需要修改两个地方:HTML 代码和 JavaScript 代码。

HTML DOM 允许通过使用 JavaScript 来向 HTML 元素分配事件。

### 4.4.5.1 使用 HTML DOM 来分配事件

一个事件的传递过程分为三个阶段,依次是:捕获阶段、目标阶段和冒泡阶段。
- 捕获阶段:事件从根节点逐层向下传递,途中流经各个 DOM 节点,在各个节点上触发捕获事件,直至到达目标节点。捕获阶段的主要任务是建立传播路经,在冒泡阶段会根据这个路经回溯到文档根节点。
- 目标阶段:事件到达目标节点时,就是目标阶段,事件在目标节点上被触发。
- 冒泡阶段:事件在目标节点上触发后,不会终止,会一层层向上冒泡,回溯到根节点。所谓阻止事件冒泡(event.stopPropagation()),就是某个 DOM 节点绑定了某事件监听器,本来是想当该 DOM 节点触发事件,才会执行回调函数。结果是该节点的某个后代节点触发某事件,由于事件冒泡,导致该 DOM 节点事件也被触发,执行了回调函数,这样就违背最初的本意了。

**1. DOM0 级事件处理程序**

即为指定对象添加事件处理,把一个函数赋值给一个事件处理程序属性。以这种方式添加的事件处理程序会在事件流的冒泡阶段被处理。

**例 4-32**:向 button 元素分配 onclick 事件

```html
<input id="myBtn" type="button" value="click me!"/>
<script>
  var myBtn = document.getElementById("myBtn");
  myBtn.onclick = function() {
    alert("clicked!");
  }
</script>
```

提示:这种方法简单而且跨浏览器,但是只能为一个元素添加一个事件处理函数。因为这种方法为元素添加多个事件处理函数,则后面的会覆盖前面的。

**2. DOM2 级事件处理程序**

DOM2 级事件处理程序可以为一个元素添加多个事件处理程序。它主要涉及两个方法,用于处理指定和删除事件处理程序的操作:addEventListener()和 removeEventListener()。这两个方法都接收三个参数:要处理的事件名、作为事件处理程序的函数和一个布尔值(是否在捕获阶段处理事件，默认为 false）。请看下面的一段代码：

```
<input id="btn1" value="按钮" type="button"/>
<script>
    var btn1 = document.getElementById("btn1");
    btn1.addEventListener("click", showmsg, false);
    //这里把最后一个值置为 false，即不在捕获阶段处理，
    //表示在冒泡阶段调用事件处理程序。
    //一般来说冒泡处理在各浏览器中兼容性较好。
    function showmsg() {
        alert("DOM2 级添加事件处理程序");
    }
    btn1.removeEventListener("click", showmsg, false);
    //如果想要把这个事件删除，只需要传入同样的参数即可。
</script>
```

这里可以看到，在添加删除事件处理的时候，最后一种方法更直接，也最简便。但是在删除事件处理的时候，传入的参数一定要跟之前的参数一致，否则删除会失效。

**3．IE 事件处理程序**

IE 实现了与 DOM 中类似的两个方法：attachEvent()和 detachEvent()。这两个方法接受相同的两个参数：事件处理程序名称和事件处理程序函数。由于 IE 只支持事件冒泡，所有通过 attachEvent()添加的事件处理程序都会被添加至冒泡阶段。

#### 4.4.5.2 常用事件

**1．onclick 事件**

onclick 是鼠标点击后触发的事件，前面已经多次出现过了，下面的例子演示鼠标点击改变字体大小。

**例 4-33：**

```
<!DOCTYPE html>
<html>
  <head>
    <title>鼠标点击改变字体大小</title>
    <style>
        .xuexi{width:400px;height:120px;background:#abcdef;
            border:1px solid green;}
    </style>
    <script>
        function tryClick(){
            var dd=document.getElementById("dd");
            dd.style.fontSize=30+'px';
        }
    </script>
  </head>
  <body>
    <div id="dd" onclick="tryClick();" class="xuexi">
```

```
        欢迎学习 JavaScript 事件</div>
    </body>
</html>
```

**2．onload 和 onunload 事件**

onload 和 onunload 事件会在用户进入或离开页面时被触发。onload 事件可用于检测访问者的浏览器类型和浏览器版本，并基于这些信息来加载网页的正确版本。onload 和 onunload 事件也可以用于处理 cookie。

**例 4-34：**

```
<!DOCTYPE html>
<html>
    <head>
        <title>onload 事件</title>
        <script>
            function myFunction() {
                alert("页面加载完成");
            }
        </script>
    </head>
    <body onload="myFunction()">
        <h1>Hello JavaScript Onload Event!</h1>
    </body>
</html>
```

**3．onchange 事件**

onchange 事件常结合对输入字段的验证来使用。下面的例子演示下拉框选项改变时如何使用 onchange 事件。

**例 4-35：**

```
<!DOCTYPE html>
<html>
    <head>
        <title>onchange 事件</title>
        <script>
            window.onload = function myFunction() {
                var selectObj = document.getElementById("select01");
                selectObj.onchange = function() {
                    alert("这是动态创建的 onchange 事件");
                }
            }
        </script>
    </head>
    <body>
        <select id="select01">
            <option selected="selected">张三</option>
```

```
        <option>李四</option>
        <option>王五</option>
      </select>
   </body>
</html>
```

**4. onmouseover 和 onmouseout 事件**

onmouseover 和 onmouseout 事件可用于用户的鼠标移至 HTML 元素上方或者移出元素时触发函数。

**例 4-36：**

```
<!DOCTYPE html>
<html>
  <head>
    <title>onmouseover 与 onmouseout 事件</title>
  </head>
  <body>
    <div onmouseover="mOver(this)" onmouseout="mOut(this)"
        style="background-color:blue;width:120px;height:20px;padding:40px;
        color:#ffffff;">把鼠标移到上面</div>
    <script>
      function mOver(obj) {
        obj.innerHTML="您好，欢迎！";
      }
      function mOut(obj) {
        obj.innerHTML="好走，不送！";
      }
    </script>
  </body>
</html>
```

**5. onmousedown、onmouseup 以及 onclick 事件**

onmousedown、onmouseup 以及 onclick 构成了所有的鼠标点击事件。首先当点击鼠标按钮时，会触发 onmousedown 事件；当释放鼠标按钮时，会触发 onmouseup 事件；最后，当完成鼠标点击时，会触发 onclick 事件。

**例 4-37：**

```
<!DOCTYPE html>
<html>
  <head>
    <title>onmousedown 与 onmouseup 事件</title>
  </head>
  <body>
    <div onmousedown="downClick(this)" onmouseup="upClick(this)"
        style="background-color:blue;color:#ffffff;width:120px;height:20px;
        padding:40px;font-size:16px;">请点击这里</div>
```

```
<script>
    function downClick(obj) {
        obj.style.backgroundColor = "#ffcc00";
        obj.innerHTML = "请释放鼠标按钮";
    }
    function upClick(obj) {
        obj.style.backgroundColor = "blue";
        obj.innerHTML = "请按下鼠标按钮";
    }
</script>
</body>
</html>
```

**6．onsubmit 事件**

当点击 submit 类型的按钮时，会触发 onsubmit 事件。

**例 4-38**：表单校验

```
<html>
  <head>
    <title>表单校验（onsubmit）</title>
    <script>
        function checkUserName() {
            var fname = document.myform.txtUser.value;
            if(fname.length != 0){
                for(i=0; i<fname.length; i++){
                    var ftext = fname.substring(i, i+1);
                    if(ftext < 9 || ftext > 0){
                        alert("名字中包含数字 \n"+"请删除名字中的数字和特殊字符");
                        return false;
                    }
                }
            } else {
                alert("未输入用户名 \n" + "请输入用户名");
                return false;
            }
            return true;
        }
        function checkUserPass(){
            var userpass = document.myform.txtPassword.value;
            if(userpass == ""){
                alert("未输入密码 \n" + "请输入密码");
                return false;
            }
            // Check if password length is less than 6 charactor.
            if(userpass.length < 6){
                alert("密码必须多于或等于 6 个字符。\n");
                return false;
```

```
            }
            return true;
        }
        function validateform(){
            if(checkUserName()&&checkUserPass())
                return true;
            else
                return false;
        }
    </script>
</head>
<body>
    <form name="myform" method="post" action="reg_success.htm"
          onsubmit="return validateform()">
        <p><img src="images/reg_back1.jpg" width="979" height="195"></p>
        <p> </p>
        <table border="0" align="center">
            <tr>
                <td>用户名：</td>
                <td colspan="2">
                    <input name="txtUser" type="text" id="txtUser">*必填
                </td>
            </tr>
            <tr>
                <td>密  码：</td>
                <td colspan="2">
                    <input name="txtPassword" type="password" id="txtPassword"> *必填
                </td>
            </tr>
            <tr>
                <td colspan="3" align="center"><p>  </p>
                    <p>
                        <input name="clearButton" type="reset" id="clearButton"
                            value=" 清　空 "/>
                        <input name="registerButton" type="submit" id="registerButton"
                            value=" 登　录 "/>
                    </p>
                </td>
            </tr>
        </table>
        <p> </p>
        <p><img src="images/bottom.jpg" width="969" height="107"></p>
        <p> </p>
    </form>
</body>
</html>
```

### 4.4.6 操作 HTML 元素

**1．创建新的 HTML 元素**

如果需要向 HTML DOM 添加新元素，必须首先创建该元素（元素节点），然后向一个已存在的元素追加该元素。

例 4-39：

```html
<!DOCTYPE html>
<html>
  <head>
    <title>添加新节点的几个方法</title>
  </head>
  <body>
    <div id="div1">
      <span id="span1">1234567890</span>
    </div>
  </body>
  <script>
    var div1 = document.getElementById("div1");
    //创建一个节点
    var a = document.createElement("a");
    //设置 a 的属性
    a.href = "https://www.baidu.com/";
    a.innerText = "百度";
    //添加元素到 div 里
    div1.appendChild(a);
    //在指定节点前插入新节点
    var p = document.createElement("p");
    //添加文本内容
    p.innerText = "一个段落";
    div1.insertBefore(p, a);
    //获取目标元素
    var s = document.getElementById("span1");
    //克隆新元素
    var scopy = s.cloneNode(true);    //默认参数是 false
    div1.appendChild(scopy);
  </script>
</html>
```

**2．删除已有的 HTML 元素**

如果需要删除 HTML 元素，必须首先获得该元素的父元素。

例 4-40：

```html
<!DOCTYPE html>
<html>
  <head>
```

```html
        <title>删除 HTML 元素</title>
    </head>
    <body>
        <button id="btn">删除元素</button>
        <ul>
            <li>橘子</li>
            <li>草莓</li>
            <li>哈密瓜</li>
            <li>苹果</li>
            <li>葡萄</li>
            <li>猕猴桃</li>
        </ul>
        <script>
            var ulObj = document.getElementsByTagName("ul")[0];
            var btnObj = document.getElementById("btn");
            btnObj.onclick = function() {
              var liObj = ulObj.getElementsByTagName("li");
              for(var i=0; i<liObj.length; i++) {
                var x = liObj[i];
                if (x.innerHTML == "苹果") {
                  ulObj.removeChild(x);
                }
              }
            }
        </script>
    </body>
</html>
```

## 4.5 JavaScript 对象

JavaScript 中的所有事物都是对象：字符串、数值、数组、函数等等。此外，JavaScript 允许自定义对象。

### 4.5.1 创建并访问对象

**1. 访问对象的属性**

属性是与对象相关的值。访问对象属性的语法是：

    objectName.propertyName

下面的例子使用了 String 对象的 length 属性来获得字符串的长度：

    var text = "Hello JavaScript!";
    var len = text.length;

以上代码执行后，len 的值将是：17。

## 2．访问对象的方法

方法是能够在对象上执行的动作。可以通过以下语法来调用方法：

```
objectName.methodName()
```

下面的例子使用了 String 对象的 toUpperCase()方法来将文本转换为大写：

```
var text = "Hello JavaScript!";
var upcase = text.toUpperCase();
```

在以上代码执行后，upcase 的值将是：HELLO JAVASCRIPT!。

## 3．创建 JavaScript 对象

创建新对象有两种不同的方法：
- 定义并创建对象的实例。
- 使用函数来定义对象，然后创建新的对象实例。

**例 4-41**：创建直接的实例

这个例子创建了对象的一个新实例，并向其添加了四个属性：

```
employee = new Object();
employee.firstname = "Tom";
employee.lastname = "Smith";
employee.age = 46;
employee.job = "manager";
```

**例 4-42**：替代语法（使用对象 literals）

```
employee = {firstname:"David", lastname:"White", age:35, job:"engineer"};
```

**例 4-43**：使用对象构造器

```
<!DOCTYPE html>
<html>
  <body>
    <script>
      function employee(firstname, lastname, age, job) {
        this.firstname = firstname;
        this.lastname = lastname;
        this.age = age;
        this.job = job;
      }
      emp1 = new employee("David", "White", 35, "engineer");
      document.write(emp1.firstname + " is " + emp1.age + " years old.");
    </script>
  </body>
</html>
```

一旦拥有了对象构造器，就可以创建新的对象实例：

```
var emp2 = new employee ("Mary", "Johnson", 28, "secretary");
var emp3 = new employee ("Steve", "Williams", 40, "accountant");
```

方法只不过是附加在对象上的函数，也可以在构造器函数内部定义对象方法。

**例 4-44**：把方法添加到 JavaScript 对象

```
function employee (firstname, lastname, age, job) {
    this.firstname = firstname;
    this.lastname = lastname;
    this.age = age;
    this.job = job;

    this.changeName = changeName;
    function changeName(name) {
        this.lastname=name;
    }
}
```

changeName()函数把 name 的值赋给 employee 的 lastname 属性。

### 4.5.2　JavaScript Number 对象

#### 4.5.2.1　JavaScript 数字

JavaScript 数字可以使用也可以不使用小数点来书写，极大或者极小的数字可以通过科学（指数）计数法来写。

**1．所有 JavaScript 数字均为 64 位**

JavaScript 不是类型语言。与许多其他编程语言不同，JavaScript 不定义不同类型的数字，例如整数、短、长、浮点等等。JavaScript 中的所有数字都存储为 64 位（bit）浮点数。

**2．精度**

整数（不使用小数点或指数计数法）最多为 15 位。小数的最大位数是 17，但是浮点运算并不总是 100%准确。

**例 4-45**：

```
<!DOCTYPE html>
<html>
  <body>
    <script>
      var x = 0.1 + 0.2;
      document.write(x == 0.3);
      document.write("<br/>");
      document.write(0.3 / 0.1);
      document.write("<br/>");
      var y = 0.3 - 0.2;
      var z = 0.2 - 0.1;
      document.write(y == z);
    </script>
```

```
</body>
</html>
```

输出结果是:

```
false
2.9999999999999996
false
```

**3．八进制和十六进制**

如果前缀为 0，则 JavaScript 会把数值常量解释为八进制数，如果前缀为 0x，则解释为十六进制数。

```
var y = 0372;
var z = 0xAF;
```

提示：绝不要在数字前面写零，除非需要进行八进制转换。

#### 4.5.2.2　数字属性和方法

数字的属性如下：
- MAX VALUE
- MIN VALUE
- NEGATIVE INFINITIVE
- POSITIVE INFINITIVE
- NaN
- prototype
- constructor

数字的方法如下：
- toExponential()
- toFixed()
- toPrecision()
- toString()
- valueOf()

有个全局函数 isNaN()，用于检查其参数是不是非数字值。如果参数是特殊的非数字值 NaN（或者能被转换为这样的值），返回的值就是 true。如果 x 是其他值，则返回 false。例如：

```
<script>
    document.write(isNaN(12));
    document.write(isNaN(-1.23));
    document.write(isNaN(5-2));
    document.write(isNaN(false));
    document.write(isNaN("black"));
    document.write(isNaN("2018/08/10"));
</script>
```

### 4.5.3 JavaScript String 对象

字符串是 JavaScript 的一种基本的数据类型。String 对象的 length 属性声明了该字符串中的字符数。String 类定义了大量操作字符串的方法，例如从字符串中提取字符或者子串，检索字符或者子串。

需要注意的是，JavaScript 的字符串是不可变的（immutable），String 类定义的方法都不能改变字符串的内容。像 String.toUpperCase()这样的方法，返回的是全新的字符串，而不是修改原始字符串。创建 String 对象的语法如下：

  new String(s);
  String(s);

**1．String 对象属性**

String 对象属性参见表 4-5。

表 4-5 String 对象属性

| 属 性 | 描 述 |
| --- | --- |
| constructor | 对创建该对象的函数的引用 |
| length | 字符串的长度 |
| prototype | 允许向对象添加属性和方法 |

**2．String 对象常用方法**

String 对象常用方法参见表 4-6。

表 4-6 String 对象常用方法

| 属 性 | 描 述 |
| --- | --- |
| charAt() | 返回指定位置的字符 |
| concat() | 连接字符串 |
| indexOf() | 检索字符串 |
| match() | 找到一个或多个正则表达式的匹配 |
| replace() | 替换与正则表达式匹配的子串 |
| search() | 检索与正则表达式匹配的值 |
| split() | 把字符串分割为字符串数组。第一个参数指定分隔符；第二个参数是可选的，可指定返回的数组的最大长度 |
| substr() | 从起始索引号提取字符串中指定数目的字符 |
| substring() | 提取字符串中两个指定的索引号之间的字符 |
| toLowerCase() | 把字符串转换为小写 |
| toUpperCase() | 把字符串转换为大写 |
| toString() | 返回字符串 |
| valueOf() | 返回某个字符串对象的原始值 |

**3．String 对象实例**

例 4-46：

  &lt;script&gt;

```
    str = "2, 2, 3, 5, 6, 6";    //这是一字符串
    var strs = new Array();  //定义一数组
    strs = str.split(",");       //字符分割
    for (i=0; i<strs.length; i++) {
        //分割后的字符输出
        document.write(strs[i]+"<br/>");
    }
</script>
```

**例 4-47：**

```
<script>
    var str="I'm enjoying learning JavaScript!";
    document.write(str.split("")+"<br />");
    document.write(str.split(" ")+"<br />");
    document.write(str.split("", 3)+"<br />");
</script>
```

返回结果：

I,',m, ,e,n,j,o,y,i,n,g, ,l,e,a,r,n,i,n,g, ,J,a,v,a,S,c,r,i,p,t,!
I'm,enjoying,learning,JavaScript!
I,',m

## 4.5.4 JavaScript Date 对象

Date 对象用于处理日期和时间。创建 Date 对象的语法如下：

    var myDate = new Date();

Date 对象会自动把当前日期和时间保存为初始值。

**1．Date 对象属性**

Date 对象属性参见表 4-7。

表 4-7 Date 对象属性

| 属 性 | 描 述 |
| --- | --- |
| constructor | 返回对创建此对象的 Date 函数的引用 |
| prototype | 使您有能力向对象添加属性和方法 |

**2．Date 对象常用方法**

Date 对象常用方法参见表 4-8。

表 4-8 Date 对象常用方法

| 属 性 | 描 述 |
| --- | --- |
| Date() | 返回当日的日期和时间 |
| getDate() | 从 Date 对象返回一个月中的某一天（1～31） |
| getDay() | 从 Date 对象返回一周中的某一天（0～6） |

（续）

| 属 性 | 描 述 |
|---|---|
| getMonth() | 从 Date 对象返回月份（0~11） |
| getFullYear() | 从 Date 对象以四位数字返回年份 |
| getHours() | 返回 Date 对象的小时（0~23） |
| getMinutes() | 返回 Date 对象的分钟（0~59） |
| getSeconds() | 返回 Date 对象的秒数（0~59） |
| getMilliseconds() | 返回 Date 对象的毫秒（0~999） |
| getTime() | 返回 1970 年 1 月 1 日至今的毫秒数 |
| setDate() | 设置 Date 对象中月的某一天（1~31） |
| setMonth() | 设置 Date 对象中月份（0~11） |
| setFullYear() | 设置 Date 对象中的年份（四位数字） |
| setYear() | 请使用 setFullYear()方法代替 |
| setHours() | 设置 Date 对象中的小时（0~23） |
| setMinutes() | 设置 Date 对象中的分钟（0~59） |
| setSeconds() | 设置 Date 对象中的秒钟（0~59） |
| setMilliseconds() | 设置 Date 对象中的毫秒（0~999） |
| setTime() | 以毫秒设置 Date 对象 |
| toUTCString() | 根据世界时，把 Date 对象转换为字符串 |

### 3. Date 对象实例

创建 Date 对象保存员工入职日期；合同有效期为 3 年，请计算合同到期时间；合同到期前，需要提前一个月续签。如果提前一个月的续签时间刚好是周末，则需要提前到上一个周五，请计算续签时间；要求在续签时间前一周，向员工发出续签提醒，请计算提醒时间。

**例 4-48：**

```
<script>
    //入职时间
    var x = prompt("请输入 yyyy/mm/dd 日期：", "")
    var hireDate = new Date(x);
    //赋值对象给 endDate
    var endDate = new Date(hireDate.getTime());
    endDate.setFullYear(endDate.getFullYear() + 3);
    //续签时间
    var resumeDate = new Date(endDate.getTime());
    resumeDate.setMonth(resumeDate.getMonth()-1);
    //判断是否周末
    if(resumeDate.getDay() == 6){
        resumeDate.setDate(resumeDate.getDate()-1);
    }
    if(resumeDate.getDay() == 0){
        resumeDate.setDate(resumeDate.getDate()-2);
    }
    //提醒时间
```

```
        var alertDate = new Date(resumeDate.getTime());
        alertDate.setDate(alertDate.getDate()-7);
        console.log("到期时间：" + endDate.toLocaleDateString());
        console.log("续签时间：" + resumeDate.toLocaleDateString());
        console.log("提醒时间：" + alertDate.toLocaleDateString());
    </script>
```

### 4.5.5 JavaScript Array 对象

Array 对象用于在单个的变量中存储多个值。创建 Array 对象的语法如下：

```
new Array();
new Array(size);
new Array(element0, element1, ..., elementn);
```

参数：
- 参数 size 是期望的数组元素个数。返回的数组 length 字段将被设为 size 的值。
- 参数 element0, ..., elementn 是参数列表。当使用这些参数来调用构造函数 Array() 时，新创建的数组的元素就会被初始化为这些值。它的 length 字段也会被设置为参数的个数。

返回值：返回新创建并被初始化了的数组。
- 如果调用构造函数 Array() 时没有使用参数，那么返回的数组为空，length 字段为 0。
- 当调用构造函数时只传递给它一个数字参数，该构造函数将返回具有指定个数、元素为 undefined 的数组。
- 当其他参数调用 Array() 时，该构造函数将用参数指定的值初始化数组。
- 当把构造函数作为函数调用，不使用 new 运算符时，它的行为与使用 new 运算符调用它时的行为完全一样。

**1．Array 对象属性**

Array 对象属性参见表 4-9。

表 4-9 Array 对象属性

| 属性 | 描述 |
|---|---|
| constructor | 返回对创建此对象的数组函数的引用 |
| length | 设置或返回数组中元素的数目 |
| prototype | 使您有能力向对象添加属性和方法 |

**2．Array 对象常用方法**

Array 对象常用方法参见表 4-10。

表 4-10 Array 对象常用方法

| 属性 | 描述 |
|---|---|
| concat() | 连接两个或更多的数组，并返回结果 |
| join() | 把数组的所有元素放入一个字符串。元素通过指定的分隔符进行分隔 |

(续)

| 属性 | 描述 |
|---|---|
| pop() | 删除并返回数组的最后一个元素 |
| push() | 向数组的末尾添加一个或更多元素，并返回新的长度 |
| reverse() | 颠倒数组中元素的顺序 |
| shift() | 删除并返回数组的第一个元素 |
| slice() | 从某个已有的数组返回选定的元素 |
| sort() | 对数组的元素进行排序 |
| splice() | 删除元素，并向数组添加新元素 |
| toString() | 把数组转换为字符串，并返回结果 |
| toLocaleString() | 把数组转换为本地数组，并返回结果 |
| unshift() | 向数组的开头添加一个或更多元素，并返回新的长度 |
| valueOf() | 返回数组对象的原始值 |

**3．Array 对象实例**

例 4-49：join()方法

join(separator)：将数组的元素组成一个字符串，以 separator 为分隔符，省略的话默认用逗号为分隔符。该方法只接收一个参数，即分隔符。

```
<script>
    var arr = [1,2,3];
    console.log(arr.join()); // 1,2,3
    console.log(arr.join("-")); // 1-2-3
    console.log(arr); // [1, 2, 3]（原数组不变）
</script>
```

通过 join()方法可以实现重复字符串，只需传入字符串以及重复的次数，就能返回重复后的字符串，函数如下：

```
function repeatString(str, n) {
    return new Array(n + 1).join(str);
}
console.log(repeatString("abc", 3));    // abcabcabc
console.log(repeatString("Hi", 5));     // HiHiHiHiHi
```

例 4-50：push()和 pop()方法

push()：可以接收任意数量的参数，把它们逐个添加到数组末尾，并返回修改后数组的长度。pop()：数组末尾移除最后一项，数组的 length 值减 1，然后返回移除的项。

```
var arr = ["Lily","Lucy","Tom"];
var count = arr.push("Jack","Sean");
console.log(count);     // 5
console.log(arr);       // ["Lily", "Lucy", "Tom", "Jack", "Sean"]
var item = arr.pop();
console.log(item);      // Sean
```

```
console.log(arr);        // ["Lily", "Lucy", "Tom", "Jack"]
```

**例 4-51**：sort()方法

sort()：按升序排列数组项，即最小的值位于最前面，最大的值排在最后面。

在排序时，sort()方法会调用每个数组项的 toString()转型方法，然后比较得到的字符串，以确定如何排序。即使数组中的每一项都是数值，sort()方法比较的也是字符串，因此会出现以下的这种情况：

```
var arr1 = ["a", "d", "c", "b"];
console.log(arr1.sort()); // ["a", "b", "c", "d"]
arr2 = [13, 24, 51, 3];
console.log(arr2.sort()); // [13, 24, 3, 51]
console.log(arr2); // [13, 24, 3, 51]（原数组被改变）
```

为了解决上述问题，sort()方法可以接收一个比较函数作为参数，以便我们指定哪个值位于哪个值的前面。比较函数接收两个参数，如果第一个参数应该位于第二个之前则返回一个负数，如果两个参数相等则返回 0，如果第一个参数应该位于第二个之后则返回一个正数。如果需要通过比较函数产生降序排序的结果，只要交换比较函数返回的值即可。以下就是一个简单的比较函数：

```
function compare(value1, value2) {
    if (value1 < value2) {
        return -1;
    } else if (value1 > value2) {
        return 1;
    } else {
        return 0;
    }
}
arr2 = [13, 24, 51, 3];
console.log(arr2.sort(compare)); // [3, 13, 24, 51]
```

**例 4-52**：splice()方法

splice()：很强大的数组方法，它有很多种用法，可以实现删除、插入和替换。

删除：可以删除任意数量的项，只需指定 2 个参数：要删除的第一项的位置和要删除的项数。例如，splice(0,2)会删除数组中的前两项。

插入：可以向指定位置插入任意数量的项，只需要提供 3 个参数：起始位置、0（要删除的项数）和要插入的项。例如，splice(2,0,4,6)会从当前数组的位置 2 开始插入 4 和 6。

替换：可以向指定位置插入任意数量的项，且同时删除任意数量的项，只需要指定 3 个参数：起始位置、要删除的项数和要插入的任意数量的项。插入的项数不必与删除的项数相等。例如，splice(2,1,4,6)会删除当前数组位置 2 的项，然后再从位置 2 开始插入 4 和 6。

splice()方法始终都会返回一个数组，该数组中包含从原始数组中删除的项，如果没有删除任何项,则返回一个空数组。

```
var arr = [1,3,5,7,9,11];
var arrRemoved1 = arr.splice(0,2);
console.log(arr);                    //[5, 7, 9, 11]
console.log(arrRemoved1);            //[1, 3]
var arrRemoved2 = arr.splice(2,0,4,6);
console.log(arr);                    //[5, 7, 4, 6, 9, 11]
console.log(arrRemoved2);            // []
var arrRemoved3 = arr.splice(1,1,2,4);
console.log(arr);                    //[5, 2, 4, 4, 6, 9, 11]
console.log(arrRemoved3);            //[7]
```

### 4.5.6 JavaScript Boolean 对象

在 JavaScript 中,布尔值是一种基本数据类型。Boolean 对象是一个将布尔值打包的布尔对象。Boolean 对象主要用于提供将布尔值转换成字符串的 toString()方法。

当调用 toString()方法将布尔值转换成字符串时(通常是由 JavaScript 隐式地调用),JavaScript 会内在地将这个布尔值转换成一个临时的 Boolean 对象,然后调用这个对象的 toString()方法。

Boolean 对象表示两个值:true 或者 false。创建 Boolean 对象的语法如下:

```
new Boolean(value);    //构造函数
Boolean(value);        //转换函数参数
```

参数:value 为布尔对象存放的值或者要转换成布尔值的值。

返回值:

- 当作为一个构造函数(带有运算符 new)调用时,Boolean()将把它的参数转换成一个布尔值,并且返回一个包含该值的 Boolean 对象。
- 如果作为一个函数(不带有运算符 new)调用时,Boolean()只将它的参数转换成一个原始的布尔值,并且返回这个值。

如果省略 value 参数,或者设置为 0、-0、null、""、false、undefined 或 NaN,则该对象设置为 false。否则设置为 true(即使 value 参数是字符串"false")。

#### 1. Boolean 对象属性

Boolean 对象的属性参见表 4-11。

表 4-11 Boolean 对象属性

| 属性 | 描述 |
| --- | --- |
| constructor | 返回对创建此对象的 Boolean 函数的引用 |
| prototype | 用于向对象添加属性和方法 |

#### 2. Boolean 对象常用方法

Boolean 对象的常用方法见表 4-12。

表 4-12　Boolean 对象常用方法

| 属　　性 | 描　　述 |
|---|---|
| toSource() | 返回该对象的源代码 |
| toString() | 把逻辑值转换为字符串，并返回结果 |
| valueOf() | 返回 Boolean 对象的原始值 |

**3．对象实例**

**例 4-53**：检查逻辑值

```
<html>
  <body>
    <script>
      var b1 = new Boolean();
      var b2 = new Boolean(0);
      var b3 = new Boolean(1);
      var b4 = new Boolean("");
      var b5 = new Boolean(null);
      var b6 = new Boolean(NaN);
      var b7 = new Boolean("false");
      var b8 = new Boolean(false);
      document.write("无参数是逻辑的 "+ b1 +"<br />");
      document.write("0 是逻辑的 "+ b2 +"<br />");
      document.write("1 是逻辑的 "+ b3 +"<br />");
      document.write("空字符串是逻辑的 "+ b4 + "<br />");
      document.write("null 是逻辑的 "+ b5+ "<br />");
      document.write("NaN 是逻辑的 "+ b6 +"<br />");
      document.write("字符串'false'是逻辑的 "+ b7 +"<br />");
      document.write("false 是逻辑的 "+ b8+ "<br />");
    </script>
  </body>
</html>
```

## 4.5.7　JavaScript Math 对象

Math 对象用于执行数学任务。使用 Math 属性和方法的语法如下：

```
var pi_value = Math.PI;
var sqrt_value = Math.sqrt(15);
```

Math 对象并不像 Date 和 String 那样是对象的类，因此没有构造函数 Math()，像 Math.sin()这样的函数只是函数，不是某个对象的方法。所以无需创建它，通过把 Math 作为对象使用就可以调用其所有属性和方法。

**1．Math 对象属性**

Math 对象的属性参见表 4-13。

表 4-13  Math 对象属性

| 属 性 | 描 述 |
|---|---|
| E | 返回常数 e，即自然对数的底数（约等于 2.718） |
| LN2 | 返回 2 的自然对数（约等于 0.693） |
| LN10 | 返回 10 的自然对数（约等于 2.302） |
| LOG2E | 返回以 2 为底的 e 的对数（约等于 1.443） |
| LOG10E | 返回以 10 为底的 e 的对数（约等于 0.434） |
| PI | 返回圆周率（约等于 3.14159） |
| SQRT1_2 | 返回 2 的平方根的倒数（约等于 0.707） |
| SQRT2 | 返回 2 的平方根（约等于 1.414） |

**2．Math 对象常用方法**

Math 对象的常用方法参见表 4-14。

表 4-14  Math 对象常用方法

| 属 性 | 描 述 |
|---|---|
| abs(x) | 返回数的绝对值 |
| ceil(x) | 对数进行上舍入 |
| cos(x) | 返回数的余弦 |
| exp(x) | 返回 e 的指数 |
| floor(x) | 对数进行下舍入 |
| log(x) | 返回数的自然对数（底为 e） |
| max(x,y) | 返回 x 和 y 中的最高值 |
| min(x,y) | 返回 x 和 y 中的最低值 |
| pow(x,y) | 返回 x 的 y 次幂 |
| random() | 返回 0~1 之间的随机数 |
| round(x) | 把数四舍五入为最接近的整数 |

**3．对象实例**

例 4-54：

```
<script>
    var maxnum = Math.max(12,6,43,58,70);
    console.log(maxnum);            //70
    var minnum = Math.min(12,6,43,58,70);
    console.log(minnum);            //6
    console.log(Math.ceil(6.1));    //7
    console.log(Math.floor(6.5));   //6
    console.log(Math.round(6.1));   //6
    //随机产生 [5,10] 之间的整数
    //返回的值 = Math.floor(Math.random() * 可能值的总数 + 第一个可能的值
    var num = Math.floor(Math.random() * 6 + 5);
    console.log(num);
</script>
```

## 4.6 Window 对象

所有浏览器都支持 window 对象，它表示浏览器窗口。所有 JavaScript 全局对象、函数以及变量均自动成为 window 对象的成员。全局变量是 window 对象的属性，全局函数是 window 对象的方法。甚至 HTML DOM 的 document 对象也是 window 对象的属性之一。

```
window.document.getElementById("id");
```

等同于：

```
document.getElementById("id");
```

### 4.6.1 Window 尺寸

有三种方法能够确定浏览器窗口的尺寸，浏览器的视口不包括工具栏和滚动条。
对于 Internet Explorer、Chrome、Firefox、Opera 以及 Safari：
- window.innerHeight——浏览器窗口的内部高度
- window.innerWidth——浏览器窗口的内部宽度

对于 Internet Explorer 8、7、6、5：
- document.documentElement.clientHeight
- document.documentElement.clientWidth

或者
- document.body.clientHeight
- document.body.clientWidth

实用的 JavaScript 方案（涵盖所有浏览器）如下：

**例 4-55**：显示浏览器窗口的高度和宽度（不包括工具栏/滚动条）

```
<!DOCTYPE html>
<html>
  <body>
    <p id="demo"></p>
    <script>
      var w = window.innerWidth
      || document.documentElement.clientWidth
      || document.body.clientWidth;

      var h = window.innerHeight
      || document.documentElement.clientHeight
      || document.body.clientHeight;

      x = document.getElementById("demo");
      x.innerHTML = "浏览器的内部窗口宽度：" + w + "，高度：" + h + "。";
    </script>
  </body>
</html>
```

## 4.6.2 其他 window 方法

window 对象的一些其他方法：
- window.open()——打开新窗口。
- window.close()——关闭当前窗口。
- window.moveTo()——移动当前窗口。
- window.resizeTo()——调整当前窗口的尺寸。

open()调用方式为：

window.open(URL, name, features, replace);

参数详细说明见表 4-15。

**表 4-15　window.open()方法参数说明**

| 参　　数 | 描　　述 |
| --- | --- |
| URL | 一个可选的字符串，声明了要在新窗口中显示的文档的 URL。如果省略了这个参数，或者它的值是空字符串，那么新窗口就不会显示任何文档 |
| name | 一个可选的字符串，该字符串是一个由逗号分隔的特征列表，其中包括数字、字母和下画线，该字符声明了新窗口的名称。这个名称可以用作标记&lt;a&gt;和&lt;form&gt;的属性 target 的值。如果该参数指定了一个已经存在的窗口，那么 open()方法就不再创建一个新窗口，而只是返回对指定窗口的引用。在这种情况下，features 将被忽略 |
| features | 一个可选的字符串，声明了新窗口要显示的标准浏览器的特征。如果省略该参数，新窗口将具有所有标准特征。在表 4-16 中对该字符串的格式进行了详细的说明 |
| replace | 一个可选的布尔值。规定了装载到窗口的 URL 是在窗口的浏览历史中创建一个新条目，还是替换浏览历史中的当前条目。支持下面的值：<br>● true - URL 替换浏览历史中的当前条目<br>● false - URL 在浏览历史中创建新的条目 |

窗口特征见表 4-16。

**表 4-16　window.open()方法窗口特征**

| 特　征　值 | 说　　明 |
| --- | --- |
| channelmode=yes\|no\|1\|0 | 是否使用剧院模式显示窗口。默认为 no |
| directories=yes\|no\|1\|0 | 是否添加目录按钮。默认为 yes |
| fullscreen=yes\|no\|1\|0 | 是否使用全屏模式显示浏览器。默认是 no。处于全屏模式的窗口必须同时处于剧院模式 |
| height=pixels | 窗口文档显示区的高度。以像素计 |
| left=pixels | 窗口的 x 坐标。以像素计 |
| location=yes\|no\|1\|0 | 是否显示地址字段。默认是 yes |
| menubar=yes\|no\|1\|0 | 是否显示菜单栏。默认是 yes |
| resizable=yes\|no\|1\|0 | 窗口是否可调节尺寸。默认是 yes |
| scrollbars=yes\|no\|1\|0 | 是否显示滚动条。默认是 yes |
| status=yes\|no\|1\|0 | 是否添加状态栏。默认是 yes |
| titlebar=yes\|no\|1\|0 | 是否显示标题栏。默认是 yes |
| toolbar=yes\|no\|1\|0 | 是否显示浏览器的工具栏。默认是 yes |
| top=pixels | 窗口的 y 坐标 |
| width=pixels | 窗口的文档显示区的宽度。以像素计 |

例 4-56：

```
<script>
  window.open("http://www.baidu.com/", '新开百度窗口 1', "height=300, width=300, top=0,
      left=0,toolbar=no, menubar=no, scrollbars=no, resizable=no, location=no, status=no")
  window.open("http://www.baidu.com/", '新开百度窗口 2', "height=300, width=300, top=0,
      left=400,toolbar=yes, menubar=yes, scrollbars=yes, resizable=no, location=yes, status=yes")
</script>
```

### 4.6.3 Window Screen

window.screen 对象包含有关用户屏幕的信息。window.screen 对象在编写时可以不使用 window 这个前缀。一些属性如下：

- screen.availWidth——可用的屏幕宽度，返回访问者屏幕的宽度，以像素计，减去界面特性，例如窗口任务栏。
- screen.availHeight——可用的屏幕高度，返回访问者屏幕的高度，以像素计，减去界面特性，例如窗口任务栏。
- screen.colorDepth——色彩深度。
- screen.pixelDepth——色彩分辨率。

例 4-57：screen 属性

```
<script>
  document.write("总宽度/高度：");
  document.write(screen.width + "*" + screen.height);
  document.write("<br>");
  document.write("可用宽度/高度：");
  document.write(screen.availWidth + "*" + screen.availHeight);
  document.write("<br>");
  document.write("色彩深度：");
  document.write(screen.colorDepth);
  document.write("<br>");
  document.write("色彩分辨率：");
  document.write(screen.pixelDepth);
</script>
```

### 4.6.4 Window Location

window.location 对象用于获得当前页面的地址（URL），并把浏览器重定向到新的页面。window.location 对象在编写时可不使用 window 这个前缀。

- location.hash——设置或者返回从"#"开始的 URL 锚点。如果地址里没有"#"，则返回空字符串。
- location.host——设置或者返回主机名和当前 URL 的端口号。
- location.hostname——设置或者返回 Web 主机的域名。
- location.href——设置或者返回当前页面的 URL。

- location.pathname——设置或者返回当前页面的路径和文件名。
- location.port——设置或者返回 Web 主机的端口（80 或者 443）。
- location.protocol——设置或者返回所使用的 Web 协议（http://或者 https://）。
- location.search——设置或者返回从问号"?"开始的 URL（查询部分）。
- location.assign()方法——加载新的文档。
- location.reload()方法——重新加载当前文档。
- location.replace()方法——用新的文档替换当前文档。

例 4-58：加载一个新文档

```
<html>
  <head>
    <script>
      function newDoc() {
          window.location.assign("http://zjg.just.edu.cn");
      }
    </script>
  </head>
  <body>
    <input type="button" value="加载新文档" onclick="newDoc()">
  </body>
</html>
```

### 4.6.5 Window History

window.history 对象包含浏览器的历史。window.history 对象在编写时可以不使用 window 这个前缀。为了保护用户隐私，对 JavaScript 访问该对象的方法做出了限制。访问对象的主要方法如下：

- history.back()——加载历史列表的前一个 URL，与在浏览器点击后退按钮相同。
- history.forward()——加载历史列表的下一个 URL，与在浏览器中点击按钮向前相同。

例 4-59：

```
<html>
  <head>
    <script>
      function goBack() {
          window.history.back();
      }
      function goForward() {
          window.history.forward();
      }
    </script>
  </head>
  <body>
    <input type="button" value="Back" onclick="goBack()"/>  
```

```
            <input type="button" value="Forward" onclick="goForward()"/>
        </body>
</html>
```

### 4.6.6 Window Navigator

window.navigator 对象包含有关访问者浏览器的信息。window.navigator 对象在编写时可以不使用 window 这个前缀。

**例 4-60：**

```
<!DOCTYPE html>
<html>
    <body>
        <div id="result"></div>
        <script>
            txt = "<p>浏览器代号：" + navigator.appCodeName + "</p>";
            txt += "<p>浏览器名称：" + navigator.appName + "</p>";
            txt += "<p>浏览器版本：" + navigator.appVersion + "</p>";
            txt += "<p>启用 Cookies：" + navigator.cookieEnabled + "</p>";
            txt += "<p>硬件平台：" + navigator.platform + "</p>";
            txt += "<p>用户代理：" + navigator.userAgent + "</p>";
            txt += "<p>用户代理语言：" + navigator.systemLanguage + "</p>";
            document.getElementById("result").innerHTML = txt;
        </script>
    </body>
</html>
```

**提示：** 来自 navigator 对象的信息具有误导性，不应该被用于检测浏览器版本，这是因为：
- navigator 数据可以被浏览器使用者更改。
- 一些浏览器对测试站点会产生识别错误。
- 浏览器无法报告晚于浏览器发布的新操作系统。

### 4.6.7 JavaScript 消息框

可以在 JavaScript 中创建三种消息框，分别是警告框、确认框和提示框。

**1. 警告框**

警告框经常用于确保用户可以得到某些信息。当警告框出现后，用户需要点击确定按钮才能继续进行操作。语法如下：

```
window.alert("文本");
```

**例 4-61：**

```
<html>
    <head>
        <script>
```

```
            function disp_alert() {
                alert("我是警告框！！");
            }
        </script>
    </head>
    <body>
        <input type="button" onclick="disp_alert()" value="显示警告框" />
    </body>
</html>
```

**2. 确认框**

确认框使用户可以验证或者接受某些信息。当确认框出现后，用户需要点击确定或者取消按钮才能继续进行操作。如果用户点击确定，那么返回值为 true。如果用户点击取消，那么返回值为 false。语法如下：

  window.confirm("文本");

**例 4-62：**

```
<html>
    <head>
        <script>
            function disp_confirm() {
                var r = confirm("按下按钮");
                if (r == true) {
                    alert("您按下了\"确定\"按钮!");
                } else {
                    alert("您按下了\"取消\"按钮!");
                }
            }
        </script>
    </head>
    <body>
        <input type="button" onclick="disp_confirm()" value="显示确认框" />
    </body>
</html>
```

**3. 提示框**

提示框经常用于提示用户在进入页面前输入某个值。当提示框出现后，用户需要输入某个值，然后点击确定或者取消按钮才能继续操纵。如果用户点击确定，那么返回值为输入的值。如果用户点击取消，那么返回值为 null。语法如下：

  window.prompt("文本","默认值");

**例 4-63：**

```
<html>
    <head>
```

```
<script>
    function disp_prompt() {
        var name = prompt("请输入您的名字", "Tom Smith");
        if (name != null && name != "") {
            document.write("您好！ " + name + " 今天过得怎么样？ ");
        }
    }
</script>
</head>
<body>
    <input type = "button" onclick="disp_prompt()" value="显示提示框" />
</body>
</html>
```

## 4.6.8 JavaScript 计时

通过使用 JavaScript，可以做到在一个设定的时间间隔之后执行代码，而不是在函数被调用后立即执行。称之为计时事件。

在 JavaScript 中使用计时事件是很容易的，两个关键方法是：
- setTimeout()——未来的某时执行代码。
- clearTimeout()——取消 setTimeout()。

setTimeout()语法如下：

> var t = setTimeout("javascript 语句", 毫秒);

setTimeout()的第一个参数是含有 JavaScript 语句的字符串。这个语句可能诸如 "alert('5 seconds!')"，或者对函数的调用，诸如"alertMsg()"。第二个参数指示从当前起多少毫秒后执行第一个参数。

clearTimeout()语法如下：

> clearTimeout(setTimeout_variable);

setTimeout()方法会返回某个值。假如希望取消这个 setTimeout()，可以使用返回的变量名作为 clearTimeout()的参数来取消它。

**例 4-64**：

创建一个运行于无穷循环中的计时器，当"开始计数"按钮被点击后，输入域便从 0 开始计数。当点击"停止计数"按钮后，计数器停止。

```
<html>
    <head>
        <script>
            var c=0;
            var t;
            function timedCount() {
                document.getElementById("txt").value=c;
                c=c+1;
```

```
                t=setTimeout("timedCount()", 1000);
            }
            function stopCount() {
                clearTimeout(t);
            }
        </script>
    </head>
    <body>
        <form>
            <input type="button" value="开始计数" onclick="timedCount()"/>
            <input type="text" id="txt"/>
            <input type="button" value="停止计数" onclick="stopCount()"/>
        </form>
    </body>
</html>
```

### 4.6.9 JavaScript Cookies

Cookie 是存储于访问者的计算机中的变量。每当同一台计算机通过浏览器请求某个页面时，就会发送这个 cookie。可以使用 JavaScript 来创建和取回 cookie 的值。

（1）名字 cookie

当访问者首次访问页面时，或许会填写他们的名字。名字会存储于 cookie 中。当访问者再次访问网站时，他们会收到类似"Welcome xxx xxx!"的欢迎词，而名字则是从 cookie 中取回的。

（2）密码 cookie

当访问者首次访问页面时，或许会填写他们的密码。密码也可存储于 cookie 中。当他们再次访问网站时，密码就会从 cookie 中取回。

（3）日期 cookie

当访问者首次访问网站时，当前的日期可存储于 cookie 中。当他们再次访问网站时，会收到类似这样的一条消息："您最后一次访问日期是 2018 年 8 月 10 日"。日期也是从 cookie 中取回的。

**例 4-65**：创建和存取 Cookie

在这个例子中我们要创建一个存储访问者名字的 cookie。当访问者首次访问网站时，他们会被要求填写姓名，名字会存储于 cookie 中。当访问者再次访问网站时，他们就会收到欢迎词。

（1）创建一个可在 cookie 变量中存储访问者姓名的函数：

```
function setCookie(cname, cvalue, expiredays) {
    var exdate = new Date();
    exdate.setDate(exdate.getDate() + expiredays);
    document.cookie = cname + "=" + cvalue
        + "; expires=" + exdate.toGMTString();
}
```

函数参数包括 cookie 的名称、值以及过期天数。函数体首先将天数转换为有效的日期，然后将 cookie 名称、值以及过期日期存入 document.cookie 对象。

（2）创建另一个函数来检查是否已设置 cookie：

```
function getCookie(cname) {
    var name = cname + "=";
    var ca = document.cookie.split(";");
    for(var i=0; i<ca.length; i++) {
        var c = ca[i].trim();
        if (c.indexOf(name)==0) {
            return c.substring(name.length,c.length);
        }
    }
    return "";
}
```

函数首先会检查 document.cookie 对象中是否存有 cookie。假如 document.cookie 对象存有某些 cookie，那么会继续检查指定的 cookie 是否已存储。如果找到了指定的 cookie，就返回值，否则返回空字符串。

（3）创建一个函数，如果 cookie 已设置，则显示欢迎词，否则显示提示框要求用户输入名字。

```
function checkCookie() {
    username = getCookie("username");
    if (username != null && username != "") {
        alert("欢迎 " + username + " 再次访问");
    } else {
        username = prompt("请输入您的名字：","");
        if (username != null && username != "") {
            setCookie("username", username, 10);
        }
    }
}
```

（4）方法调用：

```
<body onload="checkCookie()"></body>
```

## 4.7 JavaScript 应用实例

### 4.7.1 制作浮动的带关闭按钮的广告图片

需求说明：制作带关闭按钮的广告图片，当滚动条向下移动时，浮动的广告图片和关闭按钮随滚动条移动，单击关闭按钮，广告图片和关闭按钮不再显示。

```html
<html>
<head>
<meta http-equiv="Content-Type" content="text/html; charset=gb2312">
<title>浮动广告窗口</title>
<script>
  var advInitTop=0;
  var closeInitTop=0;
  function inix(){
    advInitTop=document.getElementById("advLayer").style.pixelTop;
    closeInitTop=document.getElementById("closeLayer").style.pixelTop;
  }
  function move(){
    document.getElementById("advLayer").style.pixelTop=advInitTop
      +document.body.scrollTop;
    document.getElementById("closeLayer").style.pixelTop=closeInitTop
      +document.body.scrollTop;
  }
  function closeMe(){
    document.getElementById("closeLayer").style.display="none";
    document.getElementById("advLayer").style.display="none";
  }
  window.onscroll=move ;   //窗口的滚动事件，当页面滚动时调用 move()函数
</script>
</head>
<body onload="inix()" >
  <div id="closeLayer" onclick="closeMe()"
    style="position:absolute;
        right:40px;top:80px;width:54px;
        height:19px;z-index:2;">
    <font color="#0000FF" face="黑体">关闭</font>
  </div>
  <p align="center"><img src="images/xiaojie1.jpg" width="768" height="1113"/></p>
  <div id="advLayer"
    style="position:absolute;
    right:30px; top:100px;
    width:86px; height:81px;
    z-index:1">
    <a ref="http://www.taobao.com">
      <img src="images/float_advclose1.gif" width="85" height="80" border="0"/>
    </a>
  </div>
</body>
</html>
```

## 4.7.2 制作输入提示的特效

需求说明：主要用于在表单输入框后添加错误提示，输入错误时可以即时显示设定的报

错信息,输入正确时则删除报错信息。

```html
<html>
  <head>
    <meta http-equiv="Content-Type" content="text/html; charset=gb2312">
    <title>错误信息提示</title>
    <style type="text/css">
      .center {border:1 solid #999999}
      td {margin-right:10px; font-size:12px; vertical-align:top}
    </style>
    <script>
      function emailFocus() {
        var email = document.myform.email.value;
        if (email=="") {
          document.getElementById("err1").innerHTML="<img src='images/error_arrow_bg.jpg'/><img src='images/err1.jpg'/>";
        }
        document.getElementById("note1").style.display="none";
      }
      function showNote() {
        document.getElementById("note1").style.display="block";
        document.getElementById("err1").innerHTML="";
      }
      function showNote2() {
        document.getElementById("note2").style.display="block";
        document.getElementById("err2").innerHTML="";
      }
      function passFocus(){
        var pass = document.myform.pass.value;
        if (pass=="") {
          document.getElementById("err2").innerHTML="<img src='images/error_arrow_bg.jpg'/><img src='images/err1.jpg'/>";
        }
        document.getElementById("note2").style.display="none";
      }
    </script>
  </head>
  <body>
    <div align="center"><img src="images/top.jpg"/></div>
    <form name="myform" action="" method="post">
      <table align="center" class="center">
        <tr>
          <td height="343" align="center">
            <table width="760" height="385">
              <tr>
                <td height="154" colspan="3"><img src="images/content1.jpg" width="760"/></td>
              </tr>
```

```html
            <tr>
                <td width="300" height="49" align="right">选择你的邮箱:</td>
                <td width="150" align="left"><input name="email" type="text" size="20" onblur="emailFocus()" onfocus="showNote()"/></td>
                <td width="302" >
                <div style="display:none" id="note1"><img src="images/note1.jpg"/></div>
                <div style="display:inline" id="err1"></div>
                </td>
            </tr>
            <tr>
                <td width="300" height="48" align="right">密码:</td>
                <td width="150" align="left"><input name="pass" type="password" size="20" onblur="passFocus()" onfocus="showNote2()"/></td>
                <td width="302" rowspan="2" valign="top">
                <div style="display:none" id="note2"><img src="images/note2.jpg"/></div>
                <div style="display:inline" id="err2"></div>
                </td>
            </tr>
            <tr>
                <td width="300" height="58" align="right">再次输入密码:</td>
                <td width="150" align="left">
                    <input name="rpass" type="password" size="20"/>
                </td>
                <td width="1">
                <div style="display:inline" id="err3"></div></td>
            </tr>
            <tr>
                <td colspan="3" align="center"><img src="images/sign_up.gif"/></td>
            </tr>
        </table>
    </td>
  </tr>
</table>
</form>
</body>
</html>
```

## 4.7.3 级联功能

需求说明：主要用于实现下拉框级联功能，即下拉框联动。指的是当一个下拉框的内容改变时另一个下拉框的内容也会随之发生改变。

```html
<html>
  <head>
    <meta http-equiv="Content-Type" content="text/html; charset=gb2312">
    <title>级联显示</title>
```

```html
<script>
    function showType(party) {
        var arttype = new Array();
        arttype[0] = ["人类","暗夜精灵","矮人","侏儒"];
        arttype[1] = ["兽人","牛头人","亡灵","巨魔"];
        if (party != 0) {
            document.myform.artTarget.options.length=0;
            for(var i in arttype[party-1]) {
                document.myform.artTarget.options
                    .add(new Option(arttype[party-1][i],parseInt(i)+1));
            }
            document.myform.artTarget.options.selectedIndex=0;
            showPic(1);
        }
    }
    function showPic(num) {
        var type=document.myform.artParty.value;
        if (type==1) {
            for (var i=1;i<5;i++) {
                if (num==i) {
                    document.getElementById("lm"+i).style.display="block";
                } else {
                    document.getElementById("lm"+i).style.display="none";
                }
                document.getElementById("bl"+i).style.display="none";
            }
        } else if (type==2) {
            for (var i=1;i<5;i++) {
                if (num==i) {
                    document.getElementById("bl"+i).style.display="block";
                } else {
                    document.getElementById("bl"+i).style.display="none";
                }
                document.getElementById("lm"+i).style.display="none";
            }
        }
    }
</script>
<style type="text/css">
    td {font-size:14px; font-family:"宋体"; font-weight:bold}
</style>
</head>
<body>
    <form action="" method="post" name="myform">
    <table width="666" cellpadding="0" cellspacing="0" background="images/bg.jpg"
        align="center">
```

```html
        <tr>
            <td height="70" align="center"><h3>魔兽世界八大种族(图)</h3></td>
        </tr>
        <tr>
            <td align="center">阵营选择
                <select name="artParty" onchange="showType(this.selectedIndex)"
                    style="width:140px">
                    <option value="">--请选择你的阵营--</OPTION>
                    <option value="1">联盟</option>
                    <option value="2">部落</option>
                </select>
            </td>
        </tr>
        <tr>
            <td height="44" align="center">角色选择
            <select name="artTarget"
                onchange="showPic(this.value)" style="width:140px">
                <option value="">--请选择一个种族--</option>
            </select>
            </td>
        </tr>
        <tr>
            <td align="center" height="234">
                <div id="lm1" style="display:none">
                    <img src="images/humans-small.jpg"/></div>
                <div id="lm4" style="display:none">
                    <img src="images/gnomes-small.jpg"/></div>
                <div id="lm3" style="display:none">
                    <img src="images/dwarves-small.jpg"/></div>
                <div id="lm2" style="display:none">
                    <img src="images/nightelves-small.jpg"/></div>
                <div id="bl1" style="display:none">
                    <img src="images/orcs-small.jpg"/></div>
                <div id="bl2" style="display:none">
                    <img src="images/tauren-small.jpg"/></div>
                <div id="bl3" style="display:none">
                    <img src="images/undead-small.jpg"/></div>
                <div id="bl4" style="display:none">
                    <img src="images/trolls-small.jpg"/></div>
            </td>
        </tr>
    </table>
    </form>
</body>
</html>
```

## 4.7.4 树形菜单

需求说明：实现树形菜单效果。

```html
<html>
  <head>
    <meta http-equiv="Content-Type" content="text/html; charset=gb2312">
    <title>树形菜单</title>
    <style>
      div {
        font-size: 12px; color: #000000; line-height: 22px;
      }
      a {font-size: 13px; color: #000000; text-decoration: none}
      a:hover {font-size: 13px; color: #999999}
      .red {color: #FF0000}
    </style>
    <script>
      function show(d1){
        if (document.getElementById(d1).style.display=='none') {
          //触动的层如果处于隐藏状态，即显示
          document.getElementById(d1).style.display='block';
        } else {
          //触动的层如果处于显示状态，即隐藏
          document.getElementById(d1).style.display='none';
        }
      }
    </script>
  </head>
  <body>
    <div style="padding-left:100px;">
      <div>
        <a href="javascript:onclick=show('1') ">
          <img src="image/z-1.jpg" border="0" align="absmiddle" >分类讨论区
        </a>
      </div>
        <div id="1" style="display:none;padding-left:15px;">
          <img src="image/z-top.gif" align="absmiddle"/>BBS 系统<br/>
          <img src="image/z-top.gif" align="absmiddle"/>共建水木<br/>
          <img src="image/z-top.gif" align="absmiddle"/>站务公告栏<br/>
          <img src="image/z-top.gif" align="absmiddle"/>妆点水木<br/>
          <img src="image/z-end.gif" align="absmiddle"/>申请版主
        </div>
        <div>
          <a href="javascript: onclick=show('2') ">
            <img src="image/z-2.jpg" border="0" align="absmiddle"/>社会信息
          </a>
        </div>
```

```html
            <div id="2" style="display:none;padding-left:15px;" >
              <img src="image/z-top.gif" align="absmiddle"/>美容品与饰品代理<br/>
              <img src="image/z-top.gif" align="absmiddle"/>考研资料市场<br/>
              <img src="image/z-top.gif" align="absmiddle"/>商海纵横<br/>
              <img src="image/z-top.gif" align="absmiddle"/>动物保护者<br/>
              <img src="image/z-top.gif" align="absmiddle"/>动物世界<br/>
              <img src="image/z-end.gif" align="absmiddle"/>中国风·神州各地
            </div>
          <div>
            <a href="javascript: onclick=show('3') ">
              <img src="image/z-3.jpg" border="0" align="absmiddle"/>休闲娱乐</a>
          </div>
          <div id="3" style="display:none;padding-left:15px;" >
              <img src="image/z-top.gif" align="absmiddle"/>ASCIIArt 全国转信<br/>
              <img src="image/z-top.gif" align="absmiddle"/>七彩水木<br/>
              <img src="image/z-top.gif" align="absmiddle"/>网友聚会<br/>
              <img src="image/z-top.gif" align="absmiddle"/>醉品人生<br/>
              <img src="image/z-top.gif" align="absmiddle"/>花木园艺<br/>
              <img src="image/z-end.gif" align="absmiddle"/>祝福
          </div>
          <div>
            <a href="javascript: onclick=show('4') ">
              <img src="image/z-4.jpg" border="0" align="absmiddle"/>电脑技术</a>
          </div>
          <div id="4" style="display:none;padding-left:15px;" >
              <img src="image/z-top.gif" align="absmiddle">BBS 安装管理<br/>
              <img src="image/z-top.gif" align="absmiddle">CAD 技术<br/>
              <img src="image/z-top.gif" align="absmiddle">数字图像设计<br/>
              <img src="image/z-top.gif" align="absmiddle">电脑音乐制作<br/>
              <img src="image/z-top.gif" align="absmiddle">软件加密与解密<br/>
              <img src="image/z-end.gif" align="absmiddle">计算机体系结构
          </div>
        </div>
      </body>
    </html>
```

## 4.7.5 带按钮的广告图片轮播

需求说明：实现 5 幅广告图片的轮播效果。

```html
    <html>
      <head>
        <meta http-equiv="Content-Type" content="text/html; charset=gb2312">
        <title>5 张图片轮换广告</title>
        <style>
          .font-scroll {width:20px; text-align:center; padding-top:1px;cursor:hand;
                 border:1 #414141 solid; font-size:9px;line-height:10px;}
```

```
      div {line-height:3px;}
    </style>
    <script>
      var NowFrame = 1;
      var MaxFrame = 5;
      function scroll1(d1) {
        if (Number(d1)) {
          clearTimeout(theTimer);                //当触动按钮时,清除计时器
          NowFrame=d1;                           //设置当前显示图片
        }
        for (var i=1;i<(MaxFrame+1);i++) {
          if (NowFrame==i) {
          //当前显示图片
          document.getElementById(NowFrame).style.display='block';
          document.getElementById('bg'+NowFrame).color="#ff0000";
          } else {
            document.getElementById(i).style.display='none';
            document.getElementById('bg'+i).color="#414141";
          }
        }
        if (NowFrame == MaxFrame)                //设置下一张显示的图片
          NowFrame = 1;
        else
          NowFrame++;
      }
      theTimer=setTimeout('scroll1()', 3000);    //设置定时器,显示下一张图片
    </script>
  </head>
  <body onload="scroll1()">
    <div>
      <img src="image/class1-1.jpg" id="1" style="display:none;"/>
      <img src="image/class1-2.jpg" id="2" style="display:none;"/>
      <img src="image/class1-3.jpg" id="3" style="display:none;"/>
      <img src="image/class1-4.jpg" id="4" style="display:none;"/>
      <img src="image/class1-5.jpg" id="5" style="display:none;"/>
      <div style="position:relative;left:430px;top:-100px;z-index:2;">
        <font class="font-scroll" id="bg1">
          <span onmousemove="scroll1(1)">1</span>
        </font><br/><br/>
        <font class="font-scroll"id="bg2">
          <span onmousemove="scroll1(2)">2</span>
        </font><br/><br/>
        <font class="font-scroll"id="bg3">
          <span onmousemove="scroll1(3)">3</span>
        </font><br/><br/>
        <font class="font-scroll"id="bg4">
```

```
                <span onmousemove="scroll1(4)">4</span>
            </font><<br/><br/>
            <font class="font-scroll" id="bg5">
                <span onmousemove="scroll1(5)">5</span>
            </font>
        </div>
    </div>
</body>
</html>
```

## 思考题

1. 请列举说明 JavaScript 的 typeof 运算符返回的几种结果。
2. 请写出 document 对象中常用的四个选择器，并分别解释其含义。
3. 以下标识符不合法的有（    ）。
   A．abc_1          B．123abc          C．stuName          D．n$
4. 以下变量定义不正确的有（    ）。
   A．var a, b=10;   B．var a=12;       C．var a, var b;    D．var a=b=10;
5. 关于 DOM 模型说法不正确的有（    ）。
   A．document 对象是 DOM 模型的根节点
   B．DOM 模型是一种与浏览器、平台和语言无关的接口
   C．DOM 模型应用于 HTML 或者 XML，用于动态访问文档的结构、内容及样式
   D．DOM 模型与浏览器对象模型无关
6. 下列关于 DOM 模型节点访问，说法正确的有（    ）。
   A．可以根据节点 id 访问 DOM 节点
   B．getElementsByTagName 方法根据节点的 name 属性访问节点
   C．getElementsByName 方法的作用是获取一个指定 name 属性值的节点
   D．nodeValue 属性可以访问节点的 value 属性值
7. 下面事件中属于表单提交事件的是（    ）。
   A．onload 事件                        B．onclick 事件
   C．onsubmit 事件                      D．onfocus 事件
8. 下列选项中不属于 JavaScript 基本数据类型的有（    ）。
   A．String                             B．Number
   C．Boolean                            D．Class
9. 在 String 对象中，能够查找子字符串出现位置的方法是（    ）。
   A．indexof 方法                       B．lastIndexof 方法
   C．split 方法                         D．match 方法
10. 以下关于 substr 和 substring 方法描述错误的有（    ）。
    A．substr 方法用于截取指定长度的子字符串
    B．substring 方法用于截取指定长度的子字符串

C. substr 方法从 start 下标开始的指定数目的字符

D. "hello word!".substring(5) 用于截取第 5 个字符后的所有字符

11. 以下不属于浏览器对象的有（    ）。

    A. Date                                        B. window

    C. document                                 D. location

12. 以下（    ）选项是浏览器模型中的顶层对象。

    A. window                                   B. document

    C. history                                     D. location

13. 下列关于浏览器对象说法正确的有（    ）。

    A. window 对象是浏览器模型的顶层对象

    B. document 代表整个 HTML 文档

    C. location 对象的 forward 方法可以实现浏览器的前进功能

    D. history 对象用于管理当前窗口最近访问过的 URL

# 第 5 章　正则表达式

## 5.1　正则表达式简介

正则表达式（Regular Expression），就是符合某种规则的表达式。可以将正则表达式理解为一种对文字进行模糊匹配的语言，它使用一些特殊的符号（称为元字符）来代表具有某种特征的一组字符以及匹配的次数，含有元字符的文本不再表示某一具体的文本内容，而是形成了一种文本模式，可以匹配符合这种模式的所有文本。

正则表达式的作用：
- 测试字符串是否匹配某个模式，从而实现数据格式的有效性验证。
- 将一段文本中的满足某一正则表达式模式的文本内容替换为别的内容或者删除（即替换为空字符串）。
- 在一段文本中搜索具有某一类型特征的文本内容。精确搜索和正则表达式的模式搜索的最大区别在于：精确搜索是搜索一个具体的文本，而模式搜索是搜索具有某一类特征的文本。

### 5.1.1　RegExp 对象

JavaScript 中提供了一个名为 RegExp 的对象来完成有关正则表达式的操作和功能。它是对字符串执行模式匹配的强大工具，每一条正则表达式模式对应一个 RegExp 对象实例。创建 RegExp 对象实例的方式包括隐式和显式构造函数两种：

**1．隐式构造函数**

　　/pattern/attributes

**2．显式构造函数**

　　new RegExp(pattern, attributes);

**3．参数说明**

- 参数 pattern 是一个字符串，指定了正则表达式的模式或者其他正则表达式。
- 参数 attributes 是一个可选的字符串，包含属性 g、i 和 m，分别用于指定全局匹配、区分大小写的匹配和多行匹配。如果 pattern 是正则表达式，而不是字符串，则必须省略该参数。构造函数的参数说明见表 5-1。

表 5-1  RegExp 对象构造函数参数

| 修饰符 | 描述 |
| --- | --- |
| i | 执行对大小写不敏感的匹配 |
| g | 执行全局匹配（查找所有匹配而非找到第一个匹配后停止） |
| m | 执行多行匹配。<br>如果没有设置这个标志，那么元字符"^"只与整个被搜索字符串的开始位置匹配，而元字符"$"只与整个被搜索字符串的结束位置匹配。如果设置了这个标志，那么"^"还可以与被搜索字符串中的"\n"或"\r"之后的位置（即下一行的行首）匹配，"$"还可以与被搜索字符串中的"\n"或"\r"之前的位置（即一行的行尾）匹配 |

**4．返回值**

一个新的 RegExp 对象，具有指定的模式和标志。如果参数 pattern 是正则表达式而不是字符串，那么 RegExp()构造函数将用与指定的 RegExp 相同的模式和标志创建一个新 RegExp 对象。

如果不用 new 运算符，而将 RegExp()作为函数调用，那么它的行为与用 new 运算符调用时一样，只是当 pattern 是正则表达式时，它只返回 pattern，而不再创建一个新的 RegExp 对象。

**5．抛出异常**

- SyntaxError——如果 pattern 不是合法的正则表达式，或者 attributes 含有 g、i 和 m 之外的字符，抛出该异常。
- TypeError——如果 pattern 是 RegExp 对象，未省略 attributes 参数，抛出该异常。

**6．注意事项**

当使用显式构造函数的方式创建 RegExp 实例对象的时候，应将原始的正则表达式模式文本中的每个"\"都替换为"\\"，例如，下面两条语句是等价的：

    var re = new RegExp("\\d{5}");
    var re = /\d{5}/;

## 5.1.2  RegExp 对象属性

RegExp 对象的属性分为两类：
- 所有 RegExp 对象实例共享的静态属性。
- 单个对象实例的属性。

**1．静态属性**

表 5-2 列举了 RegExp 对象的静态属性。

表 5-2  RegExp 对象静态属性

| 属性 | 描述 |
| --- | --- |
| index | 返回当前表达式模式首次匹配内容的开始位置，从 0 开始计数。其初始值为-1，每次成功匹配时，index 属性都会随之改变 |
| input | 返回当前所作用的字符串，可以简写为$_，初始值为空字符串 |

(续)

| 属 性 | 描 述 |
|---|---|
| lastIndex | 返回当前表达式模式首次匹配内容中最后一个字符的下一个位置,从 0 开始计数,常被作为继续搜索时的起始位置。初始值为-1,表示从起始位置开始搜索,每次成功匹配时,lastIndex 属性值都会随之改变 |
| lastMatch | 返回当前表达式模式的最后一个匹配字符串,可以简写为$&。其初始值为空字符串。在每次成功匹配时,lastMatch 属性值都会随之改变 |
| lastParen | 如果表达式模式中有括起来的子匹配,是当前表达式模式中最后的子匹配所匹配到的子字符串,可以简写为$+。其初始值为空字符串。每次成功匹配时,lastParen 属性值都会随之改变 |
| leftContext | 返回当前表达式模式最后一个匹配字符串左边的所有内容,可以简写为$`(其中"`"为键盘上"Esc"下边的反单引号)。初始值为空字符串。每次成功匹配时,其属性值都会随之改变 |
| rightContext | 返回当前表达式模式最后一个匹配字符串右边的所有内容,可以简写为$'。初始值为空字符串。每次成功匹配时,其属性值都会随之改变 |
| $1…$9 | 这些属性是只读的。如果表达式模式中有括起来的子匹配,$1…$9 属性值分别是第 1 个到第 9 个子匹配所捕获到的内容。如果有超过 9 个以上的子匹配,$1…$9 属性分别对应最后的 9 个子匹配。在一个表达式模式中,可以指定任意多个带括号的子匹配,但 RegExp 对象只能存储最后的 9 个子匹配的结果。在 RegExp 实例对象的一些方法所返回的结果数组中,可以获得所有圆括号内的子匹配结果 |

**例 5-1**:静态属性

```
<!DOCTYPE html>
<html>
<head>
  <meta lang="UTF-8"/>
</head>
<body>
<script>
    var source = "xxa1b01c001yya2b02c002zz";
    var re = /a(\d)b(\d{2})c(\d{3})/gi;
    var arr, count=0;
    while ((arr = re.exec(source)) != null) {
        displayResult();
    }

    function displayResult() {
      document.write("<p>" + re.source
        + "<br/>"+ RegExp.input
        + "进行第" + (++count) + "次搜索结果:<br/>");
      document.write("" + RegExp.lastIndex + "<br/>");
      document.write("" + RegExp.lastMatch + "<br/>");
      document.write("" + RegExp.lastParen + "<br/>");
      document.write("" + RegExp.leftContext + "<br/>");
      document.write("" + RegExp.rightContext + "<br/>");
      document.write("" + RegExp.$1 + "<br/>");
      document.write("" + arr.length + "<br/>");

      for(var i=0; i<arr.length; i++) {
        if (i<arr.length-1)
```

```
                document.write(arr[i] + ",");
            else
                document.write(arr[i] + "</p>");
        }
    }
    </script>
    </body>
</html>
```

### 2．对象实例属性

表 5-3 列举了 RegExp 对象的实例属性。

**表 5-3　RegExp 对象实例属性**

| 属　性 | 描　述 |
|---|---|
| global | RegExp 对象是否具有标志 g |
| ignoreCase | RegExp 对象是否具有标志 i |
| multiline | RegExp 对象是否具有标志 m |
| source | 正则表达式的源文本 |

## 5.1.3　RegExp 对象方法

常用的 RegExp 对象方法见表 5-4。

**表 5-4　RegExp 对象方法**

| 方　法 | 描　述 |
|---|---|
| compile | 编译正则表达式。在 1.5 版本中已废弃 |
| exec | 检索字符串中指定的值。返回找到的值，并确定其位置 |
| test | 检索字符串中指定的值。返回 true 或者 false |
| toString | 返回正则表达式的字符串 |

如果为正则表达式设置了全局标志（g），可以多次调用 exec 和 test 方法在字符串中执行连续搜索，每次都是从 RegExp 对象的 lastIndex 属性值指定的位置开始搜索字符串。如果没有设置全局标志（g），则 exec 和 test 方法忽略 RegExp 对象的 lastIndex 属性值，从字符串的起始位置开始搜索。

### 1．test()

test()方法检索字符串中的指定值，返回值是 true 或者 false。

**例 5-2：**

```
var patt1 = new RegExp("e");
document.write(patt1.test("The best things in life are free"));
```

由于该字符串中存在字母 e，以上代码的输出将是：true。

**2. exec()**

exec()方法检索字符串中的指定值，返回值是被找到的值。如果没有发现匹配，则返回 null。

**例 5-3：**

```
var patt1 = new RegExp("e");
document.write(patt1.exec("The best things in life are free"));
```

由于该字符串中存在字母 e，以上代码的输出将是：e

**例 5-4：**

可以向 RegExp 对象添加第二个参数，以设定检索。例如，如果需要找到所有某个字符的所有存在，则可以使用 g 参数（global）。在使用 g 参数时，exec()的工作原理如下：

- 找到第一个 e，并存储其位置。
- 如果再次运行 exec()，则从存储的位置开始检索，找到下一个 e，并存储其位置。

```
var patt1 = new RegExp("e", "g");
do {
  result = patt1.exec("The best things in life are free");
  document.write(result);
} while (result != null)
```

由于这个字符串中 6 个 e，代码的输出将是：eeeeeenull。

**3. compile()**

compile()方法用于改变 RegExp 对象。compile()既可以改变检索模式，也可以添加或者删除第二个参数。

**例 5-5：**

```
var patt1 = new RegExp("e");
document.write(patt1.test("The best things in life are happiness"));
patt1.compile("d");
document.write(patt1.test("The best things in life are happiness"));
```

由于字符串中存在 e，而没有 d，以上代码的输出是：truefalse。

### 5.1.4 支持正则表达式的 String 对象的方法

表 5-5 列举了支持正则表达式的 String 对象的相关方法。

表 5-5 支持正则表达式的 String 对象的方法

| 方法 | 描述 |
| --- | --- |
| search | 检索与正则表达式匹配的值 |
| match | 找到一个或多个正则表达式的匹配 |
| replace | 替换与正则表达式匹配的子串 |
| split | 把字符串分割为字符串数组 |

## 5.2 正则表达式语法

要想灵活运用正则表达式，就必须了解其中各种元字符的功能，元字符从功能上大致分为：
- 限定符。
- 选择匹配符。
- 分组组合与反向引用符。
- 特殊字符。
- 字符匹配符。
- 定位符。

### 5.2.1 限定符

限定符用于指定其前面的字符或组合项连续出现的次数，见表 5-6。

表 5-6 限定符

| 字　　符 | 含　　义 |
| --- | --- |
| {n} | 连续出现 n 次 |
| {n,} | 至少连续出现 n 次 |
| {n,m} | 至少 n 次，至多 m 次 |
| + | 必须出现一次或者连续多次 |
| * | 可以出现 0 次或者连续多次 |
| ? | 出现 0 次或者 1 次 |

- 贪婪匹配：

默认情况下，正则表达式使用最长（贪婪）匹配原则。

例如：要将"zoom"中匹配"zo?"的部分替换成"r"，替换后的结果是"rom"，不是"room"；如果要将"zoom"中匹配"zo*"的部分替换成"r"，替换后的结果是"rm"，不是"rom"或"room"。

- 非贪婪匹配：

当字符"?"紧随任何其他限定符（*、+、?、{n}、{n,}、{n,m}）之后时，匹配模式变成使用最短（非贪婪）匹配原则。例如，在字符串"fooood"中，"fo+?"只匹配"fo"部分，而"fo+"匹配"foooo"部分。

### 5.2.2 选择匹配符

选择匹配符只有一个，就是"|"字符，用于选择匹配两个选项之中的任意一个，它的两个选项是"|"字符两边的尽可能最长的表达式。举例：

"Chapter|Section1"代表 Chapter 或者 Section1；
"(Chapter|Section)1"代表 Chapter 或者 Section1。

### 5.2.3 分组组合与反向引用符

分组组合符是将正则表达式中的某一部分内容组合起来的符号。反向引用符用于匹配前面的分组组合所捕获到的内容的标识符号。具体见表 5-7。

表 5-7 分组组合与反向引用符

| 字 符 | 含 义 |
| --- | --- |
| (pattern) | 存储在缓冲区中，从 1 开始，可以存储 99 个 |
| \num | 标识缓冲区的顺序号，十进制正整数。例如：<br>● 要匹配连续的 5 个数字字符：(\d)\1{4}。<br>● 要匹配 "Is is the cost of of gasoline going up up?" 中所有连续重复的单词部分，可以使用/\b([a-z]+)\1\b/gi 作为正则表达式文本。<br>注意：\b 表示单词的边界部分 |
| (?:pattern) | 匹配 pattern 但不获取匹配结果，也就是说这是一个非获取匹配，不进行存储供以后使用。这在使用 "或" 字符（|）来组合一个模式的各个部分时很有用。例如，"industr(?:y|ies)" 就是一个比 "industry|industries" 更简略的表达式 |
| (?=pattern) | 正向 "预测先行" 匹配。"Windows(?=NT|2000)" 只与 "Windows NT" 或 "Windows 2000" 中的 "Windows" 匹配，而不与 "Windows 2003" 中的 "Windows" 匹配 |
| (?!pattern) | 反向 "预测先行" 匹配。"Windows(?!NT|2000)" 不与 "Windows NT" 或 "Windows 2000" 中的 "Windows" 匹配，而与 "Windows 2003" 中的 "Windows" 匹配 |

### 5.2.4 特殊字符

正则表达式中以反斜杠字符(\)后紧跟其他转义字符序列来表示非打印字符和原义字符，见表 5-8。

表 5-8 特殊字符

| 字 符 | 含 义 |
| --- | --- |
| \xn | 匹配 ASCII 码值为 n 的字符，其中 n 为两位 16 进制数 |
| \n | n 为 1 位 8 进制数。若前面有若干个子匹配，则匹配第 n 个捕获子表达式；否则匹配 ASCII 码值为 n 的字符 |
| \nm | n 和 m 都是 1 位 8 进制数。若前面至少有 nm 个子匹配，则匹配第 nm 个捕获子表达式；若前面至少有 n 个子匹配，则匹配第 n 个捕获子表达式，m 为字面意义上的字符；否则匹配 ASCII 码值为 nm 的字符 |
| \nml | n 为 0～3，m 和 l 为 0～7 之间的 8 进制数，匹配 ASCII 码值为 nm 的字符 |
| \un | 匹配 Unicode 为 n 的字符，其中 n 为四位 16 进制数 |
| \cX | 控制字符^X。例如，\cI 等价于\t，\cJ 等价于 \n |
| \f | 匹配换页符，等价于\x0c 和\cL |
| \n | 匹配换行符，等价于\x0a 和\cJ |
| \r | 匹配回车符，等价于\x0d 和\cM |
| \t | 匹配制表符，等价于\x09 和\cI |
| \v | 匹配垂直制表符，等价于\x0b 和\cK |

### 5.2.5 字符匹配符

字符匹配符用于指定符号部分可以匹配多个字符中的任意一个，见表 5-9。

表 5-9 字符匹配符

| 字　符 | 含　义 |
| --- | --- |
| [...] | 匹配包含在[]中的字符集中的任何一个。<br>说明：如果字符集中要包含"]"，需要将它紧跟在开始"["的后面；若要在[...]中包含"\"字符本身，需要使用"\\" |
| [^...] | 匹配[]中没有出现的任何字符。<br>说明：只要 ^不出现在第一位，仍是字面意义上的"^" |
| [a-z] | 匹配 a~z 之间的任何一个字符。<br>说明：如果要匹配字面意义上的"-"，可以使用[a\-z]，也可以使用[-a-z]或者[a-z-] |
| [^a-z] | 匹配不在 a~z 之间的任何一个字符 |
| \d | 匹配任意一个数字字符 |
| \D | 匹配任意一个非数字字符 |
| \s | 匹配空白字符。等价于[ \f\n\r\t\v] |
| \S | 匹配任何非空白字符。等价于[^ \f\n\r\t\v] |
| \w | 等价于[A-Za-z0-9_] |
| \W | 等价于[^A-Za-z0-9_] |
| . | 匹配除\n 之外的任何单个字符。<br>说明：[\s\S]、[\d\D]、[\w\W]等模式匹配包括"\n"在内的任意字符。若要匹配"."本身，则需要使用"\." |

## 5.2.6　定位符

定位符用于规定匹配模式在目标字符串中的出现位置，见表 5-10。

表 5-10　定位符

| 字　符 | 含　义 |
| --- | --- |
| ^ | 匹配目标字符串的开始位置 |
| $ | 匹配目标字符串的结尾位置 |
| \b | 匹配一个单词的边界，包括开始、结束和空格 |
| \B | 匹配非字边界的情况 |

**例 5-6**：大段文本中执行替换

将"win a window"替换成"lose a window"：

replace(/\bwin\b/g, "lose");

## 5.2.7　原义字符

在正则表达式中用到的一些元字符不再表示它们原来的字面意义，如果要匹配这些具有特殊意义的元字符的字面意义，必须使用反斜杠（\）将它们转义为原义字符，即将反斜杠字符（\）放在它们前面。需要进行转义的字符有："$"、"("、")"、"*"、"+"、"."、"["、"]"、"?"、"\"、"/"、"^"、"{"、"}"、"|"。

## 5.3 正则表达式实例

### 5.3.1 模式范例

- 匹配空行：

    /^\s*$/

- 匹配 HTML 标记：

    /<(\S+)(\s[^>]*)?>[\s\S]*<\/\1\s*>/
    &lt;marquee behavior=alternate disabled&gt;zjg.just.edu.cn&lt;/marquee&gt;

- 匹配 Email 地址：

    /^[a-zA-Z0-9_-]+@[ a-zA-Z0-9_-]+(\.[ a-zA-Z0-9_-]+)+$/

- 匹配两个相同的相邻单词：

    /\b([a-z]+)\1\b/

- 匹配 IP 地址：

    /^\d{1,2}|1\d\d|2[0-4]\d|25[0-5](\.(\d{1,2}|1\d\d|2[0-4]\d|25[0-5])){3}$/

### 5.3.2 常用表单验证

**1. 校验是否由不超过 20 位的数字组成**

```
function isDigit(s) {
    var patrn=/^[0-9]{1,20}$/;
    if (!patrn.test(s)) return false;
    return true;
}
```

**2. 校验登录名**

要求：只能输入 5～20 个以字母开头、可以带数字、"_"、"." 的字符串

```
function isRegisterUserName(s) {
    var patrn=/^[a-zA-Z]{1}([a-zA-Z0-9_.]){4,19}$/;
    if (!patrn.test(s)) return false;
    return true;
}
```

**3. 校验用户姓名**

要求：只能输入 1～30 个字母的字符串

```
function isTrueName(s) {
```

```
    var patrn=/^[a-zA-Z]{1,30}$/;
    if (!patrn.test(s)) return false;
    return true;
}
```

**4．校验密码**

要求：只能输入 6～20 个字母、数字、下画线

```
function isPasswd(s) {
    var patrn=/^(\w){6,20}$/;
    if (!patrn.test(s)) return false;
    return true;
}
```

**5．校验普通电话、传真号码**

要求：包含国家代码、区号、电话号码、分机号

```
function isTel(s) {
    var patrn=/^(([0\+]\d{2,3}-)?(0\d{2,3})-)?(\d{7,8})(-(\d{3,}))?$/;
    if (!patrn.test(s)) return false;
    return true;
}
```

**6．校验手机号码**

要求：必须全为数字，以 1 开头，共计 11 位

```
function isMobil(s) {
    var patrn=/^1[3|4|5|7|8][0-9]{9}$/;
    if (!patrn.test(s)) return false;
    return true;
}
```

**7．校验邮政编码**

要求：共计 6 位数字，开始不能为零

```
function isPostalCode(s) {
    var patrn=/^[1-9](\d){5}$/;
    if (!patrn.test(s)) return false;
    return true;
}
```

## 思考题

1．关于正则表达式说法不正确的是（　　）。

  A．正则表达式是一种对文字进行模糊匹配的语言

  B．正则表达式可以实现数据格式的有效性验证

C. 正则表达式可以替换和删除文本中满足某种模式的内容
D. 正则表达式的模式匹配不能实现区分大小写
2. 关于正则表达式中的方法，说法正确的是（　　）。
A. exec 方法的作用是执行一段 JavaScript 脚本
B. test 方法用于测试正则表达式的有效性
C. match 方法用于匹配模式字符串，并返回所有的匹配结果
D. exec 方法的作用是搜索符合正则表达式模式字符串的内容
3. 匹配腾讯 QQ 号。
4. 匹配 18 位身份证号。
5. 匹配整数。

# 第 6 章　jQuery

jQuery 是一个"写得更少，但做得更多"的轻量级 JavaScript 库，它极大地简化了 JavaScript 编程。在本章中，将通过各种实例，学习如何使用 jQuery 应用 JavaScript 效果，即主要学习如何选取 HTML 元素，以及如何对它们执行类似隐藏、移动以及操作其内容等任务。

## 6.1　jQuery 简介

### 6.1.1　jQuery 库

jQuery 是一个 JavaScript 函数库，它可以通过一行简单的标记添加到网页中。jQuery 库包含以下特性：
- HTML 元素选取
- HTML 元素操作
- CSS 操作
- HTML 事件函数
- JavaScript 特效和动画
- HTML DOM 遍历和修改
- Ajax
- 实用工具

### 6.1.2　jQuery 安装

**1．下载 jQuery**

有两个版本的 jQuery 可供下载，这两个版本都可以从 jQuery.com 下载：
- Production version——用于实际的网站中，已被精简和压缩。
- Development version——用于测试和开发（未压缩，是可读的代码）。

目前 jQuery 有三个大版本：

1.x：兼容 IE6、7、8，使用最为广泛，目前官方只做 Bug 维护，功能不再新增。因此对一般项目来说，使用 1.x 版本就可以了。其最终版本为：1.12.4（2016 年 5 月 20 日）。

2.x：不兼容 IE6、7、8，很少有人使用，官方只做 Bug 维护，功能不再新增。如果不考虑兼容低版本的浏览器可以使用 2.x。其最终版本为：2.2.4（2016 年 5 月 20 日）。

3.x：不兼容 IE6、7、8，只支持最新的浏览器。除非特殊要求，一般不会使用 3.x 版本，很多老的 jQuery 插件不支持这个版本。目前该版本是官方主要更新维护的版本。

1.x 大版本下，细分版本非常多，各个版本的函数都会有一定的差异。本书是基于 1.11

版本的。jQuery 官方手册参见 http://api.jquery.com/。

### 2. 把 jQuery 添加到网页

如果需要使用 jQuery，可以去官网下载 jQuery 库，然后把它包含在希望使用的网页中。jQuery 库是一个 JavaScript 文件，可以使用 HTML 的<script>标签引用它。

```
<head>
<script src="jquery.js"></script>
</head>
```

提示：<script>标签应该位于页面的<head>部分。

**例 6-1**：基础 jQuery 实例

```
<!DOCTYPE html>
<html>
  <head>
    <script src="jquery.js"></script>
    <script>
      $(document).ready(function() {
        $("button").click(function() {
          $("p").hide();
        });
      });
    </script>
  </head>
  <body>
    <h2>这是一个标题</h2>
    <p>这是一个段落</p>
    <p>这是另一个段落</p>
    <button type="button">隐藏段落</button>
  </body>
</html>
```

### 3. 库的替代

如果不希望下载并存放 jQuery，也可以通过 CDN（内容分发网络）引用它。谷歌、微软和百度的服务器都存有 jQuery。假设从百度引用 jQuery，请使用以下两条 scrip 引入语句之一：

```
<script src="http://libs.baidu.com/jquery/1.11.1/jquery.min.js"></script>
```

或

```
<script src="http://apps.bdimg.com/libs/jquery/2.1.4/jquery.min.js"></script>
```

使用 CDN 的优势在于：许多用户在访问其他站点时，已经从谷歌、微软或者百度加载过 jQuery。所以结果就是，当他们访问您的站点时，会从缓存中加载 jQuery，这样可以减少加载时间。同时，大多数 CDN 都可以确保当用户向其请求文件时，会从离用户最近的服务器上返回响应，这样也可以提高加载速度。

### 6.1.3 jQuery 语法

通过 jQuery，可以选取（查询，query）HTML 元素，并对它们执行操作（actions）。jQuery 语法是为 HTML 元素的选取编制的，它的基础语法是：

$(selector).action()

- 美元符号定义 jQuery。
- 选择符（selector）表示"查询"和"查找"HTML 元素。
- jQuery 的 action() 执行对元素的操作。

**例 6-2**：语法示例

$(this).hide()——隐藏当前元素
$("p").hide()——隐藏所有段落
$(".test").hide()——隐藏所有 class="test" 的元素
$("#test").hide()——隐藏所有 id="test" 的元素

**提示**：jQuery 使用的语法是 XPath 与 CSS 选择器语法的组合。XPath 是用于从 XML 文档检索元素的 XML 技术。XML 文档是结构化的，因此 XPath 可以在 XML 文件中定位和检索元素、属性或者值。从数据检索方面来说，XPath 与 SQL 很相似，但是它有自己的语法和规则。

jQuery 中$符号的作用可以总结如下：
- 查找作为 jQuery 包装器，利用选择器来选取 DOM 元素。
- 创建 DOM 元素。
- 文档就绪函数，相当于$(document).ready(...)。
- 实用工具函数，作为几个通用实用工具函数命名空间的前缀。
- 扩展 jQuery。
- 使用 jQuery 和其他库。

### 6.1.4 文档就绪函数

在前面的 jQuery 基础实例中，所有 jQuery 函数都位于一个 document ready 函数中。jQuery 就是用$(document).ready()方法来代替传统 JavaScript 的 window.onload 方法。通过使用该方法，可以在 DOM 载入就绪时就对其进行操纵并调用它所绑定的函数。

```
$(document).ready(function() {
    ——jQuery 代码——
});
```

所有 jQuery 函数都放入文档就绪函数，是为了防止文档在完全加载（就绪）之前运行 jQuery 代码。如果在文档没有完全加载之前就运行函数，操作可能失败。请确保在<body>元素的 onload 事件中没有注册函数，否则不会触发$(document).ready()事件。可以在同一个页面中无限次地使用$(document).ready()事件，其中注册的函数会按照代码中的先后顺序依次执行。文档就绪函数的简写方式如下：

```
$(function() {
    //编写代码
});
```

## 6.2 jQuery 对象和 DOM 对象

### 6.2.1 DOM 对象

到目前为止，读者应该已经很熟悉 DOM 了，每一份 DOM 都可以表示成一棵树。可以通过 JavaScript 中的 getElementsByTagName 或者 getElementById 来获取元素节点。像这样得到的 DOM 元素就是 DOM 对象，DOM 对象可以使用 JavaScript 中的方法：

```
var domObj = document.getElementById("id");
var objHTML = domObj.innerHTML;
```

### 6.2.2 jQuery 对象

jQuery 对象就是通过 jQuery 包装 DOM 对象后产生的对象。jQuery 对象是 jQuery 独有的。如果一个对象是 jQuery 对象，那么就可以使用 jQuery 里的方法。例如：

```
$("#div1").html();
```

这段代码等同于：

```
document.getElementById("div1").innerHTML;
```

在 jQuery 对象中无法使用 DOM 对象的任何方法。例如：$("#id").innerHTML 和 $("#id").checked 之类的写法都是错误的。同样，DOM 对象也不能使用 jQuery 里面的方法。例如：document.getElementById("id").html() 也会报错。

### 6.2.3 jQuery 对象和 DOM 对象的相互转换

**1. jQuery 对象转成 DOM 对象**

当调用 jQuery 没有封装的方法的时候必须使用 DOM 对象。jQuery 提供了两种方法将一个 jQuery 对象转换成 DOM，即[index]和 get(index)。jQuery 是一个数组对象。Array 是 JavaScript 语言本身的对象，不是 DOM 对象，因此不需要转换为 jQuery 对象就能够使用。jQuery 对象转换成 DOM 对象的方法如下：

```
var domObj = jqObj[0];
```

或者

```
var domObj = jqObj.get(0);
```

**2. DOM 对象转成 jQuery 对象**

将 DOM 对象转换为 jQuery 对象的方法是：$(DOM 对象)。

例如，使用 jQuery 对象：

修改样式——$("#div1").css("background", "red");

获得样式——$("#div1").css("background");

修改属性值——$("#un").val("abc");

获得 value——$("#un").val();

最后再次强调，DOM 对象才能使用 DOM 中的方法，jQuery 对象不可以使用 DOM 中的方法。例如，DOM 对象的属性 value、innerText、innerHTML，在 jQuery 中需要使用 val()、text()和 html()。val()、html()、text()等是方法，不是属性。jQuery 中很少有属性的用法，因为属性写法很难进行"链式编程"。

## 6.3  jQuery 选择器

选择器允许用户对 HTML 元素组或者单个元素进行操作。在前面的章节中，展示了一些有关如何选取 HTML 元素的实例。在 HTML DOM 术语中，选择器允许用户对 DOM 元素组或者单个 DOM 节点进行操作。选择器的关键点是如何准确地选取用户希望应用效果的元素。

jQuery 元素选择器和属性选择器允许用户通过标签名、属性名或者内容对 HTML 元素进行选择。jQuery 选择器基于元素的 id、类、类型、属性、属性值等"查找"（或者选择）HTML 元素。它基于已经存在的CSS 选择器，除此之外，它还有一些自定义的选择器。jQuery 中所有选择器都以美元符号开头：$()。

### 6.3.1  jQuery 元素选择器

jQuery 元素选择器基于元素名选取元素。通过$("TagName")来获取所有指定标签名的 jQuery 对象，相当于 getElementsByTagName。

$("p")——选取<p>元素。

### 6.3.2  jQuery #id 选择器

jQuery #id 选择器通过 HTML 元素的 id 属性选取指定的元素。通过$("#控件 id")来根据控件 id 获得控件的 jQuery 对象，相当于 getElementById。

$("#para")——选取 id="para"的元素。

### 6.3.3  jQuery .class 选择器

jQuery 类选择器可以通过指定的 class 查找元素。通过$(".class")来根据指定的类获得控件的 jQuery 对象，相当于 getElementsByClassName。

$(".intro")——选取所有 class="intro"的元素。

### 6.3.4  jQuery 属性选择器

jQuery 使用 XPath 表达式来选择带有给定属性的元素。

例 6-3：语法示例

$("[href]")——选取所有带有 href 属性的元素。
$("[href='#']")——选取所有带有 href 值等于"#"的元素。
$("[href!='#']")——选取所有带有 href 值不等于"#"的元素。
$("[href$='.png']")——选取所有 href 值以".png"结尾的元素。
$("a[target='_blank']")——选取所有 target 属性值等于"_blank"的<a>元素。

### 6.3.5 jQuery 层次选择器

注意层次选择器表达式中的空格不能多也不能少，否则会选取不到元素。

**例 6-4**：语法示例

$("div li")——选取 div 下的所有 li 元素。
$("div > li")——选取 div 下的直接 li 子元素。
$(".menuitem + div")——选取样式名为 menuitem 之后的第一个 div 元素。
$(".menuitem ~ div")——选取样式名为 menuitem 之后的所有兄弟 div 元素。

### 6.3.6 jQuery CSS 选择器

jQuery CSS 选择器可以用于改变 HTML 元素的 CSS 属性。下面的例子把所有 p 元素的背景颜色更改为红色。

**例 6-5**：

```
<!DOCTYPE html>
<html>
<head>
    <script src="http://libs.baidu.com/jquery/1.11.1/jquery.min.js"></script>
    <script>
        $(document).ready(function() {
            $("button").click(function(){
                $("p").css("background-color", "red");
            });
        });
    </script>
</head>
<body>
    <h2>这是一个标题</h2>
    <p>这是一个段落</p>
    <p>这是另一个段落</p>
    <button type="button">改变段落背景色</button>
</body>
</html>
```

### 6.3.7 更多选择器示例

表 6-1 列举了更多的 jQuery 选择器示例。

表 6-1 选择器示例

| 选择器 | 说明 |
| --- | --- |
| $(this) | 选取当前 HTML 元素 |
| $("*") | 选取所有元素 |
| $("p.para") | 选取所有 class="para" 的 &lt;p&gt; 元素 |
| $("p#para") | 选取 id="para" 的 &lt;p&gt; 元素 |
| $("ul li:first") | 选取第一个 &lt;ul&gt; 的第一个 &lt;li&gt; 元素 |
| $("ul li:first-child") | 选取每个 &lt;ul&gt; 元素的第一个 &lt;li&gt; 元素 |
| $(":button") | 选取所有 type="button" 的 &lt;input&gt; 元素和 &lt;button&gt; 元素 |
| $("tr:even") | 选取偶数位置的 &lt;tr&gt; 元素 |
| $("tr:odd") | 选取奇数位置的 &lt;tr&gt; 元素 |
| $("div#layer.header") | 选取 id="layer" 的 &lt;div&gt; 元素中的所有 class="header" 的元素 |

## 6.4 jQuery 事件

jQuery 是为事件处理特别设计的。

### 6.4.1 jQuery 事件函数

jQuery 事件处理方法是 jQuery 中的核心函数。事件处理程序指的是当 HTML 中发生某些事件时所调用的方法。通常会把 jQuery 代码放到&lt;head&gt;部分的事件处理方法中。

例 6-6：

```
<!DOCTYPE html>
<html>
  <head>
    <title>jQuery 事件</title>
    <script src="http://libs.baidu.com/jquery/1.11.1/jquery.min.js"></script>
    <script>
      $(document).ready(function(){
        $("#p1").click(function(){
          $(this).hide();
        });
        $("#p2").dblclick(function(){
          $(this).hide();
        });
      });
    </script>
  </head>
  <body>
    <p id="p1">单击我，我就会消失。</p>
```

```
            <p id="p2">双击我,我就会消失。</p>
        </body>
</html>
```

在上面的例子中,当点击事件在某个<p>元素上触发时,隐藏对应的<p>元素。dblclick()方法触发 dblclick 双击事件。

### 6.4.2 单独文件中的函数

如果网站包含许多页面,并且希望定义的 jQuery 函数易于维护,那么应把定义的 jQuery 函数放到独立的.js 文件中。

例 6-7:

```
<head>
    <script src="jquery.js"></script>
    <script src="my_jquery_functions.js"></script>
</head>
```

### 6.4.3 jQuery 名称冲突

jQuery 使用$符号作为 jQuery 的简洁方式。某些其他 JavaScript 库中的函数(例如 Prototype)同样使用$符号。jQuery 使用名为 noConflict()的方法来解决该问题。

```
var jq = jQuery.noConflict();
```

该语句帮助用户使用自己的名称(例如 jq)来代替$符号。

例 6-8:

```
<!DOCTYPE html>
<html>
  <head>
    <script src="http://libs.baidu.com/jquery/1.11.1/jquery.min.js"></script>
    <script>
      $.noConflict();
      jQuery(document).ready(function(){
        jQuery("button").click(function(){
          jQuery("p").text("jQuery 仍然在运行!");
        });
      });
    </script>
  </head>
  <body>
    <p>这是一个段落。</p>
    <button>测试 jQuery</button>
  </body>
</html>
```

### 6.4.4　jQuery 编程原则

由于 jQuery 是为处理 HTML 事件而特别设计的，因此遵循以下原则的代码会更恰当并且更容易维护：
- 把所有 jQuery 代码置于事件处理函数中。
- 把所有事件处理函数置于文档就绪事件处理器中。
- 把 jQuery 代码置于单独的.js 文件中。
- 如果存在名称冲突，则重命名 jQuery 库。

## 6.5　jQuery 中的 DOM 操作

DOM（文档对象模型）定义了访问 HTML 和 XML 文档的标准。W3C 文档对象模型独立于平台和语言的界面，允许程序和脚本动态访问和更新文档的内容、结构以及样式。jQuery 中非常重要的部分，就是操作 DOM 的能力。jQuery 提供一系列与 DOM 相关的方法，这使得访问和操作元素和属性变得容易。

### 6.5.1　获取与设置内容

有三个简单实用的用于 DOM 操作的 jQuery 方法，它们是：
- text()——设置或者返回所选元素的文本内容。
- html()——设置或者返回所选元素的内容（包括 HTML 标记）。
- val()——设置或者返回表单字段的值。

**例 6-9**：获取内容

```html
<!DOCTYPE html>
<html>
  <head>
    <script src="http://libs.baidu.com/jquery/1.11.1/jquery.min.js"></script>
    <script>
      $(document).ready(function(){
        $("#btn1").click(function(){
          alert("Text: " + $("#test").text());
        });
        $("#btn2").click(function(){
          alert("HTML: " + $("#test").html());
        });
      });
    </script>
  </head>
  <body>
    <p id="test">这是段落中的<b>粗体</b>文本。</p>
    <button id="btn1">显示文本</button>
    <button id="btn2">显示 HTML</button>
  </body>
```

```
      </html>
```

**例 6-10**：获取输入字段的值

```
<!DOCTYPE html>
<html>
  <head>
    <script src="http://libs.baidu.com/jquery/1.11.1/jquery.min.js"></script>
    <script>
      $(document).ready(function(){
        $("#btn3").click(function(){
          alert("Value: " + $("#test3").val());
        });
      });
    </script>
  </head>
  <body>
    <p>姓名：<input type="text" id="test3" value="Tom Smith"/></p>
    <button id="btn3">显示值</button>
  </body>
</html>
```

**例 6-11**：设置内容

```
$("#btn1").click(function(){
  $("#test").text("Hello jQuery!");
});
$("#btn2").click(function(){
  $("#test").html("<b>Hello jQuery!</b>");
});
$("#btn3").click(function(){
  $("#test3").val("David White");
});
```

上面的三个 jQuery 方法：text()、html()以及 val()，同样拥有回调函数。回调函数具有两个参数：被选元素列表中当前元素的下标和原始值。然后以函数新值返回用户希望使用的字符串。下面的例子演示带有回调函数的 text()和 html()方法。

**例 6-12**：带有回调函数的 text()和 html()方法

```
<!DOCTYPE html>
<html>
  <head>
    <script src="http://libs.baidu.com/jquery/1.11.1/jquery.min.js"></script>
    <script>
      $(document).ready(function(){
        $("#btn1").click(function(){
          $("#test1").text(function(i,origText){
            return "旧文本: " + origText
```

```
                    + " 新文本: Hello jQuery! (index: " + i + ")";
                });
            });
            $("#btn2").click(function(){
                $("#test2").html(function(i,origText){
                    return "旧 html: " + origText
                        + " 新 html: Hello <b>jQuery!</b> (index: " + i + ")";
                });
            });
        });
    </script>
</head>
<body>
    <p id="test1">这是一个有<b>粗体</b>字的段落。</p>
    <p id="test2">这是另外一个有<b>粗体</b>字的段落。</p>
    <button id="btn1">显示 新/旧 文本</button>
    <button id="btn2">显示 新/旧 HTML</button>
</body>
</html>
```

## 6.5.2 获取与设置属性

attr()方法用于获取或者设置所选元素的属性。

例 6-13：获取和设置链接中的 href 属性

```
<!DOCTYPE html>
<html>
<head>
    <script src="http://libs.baidu.com/jquery/1.11.1/jquery.min.js"></script>
    <script>
        $(document).ready(function(){
            $("button").click(function(){
                alert($("#zjg").attr("href"));
                $("#zjg").attr({
                    "href": "http://zjg.just.edu.cn/jquery",
                    "title": "jQuery Tutorial"
                });
                alert($("#zjg").attr("href"));
            });
        });
    </script>
</head>
<body>
    <p>
        <a href="http://zjg.just.edu.cn" id="zjg"> zjg.just.edu.cn </a>
    </p>
```

*131*

```
            <button>显示和改变 href 值</button>
        </body>
    </html>
```

jQuery 方法 attr()，也提供回调函数。回调函数具有两个参数：被选元素列表中当前元素的下标和原始值。然后以函数新值返回用户希望使用的字符串。下面的例子演示带有回调函数的 attr()方法。

**例 6-14**：带有回调函数的 attr()方法

```
<!DOCTYPE html>
<html>
    <head>
        <script src="http://libs.baidu.com/jquery/1.11.1/jquery.min.js"></script>
        <script>
            $(document).ready(function(){
                $("button").click(function(){
                    $("#zjg").attr("href", function(i, origValue){
                        return origValue + "/jquery"; });
                });
            });
        </script>
    </head>
    <body>
        <p><a href="http://zjg.just.edu.cn" id="zjg">张家港校区</a></p>
        <button>改变 href 值</button>
        <p>点击按钮修改后，可以点击链接查看 href 属性是否变化。</p>
    </body>
</html>
```

jQuery1.6 版本新增了 prop()函数。attr 和 prop 分别是单词 attribute 和 property 的缩写，它们都表示"属性"的意思。但是在 jQuery 中，attribute 和 property 却是两个不同的概念。attribute 表示 HTML 文档节点的属性，property 表示 JavaScript 对象的属性。由于 attr()函数操作的是文档节点的属性，因此设置的属性值只能是字符串类型。如果不是字符串类型，也会调用 toString()方法，将其转为字符串类型。prop()函数操作的是 JavaScript 对象的属性，因此设置的属性值可以为包括数组和对象在内的任意类型。

### 6.5.3 jQuery 添加元素

通过 jQuery，可以很容易地添加新元素或者内容，用于添加新内容的方法有：
- append()——在被选元素的结尾插入内容。
- prepend()——在被选元素的开头插入内容。
- after()——在被选元素之后插入内容。
- before()——在被选元素之前插入内容。

**1. 通过 append()和 prepend()方法添加若干新元素**

append()和 prepend()方法通过参数可以接收无限数量的新元素。在下面的例子中，首先创建若干个新元素，这些元素通过 text/HTML、jQuery 或者 JavaScript/DOM 来创建，然后通过 append()方法把这些新元素追加到文本中，对于 prepend()方法同样有效。

例 6-15：

```html
<!DOCTYPE html>
<html>
  <head>
    <script src="http://libs.baidu.com/jquery/1.11.1/jquery.min.js"></script>
    <script>
      function appendParas() {
        var para1 = "<p>HTML 创建段落。</p>";
        var para2 = $("<p></p>").text("jQuery 创建段落。");
        var para3 = document.createElement("p");
        para3.innerHTML = "通过 DOM 创建段落。";
        $("body").append(para1, para2, para3);   //追加新元素
      }
    </script>
  </head>
  <body>
    <p>这是一个段落。</p>
    <button onclick="appendParas()">追加新的段落</button>
  </body>
</html>
```

### 2．通过 after()和 before()方法添加若干新元素

after()方法在被选元素之后插入内容。before()方法在被选元素之前插入内容。

```
$("img").after("Some text after");
$("img").before("Some text before");
```

after()和 before()方法通过参数可以接收无限数量的新元素。在下面的例子中，首先创建若干个新元素，然后通过 after()方法把这些新元素插到文本中，对于 before()方法同样有效。

例 6-16：

```html
<!DOCTYPE html>
<html>
  <head>
    <script src="http://libs.baidu.com/jquery/1.11.1/jquery.min.js"></script>
    <style>
      .aaron{
        border: 1px solid red;
      }
    </style>
    <script>
      $(document).ready(function(){
        $("#bt1").on("click", function() {
          //在匹配 test1 元素集合中的每个元素前面插入 p 元素
```

*133*

```
                $(".test1").before(
                    '<p style="color:red">before,在匹配元素之前增加</p>',
                    '<p style="color:red">多参数</p>');
            });
            $("#bt2").on("click", function() {
                //在匹配 test2 元素集合中的每个元素后面插入 p 元素
                $(".test2").after(
                    '<p style="color:blue">after,在匹配元素之后增加</p>',
                    '<p style="color:blue">多参数</p>')
            })
        })
    </script>
</head>
<body>
    <h2>通过 before 与 after 添加元素</h2>
    <button id="bt1">点击通过 jQuery 的 before 添加元素</button>
    <button id="bt2">点击通过 jQuery 的 after 添加元素</button>
    <div class="aaron">
        <p class="test1">测试 before</p>
    </div>
    <div class="aaron">
        <p class="test2">测试 after</p>
    </div>
</body>
</html>
```

before()与 after()方法都是用来向选中元素外部增加相邻的兄弟节点,插入到匹配元素的前面或者后面。两个方法都支持多个参数传递,可以接收 HTML 字符串、DOM 元素、元素数组或者 jQuery 对象。

### 6.5.4  jQuery 删除元素

如果需要删除元素和内容,一般使用以下两个 jQuery 方法:
- remove()——删除被选元素及其子元素。
- empty()——从被选元素中删除子元素。

**1. remove()方法**

例 6-17:删除被选元素及其子元素

```
<!DOCTYPE html>
<html>
<head>
    <script src="http://libs.baidu.com/jquery/1.11.1/jquery.min.js"></script>
    <script>
        $(document).ready(function(){
            $("button").click(function(){
                $("#div1").remove();
```

```
            });
          });
        </script>
      </head>
      <body>
        <div id="div1" style="height:200px; width:300px;
            border:1px solid black; background-color:blue; color:white;">
          Welcome to learning Web front-end development:
          <p>HTML</p>
          <p>CSS</p>
          <p>JavaScript</p>
          <p>jQuery</p>
        </div><br/>
        <button>删除 div 元素及其子元素</button>
      </body>
    </html>
```

## 2. empty()方法

例 6-18：删除被选元素的子元素

```
        <!DOCTYPE html>
        <html>
        <head>
          <script src="http://libs.baidu.com/jquery/1.11.1/jquery.min.js"></script>
          <script>
            $(document).ready(function(){
              $("button").click(function(){
                $("#div1").empty();
              });
            });
          </script>
        </head>
        <body>
          <div id="div1" style="height:200px; width:300px;
              border:1px solid black; background-color:blue; color:white;">
            Welcome to learning Web front-end development:
            <p>HTML</p>
            <p>CSS</p>
            <p>JavaScript</p>
            <p>jQuery</p>
          </div><br/>
          <button>清空 div 元素</button>
        </body>
        </html>
```

## 3. 过滤被删除的元素

remove()方法也可以接受一个参数，允许用户对被删除元素进行过滤。该参数可以是任何 jQuery 选择器的语法。

**例 6-19**：删除 class="special"的<p>元素

```html
<!DOCTYPE html>
<html>
  <head>
    <script src="http://libs.baidu.com/jquery/1.11.1/jquery.min.js"></script>
    <style>
      .special {
        color:silver;
      }
    </style>
    <script>
      $(document).ready(function(){
        $("button").click(function(){
          $("#div1").remove(".special");
        });
      });
    </script>
  </head>
  <body>
    <div id="div1" style="height:200px;width:300px;
      border:1px solid black;background-color:blue;color:white;">
      Welcome to learning Web front-end development:
      <p>HTML</p>
      <p>CSS</p>
      <p class="special">JavaScript</p>
      <p class="special">jQuery</p>
    </div>
    <br/>
    <button>删除特殊的 p 元素</button>
  </body>
</html>
```

## 6.5.5 jQuery 获取并设置 CSS 类

jQuery 拥有若干进行 CSS 操作的方法。具体如下：
- addClass()——向被选元素添加一个或者多个类。
- removeClass()——从被选元素删除一个或者多个类。
- toggleClass()——对被选元素进行添加或者删除类的切换操作。
- css()——设置或者返回样式属性。

**1. addClass()方法和 removeClass()方法**

例 6-20：

```html
<!DOCTYPE html>
```

```html
<html>
  <head>
    <style>
      div {
        height: 100px;
        width: 200px;
        background-color: orange;
        color: white;
      }
      .new{
        background-color: #91DB4B;
      }
    </style>
    <script src="http://libs.baidu.com/jquery/1.11.1/jquery.min.js"></script>
    <script>
      $(function () {
        //鼠标事件
        $("#div1").mouseover(function () {
          //增加类
          $(this).addClass("new");
        }).mouseout(function () {
          //删除类
          $(this).removeClass("new");
        });
      });
    </script>
  </head>
  <body>
    <div id="div1">这是 div 容器</div>
  </body>
</html>
```

## 2. toggleClass()方法

下面的例子将展示如何使用 toggleClass()方法。toggleClass()是一个互斥的逻辑，也就是判断对应的元素上是否存在指定的 class 名，如果有就删除，如果没有就增加。toggleClass 还有一个具有两个参数的方法：toggleClass(className, switch)。第二个参数是布尔值，用于判断样式是否应该被添加或者移除。

**例 6-21**：

```html
<!DOCTYPE html>
<html>
  <head>
    <title>表格隔行换色</title>
    <script src="http://libs.baidu.com/jquery/1.11.1/jquery.min.js"></script>
    <style>
      body, table, td {
```

```
            font-family: Arial, Helvetica, sans-serif;
            font-size: 16px;
        }
        .c {
            background: #ebebeb;
            color: blue;
        }
    </style>
    <script>
        $(function() {
            //给所有的 tr 元素加一个 class="c"的样式
            $("#table tr").toggleClass("c");
            //给所有的偶数 tr 元素切换 class="c"的样式
            //所有奇数的样式删除，偶数的保留
            //index 值从 0 开始，所以第一个元素是偶数 0
            $("#table tr:odd").toggleClass("c");
            //第二个参数判断样式类是否应该被添加或者删除
            //true 表示这个样式类将被添加
            //false 表示这个样式类将被移除
            //所有偶数 tr 元素，应该都保留 class="c"样式
            $("#table tr:even").toggleClass("c", true);
            //这个操作没有变化，因为样式已经是存在的
        })
    </script>
</head>
<body>
    <h4>.toggleClass(className)和.toggleClass(className, switch)</h4>
    <table id="table" width="50%" border="0" cellpadding="3" cellspacing="1">
        <tr>
            <td>jQuery 入门</td>
            <td>jQuery 入门</td>
        </tr>
        <tr>
            <td>jQuery 入门</td>
            <td>jQuery 入门</td>
        </tr>
        <tr>
            <td>jQuery 入门</td>
            <td>jQuery 入门</td>
        </tr>
        <tr>
            <td>jQuery 入门</td>
            <td>jQuery 入门</td>
        </tr>
        <tr>
            <td>jQuery 入门</td>
```

```
        <td>jQuery 入门</td>
      </tr>
    </table>
  </body>
</html>
```

## 3. css()方法

css()方法设置或者返回被选元素的一个或者多个样式属性。

如果需要返回指定的 CSS 属性的值，可使用如下语法：

```
css("propertyname");
```

如果需要设置指定的 CSS 属性，可使用如下语法：

```
css("propertyname", "value");
```

**例 6-22：**

```
<!DOCTYPE html>
<html lang="en">
  <head>
    <title>添加和删除类</title>
    <style>
      div{width: 500px;height: 300px;background: #1c94c4;}
      button{width: 80px;height: 40px;margin: 10px;font-size: 30px;}
    </style>
    <script src="http://libs.baidu.com/jquery/1.11.1/jquery.min.js"></script>
    <script>
      $(function(){
        $("#add-btn").on("click", function(){
          $("div").css("width","+=20")
        });
        $("#sub-btn").on("click", function(){
          $("div").css("width","-=20")
        });
        $("p").css("backgroundColor", function(dap){
          return dap%2 == 0 ? "yellow":"purple";
        })
      })
    </script>
  </head>
  <body>
    <button type="button" id="add-btn"> + </button>
    <button type="button" id="sub-btn"> - </button>
    <div></div>
    <p>段落 1</p>
    <p>段落 2</p>
    <p>段落 3</p>
```

```
        <p>段落 4</p>
        <p>段落 5</p>
    </body>
</html>
```

## 6.6 jQuery 遍历节点

jQuery 遍历，意为"移动"，用于根据相对于其他元素的关系来"查找"或者"选取" HTML 元素。以某项选择开始，并沿着这个选择移动，直到抵达用户期望的元素为止。

图 6-1 展示了一个家族树。通过 jQuery 遍历，用户能够从被选的当前元素开始，轻松地在家族树中向上移动（祖先）、向下移动（子孙）、水平移动（同胞），这种移动被称为对 DOM 进行遍历。祖先是父、祖父、曾祖父等；后代是子、孙、曾孙等；同胞拥有相同的父。

- <div>元素是所有内容的祖先。
- <ul>元素是<li>元素的父元素，同时是<div>的子元素。
- <li>元素是<ul>的子元素，同时是<div>的后代。
- 两个<li>元素是同胞（拥有相同的父元素）。
- <p>元素是<b>的父元素，同时是<div>的子元素。
- <b>元素是<p>的子元素，同时是<div>的后代。

jQuery 提供了多种遍历 DOM 的方法。遍历方法中最大的种类是树遍历（tree-traversal）。本节会讲解如何在 DOM 树中向上、向下以及同级移动。

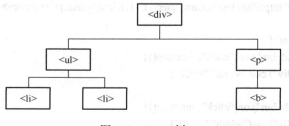

图 6-1 DOM 树

### 6.6.1 jQuery 遍历祖先

祖先是父、祖父或者曾祖父等。通过 jQuery，用户能够向上遍历 DOM 树，以查找元素的祖先。用于向上遍历 DOM 树的 jQuery 方法包括：

- parent()
- parents()
- parentsUntil()

**1. parent()方法**

parent()方法返回被选取元素的直接父元素，该方法只会向上一级对 DOM 树进行遍历。

**例 6-23**：为<span>元素的直接父元素设置样式

```html
<!DOCTYPE html>
<html>
  <head>
    <style>
      .outer * {
        display: block;
        border: 2px solid lightgrey;
        color: lightgrey;
        padding: 5px;
        margin: 15px;
      }
    </style>
    <script src="http://libs.baidu.com/jquery/1.11.1/jquery.min.js"></script>
    <script>
      $(document).ready(function(){
        $("span").parent().css({"color":"purple","border":"2px solid purple"});
      });
    </script>
  </head>
  <body>
    <div class="outer">
      <div style="width:500px;">div (曾祖父元素)
        <div>div (祖父元素)
          <p>p (父元素)
            <span>span</span>
          </p>
        </div>
      </div>
    </div>
  </body>
</html>
```

### 2. parents()方法

parents()方法返回被选元素的所有祖先元素,它一路向上直到文档的根元素 (<html>)为止。

**例6-24**：为<span>元素的所有祖先设置样式

```html
<!DOCTYPE html>
<html>
  <head>
    <style>
      .outer * {
        display: block;
        border: 2px solid lightgrey;
        color: lightgrey;
        padding: 5px;
```

*141*

```html
        margin: 15px;
      }
    </style>
    <script src="http://libs.baidu.com/jquery/1.11.1/jquery.min.js"></script>
    <script>
      $(document).ready(function(){
        $("span").parents().css({"color":"purple","border":"2px solid purple"});
      });
    </script>
  </head>
  <body>
    <div class="outer">
      <div style="width:500px;">div (曾祖父元素)
        <div>div (祖父元素)
          <p>p (父元素)
            <span>span</span>
          </p>
        </div>
      </div>
    </div>
  </body>
</html>
```

### 3. parentsUntil()方法

parentsUntil()方法返回介于两个给定元素之间的所有祖先元素。

**例6-25**：为介于<span>与<div>元素之间的祖先元素设置样式

```html
<!DOCTYPE html>
<html>
  <head>
    <style>
      .outer * {
        display: block;
        border: 2px solid lightgrey;
        color: lightgrey;
        padding: 5px;
        margin: 15px;
      }
    </style>
    <script src="http://libs.baidu.com/jquery/1.11.1/jquery.min.js"></script>
    <script>
      $(document).ready(function(){
        $("span").parentsUntil("div")
          .css({"color":"purple","border":"2px solid purple"});
      });
    </script>
  </head>
```

```html
        <body class="outer">body (曾曾祖父)
            <div style="width:500px;">div (曾祖父)
                <ul>ul (祖父)
                    <li>li (直接父)
                        <span>span</span>
                    </li>
                </ul>
            </div>
        </body>
    </html>
```

### 6.6.2 jQuery 遍历后代

后代是子、孙、曾孙等。通过 jQuery，用户能够向下遍历 DOM 树以查找元素的后代。下面是两个用于向下遍历 DOM 树的 jQuery 方法：

- children()
- find()

**1. children()方法**

children()方法返回被选元素的所有直接子元素。该方法只会对下一级 DOM 树进行遍历。

**例 6-26**：为<div>元素的所有直接子元素设置样式

```html
<!DOCTYPE html>
    <html>
    <head>
        <style>
            .outer * {
                display: block;
                border: 2px solid lightgrey;
                color: lightgrey;
                padding: 5px;
                margin: 15px;
            }
        </style>
        <script src="http://libs.baidu.com/jquery/1.11.1/jquery.min.js"></script>
        <script>
            $(document).ready(function(){
                $("div").children().css({"color":"purple","border":"2px solid purple"});
            });
        </script>
    </head>
    <body class="outer">
        <div style="width:500px;">div (当前元素)
            <ul>ul (子)
                <li>li (孙)</li>
```

```
        </ul>
        <ol>ol (子)
            <li>li (孙)</li>
        </ol>
    </div>
</body>
</html>
```

## 2. find()方法

find()方法返回被选元素的后代元素，一路向下直到最后一个后代。

**例 6-27**：为属于\<div\>后代的所有\<li\>元素设置样式

```
<!DOCTYPE html>
<html>
<head>
    <style>
        .outer * {
            display: block;
            border: 2px solid lightgrey;
            color: lightgrey;
            padding: 5px;
            margin: 15px;
        }
    </style>
    <script src="http://libs.baidu.com/jquery/1.11.1/jquery.min.js"></script>
    <script>
        $(document).ready(function(){
            $("div").find("li")
                .css({"color":"purple","border":"2px solid purple"});
        });
    </script>
</head>
<body class="outer">
    <div style="width:500px;">div (当前元素)
        <ul>ul (子)
            <li>li (孙)</li>
        </ul>
        <ol>ol (子)
            <li>li (孙)</li>
        </ol>
    </div>
</body>
</html>
```

下面的方法返回\<div\>的所有后代：

```
$(document).ready(function() {
```

```
        $("div").find("*");
    });
```

## 6.6.3 jQuery 遍历同胞

同胞指拥有相同父元素的元素。通过 jQuery，用户能够在 DOM 树中遍历元素的同胞元素。有许多有用的方法允许用户在 DOM 树中进行水平遍历：
- siblings()
- next()
- nextAll()
- nextUntil()
- prev()
- prevAll()
- prevUntil()

**1. siblings()方法**

siblings()方法返回被选元素的所有同胞元素。

例 6-28：为&lt;ol&gt;的所有同胞元素设置样式

```
<!DOCTYPE html>
<html>
  <head>
    <style>
      .outer * {
        display: block;
        border: 2px solid lightgrey;
        color: lightgrey;
        padding: 5px;
        margin: 15px;
      }
    </style>
    <script src="http://libs.baidu.com/jquery/1.11.1/jquery.min.js"></script>
    <script>
      $(document).ready(function(){
        $("ol").siblings().css({"color":"purple","border":"2px solid purple"});
      });
    </script>
  </head>
  <body class="outer">
    <div style="width:500px;">div (当前元素)
      <ul>ul (子)
        <li>li (孙)</li>
      </ul>
      <ol>ol (子)
        <li>li (孙)</li>
```

```
            </ol>
            <p>p (子) </p>
            <h1>h1 (子) </h1>
        </div>
    </body>
</html>
```

**2. next()方法**

next()方法返回被选元素的下一个同胞元素，该方法只返回一个元素。下面的例子为<ol>的下一个同胞元素<p>设置样式。

```
$(document).ready(function(){
    $("ol").next().css({"color":"purple","border":"2px solid purple"});
});
```

**3. nextAll()方法**

nextAll()方法返回被选元素的所有跟随的同胞元素。下面的例子为<ol>的所有跟随的同胞元素设置样式。

```
$(document).ready(function(){
    $("ol").nextAll.css({"color":"purple","border":"2px solid purple"});
});
```

**4. nextUntil()方法**

nextUntil()方法返回介于两个给定参数之间的所有跟随的同胞元素。下面的例子为介于<ul>与<h1>元素之间的所有同胞元素设置样式。

```
$(document).ready(function(){
    $("ul").nextUntil("h1").css({"color":"purple","border":"2px solid purple"});
});
```

**5. prev()、prevAll()和 prevUntil()方法**

prev()、prevAll()以及 prevUntil()方法的工作方式与上面的 next 系列方法类似，只不过方向相反而已。它们返回的是前面的同胞元素。

### 6.6.4 jQuery 过滤

jQuery 过滤方法可以缩小搜索元素的范围。三个最基本的过滤方法是：first()、last()和 eq()。它们允许用户基于其在一组元素中的位置来选择一个特定的元素。其他过滤方法，例如 filter()和 not()，则允许用户选取匹配或者不匹配某项指定标准的元素。

**1. first()方法**

first()方法返回被选元素的第一个元素。

例 6-29：为第一个<ul>元素中的第一个<li>元素设置样式

```
<!DOCTYPE html>
<html>
    <head>
```

```html
<style>
  .outer * {
    display: block;
    border: 2px solid lightgrey;
    color: lightgrey;
    padding: 5px;
    margin: 15px;
  }
</style>
<script src="http://libs.baidu.com/jquery/1.11.1/jquery.min.js"></script>
<script>
  $(document).ready(function(){
    $("ul li").first().css({"color":"purple","border":"2px solid purple"});
  });
</script>
</head>
<body class="outer">
  <div style="width:500px;">div
    <ul>ul
      <li>li</li>
      <li>li</li>
      <li>li</li>
    </ul>
    <ol>ol
      <li>li</li>
      <li>li</li>
      <li>li</li>
    </ol>
    <div>div
      <ul>ul
        <li>li</li>
      </ul>
    </div>
  </div>
</body>
</html>
```

## 2. last()方法

last()方法返回被选元素的最后一个元素。

**例6-30**：为最后一个\<ul\>元素中的最后一个\<li\>元素设置样式

```html
<!DOCTYPE html>
<html>
  <head>
    <style>
      .outer * {
        display: block;
```

```
            border: 2px solid lightgrey;
            color: lightgrey;
            padding: 5px;
            margin: 15px;
        }
    </style>
    <script src="http://libs.baidu.com/jquery/1.11.1/jquery.min.js"></script>
    <script>
        $(document).ready(function(){
            $("ul li").last().css({"color":"purple","border":"2px solid purple"});
        });
    </script>
</head>
<body class="outer">
    <div style="width:500px;">div
        <ul>ul
            <li>li</li>
            <li>li</li>
            <li>li</li>
        </ul>
        <ol>ol
            <li>li</li>
            <li>li</li>
            <li>li</li>
        </ol>
        <div>div
            <ul>ul
                <li>li</li>
                <li>li</li>
                <li>li</li>
            </ul>
        </div>
    </div>
</body>
</html>
```

### 3．eq()方法

eq()方法返回被选元素中带有指定索引号的元素。索引号从 0 开始，因此第一个元素的索引号是 0 而不是 1。下面的例子选取第二个<ul>元素中的第一个<li>元素（索引号 3），然后设定它的样式。

**例 6-31**：

```
<!DOCTYPE html>
<html>
    <head>
        <style>
```

```
        .outer * {
          display: block;
          border: 2px solid lightgrey;
          color: lightgrey;
          padding: 5px;
          margin: 15px;
        }
      </style>
      <script src="http://libs.baidu.com/jquery/1.11.1/jquery.min.js"></script>
      <script>
        $(document).ready(function(){
          $("ul li").eq(3).css({"color":"purple","border":"2px solid purple"});
        });
      </script>
    </head>
    <body class="outer">
      <div style="width:500px;">div
        <ul>ul
          <li>li</li>
          <li>li</li>
          <li>li</li>
        </ul>
        <ol>ol
          <li>li</li>
          <li>li</li>
          <li>li</li>
        </ol>
        <div>div
          <ul>ul
            <li>li</li>
            <li>li</li>
            <li>li</li>
          </ul>
        </div>
      </div>
    </body>
  </html>
```

### 4．filter()方法

filter()方法允许用户规定一个标准，即不匹配这个标准的元素会被从集合中删除，匹配的元素会被返回。下面的例子返回带有类名"item"的所有<li>元素，然后设定它的样式。

**例 6-32：**

```
<!DOCTYPE html>
<html>
  <head>
```

```
        <style>
            .outer * {
                display: block;
                border: 2px solid lightgrey;
                color: lightgrey;
                padding: 5px;
                margin: 15px;
            }
        </style>
        <script src="http://libs.baidu.com/jquery/1.11.1/jquery.min.js"></script>
        <script>
            $(document).ready(function(){
                $("li").filter(".item").css({"color":"purple","border":"2px solid purple"});
            });
        </script>
    </head>
    <body class="outer">
        <div style="width:500px;">div
            <ul>ul
                <li class="item">li</li>
                <li>li</li>
                <li>li</li>
            </ul>
            <ol>ol
                <li class="item">li</li>
                <li>li</li>
                <li>li</li>
            </ol>
            <div>div
                <ul>ul
                    <li class="item">li</li>
                    <li>li</li>
                    <li>li</li>
                </ul>
            </div>
        </div>
    </body>
</html>
```

#### 5. not()方法

not()方法返回不匹配标准的所有元素,作用与 filter()方法相反。下面的代码为不带有类名"item"的所有<li>元素设置样式。

```
$(document).ready(function(){
    $("li").not(".item").css({"color":"purple","border":"2px solid purple"});
});
```

## 6.7 jQuery 效果

### 6.7.1 hide()、show()和 toggle()

可以使用 hide()和 show()方法隐藏和显示 HTML 元素。toggle()方法用于切换元素的可见状态。如果被选元素可见，则隐藏元素；如果被选元素隐藏，则显示元素。

**1. 语法**

$(selector).hide(speed, callback);
$(selector).show(speed, callback);
$(selector).toggle(speed, callback);

可选的 speed 参数规定隐藏或者显示的速度，可以取以下值："slow"、"fast"或者毫秒数。可选的 callback 参数是相应方法完成后所执行的函数名称。

**2. 实例**

例 6-33：

```
<!DOCTYPE html>
<html>
  <head>
    <script src="http://libs.baidu.com/jquery/1.11.1/jquery.min.js"></script>
    <script>
      $(document).ready(function(){
        $("#btn1").click(function(){
          $("p").hide(1000);
        });
        $("#btn2").click(function(){
          $("p").toggle(1000);
        });
      });
    </script>
  </head>
  <body>
    <button id="btn1" type="button">隐藏</button>
    <button id="btn2" type="button">切换</button>
    <p>
        这是段落中的一些文本。<br/>
        这是段落中的一些文本。<br/>
        这是段落中的一些文本。<br/>
        这是段落中的一些文本。<br/>
        这是段落中的一些文本。<br/>
        这是段落中的一些文本。<br/>
        这是段落中的一些文本。<br/>
        这是段落中的一些文本。<br/>
        这是段落中的一些文本。<br/>
```

```
            这是段落中的一些文本。<br/>
            这是段落中的一些文本。<br/>
        </p>
    </body>
</html>
```

### 6.7.2 jQuery 淡入淡出

jQuery 拥有下面四种方法用于实现元素的淡入淡出效果。
- fadeIn()
- fadeOut()
- fadeToggle()
- fadeTo()

**1. fadeIn()方法**

fadeIn()方法用于淡入已隐藏的元素。语法如下：

$(selector).fadeIn(speed, callback);

可选的 speed 参数规定效果的时长。它可以取以下值："slow"、"fast"或者毫秒数。可选的 callback 参数是 fading 完成后所执行的函数名称。下面的例子演示了带有不同参数的 fadeIn()方法。

例 6-34：

```
<!DOCTYPE html>
<html>
    <head>
        <script src="http://libs.baidu.com/jquery/1.11.1/jquery.min.js"></script>
        <script>
            $(document).ready(function(){
                $("#btn").click(function(){
                    $("#p1").fadeIn();
                    $("#p2").fadeIn("slow");
                    $("#p3").fadeIn(3000);
                });
            });
        </script>
    </head>
    <body>
        <button id="btn" type="button">淡入效果</button>
        <table>
            <tr>
                <td>
                    <p id="p1" style="display:none;">
                        这是段落中的一些文本。<br/>
                        这是段落中的一些文本。<br/>
```

```
                这是段落中的一些文本。<br/>
                这是段落中的一些文本。<br/>
                这是段落中的一些文本。<br/>
                这是段落中的一些文本。<br/>
                这是段落中的一些文本。<br/>
                这是段落中的一些文本。<br/>
                这是段落中的一些文本。<br/>
            </p>
        </td>
        <td>
            <p id="p2" style="display:none;">
                这是段落中的一些文本。<br/>
                这是段落中的一些文本。<br/>
                这是段落中的一些文本。<br/>
                这是段落中的一些文本。<br/>
                这是段落中的一些文本。<br/>
                这是段落中的一些文本。<br/>
                这是段落中的一些文本。<br/>
                这是段落中的一些文本。<br/>
            </p>
        </td>
        <td>
            <p id="p3" style="display:none;">
                这是段落中的一些文本。<br/>
                这是段落中的一些文本。<br/>
                这是段落中的一些文本。<br/>
                这是段落中的一些文本。<br/>
                这是段落中的一些文本。<br/>
                这是段落中的一些文本。<br/>
                这是段落中的一些文本。<br/>
                这是段落中的一些文本。<br/>
            </p>
        </td>
    </tr>
  </table>
 </body>
</html>
```

## 2. fadeOut()方法

fadeOut()方法用于淡出可见元素。语法如下：

$(selector).fadeOut(speed,callback);

可选的 speed 参数规定效果的时长。它可以取以下值："slow"、"fast"或者毫秒数。可选的 callback 参数是 fading 完成后所执行的函数名称。下面的例子演示了带有不同参数的

fadeOut()方法。

  例 6-35：

```html
<!DOCTYPE html>
<html>
  <head>
    <script src="http://libs.baidu.com/jquery/1.11.1/jquery.min.js"></script>
    <script>
      $(document).ready(function(){
        $("#btn").click(function(){
          $("#p1").fadeOut();
          $("#p2").fadeOut("slow");
          $("#p3").fadeOut(3000);
        });
      });
    </script>
  </head>
  <body>
    <button id="btn" type="button">淡出效果</button>
    <table>
      <tr>
        <td>
          <p id="p1">
            这是段落中的一些文本。<br/>
            这是段落中的一些文本。<br/>
            这是段落中的一些文本。<br/>
            这是段落中的一些文本。<br/>
            这是段落中的一些文本。<br/>
            这是段落中的一些文本。<br/>
            这是段落中的一些文本。<br/>
            这是段落中的一些文本。<br/>
            这是段落中的一些文本。<br/>
          </p>
        </td>
        <td>
          <p id="p2">
            这是段落中的一些文本。<br/>
            这是段落中的一些文本。<br/>
            这是段落中的一些文本。<br/>
            这是段落中的一些文本。<br/>
            这是段落中的一些文本。<br/>
            这是段落中的一些文本。<br/>
            这是段落中的一些文本。<br/>
            这是段落中的一些文本。<br/>
            这是段落中的一些文本。<br/>
          </p>
```

```
            </td>
            <td>
                <p id="p3">
                    这是段落中的一些文本。<br/>
                    这是段落中的一些文本。<br/>
                    这是段落中的一些文本。<br/>
                    这是段落中的一些文本。<br/>
                    这是段落中的一些文本。<br/>
                    这是段落中的一些文本。<br/>
                    这是段落中的一些文本。<br/>
                    这是段落中的一些文本。<br/>
                    这是段落中的一些文本。<br/>
                </p>
            </td>
        </tr>
    </table>
</body>
</html>
```

### 3. fadeToggle()方法

fadeToggle()方法可以在 fadeIn()与 fadeOut()方法之间进行切换。如果元素已淡出，则 fadeToggle()会向元素添加淡入效果。如果元素已淡入，则 fadeToggle()会向元素添加淡出效果。语法如下：

$(selector).fadeToggle(speed, callback);

可选的 speed 参数规定效果的时长。它可以取以下值："slow"、"fast"或者毫秒数。可选的 callback 参数是 fading 完成后所执行的函数名称。例如：

```
<script>
    $(document).ready(function(){
        $("#btn").click(function(){
            $("#p1"). fadeToggle();
            $("#p2"). fadeToggle("slow");
            $("#p3"). fadeToggle(3000);
        });
    });
</script>
```

### 4. fadeTo()方法

fadeTo()方法允许元素渐变为给定的不透明度（值介于 0 与 1 之间）。语法如下：

$(selector).fadeTo(speed, opacity, callback);

必需的 speed 参数规定效果的时长，它可以取以下值："slow"、"fast"或者毫秒数。fadeTo()方法中必需的 opacity 参数将淡入淡出效果设置为给定的不透明度（值介于 0 与 1 之间）。可选的 callback 参数是该函数完成后所执行的函数名称。例如：

```
<script>
    $(document).ready(function(){
        $("#btn").click(function(){
            $("#p1").fadeTo("slow", 0.15);
            $("#p2").fadeTo("slow", 0.4);
            $("#p3").fadeTo("slow", 0.7);
        });
    });
</script>
```

### 6.7.3　jQuery 滑动

jQuery 拥有以下方法可以在元素上创建滑动效果。
- slideDown()
- slideUp()
- slideToggle()

**1. slideDown()方法**

slideDown()方法用于向下滑动元素。语法如下：

$(selector).slideDown(speed, callback);

可选的 speed 参数规定效果的时长。它可以取以下值："slow"、"fast"或者毫秒数。可选的 callback 参数是滑动完成后所执行的函数名称。

**2. slideUp()方法**

slideUp()方法用于向上滑动元素。语法如下：

$(selector).slideUp(speed, callback);

可选的 speed 参数规定效果的时长。它可以取以下值："slow"、"fast"或者毫秒数。可选的 callback 参数是滑动完成后所执行的函数名称。

**3. slideToggle()方法**

slideToggle()方法可以在 slideDown()与 slideUp()方法之间进行切换。如果元素向下滑动，则 slideToggle()可向上滑动它们。如果元素向上滑动，则 slideToggle()可向下滑动它们。语法如下：

$(selector).slideToggle(speed, callback);

可选的 speed 参数规定效果的时长。它可以取以下值："slow"、"fast"或者毫秒数。可选的 callback 参数是滑动完成后所执行的函数名称。

例 6-36：

```
<!DOCTYPE html>
<html>
    <head>
        <script src="http://libs.baidu.com/jquery/1.11.1/jquery.min.js"></script>
```

```
<script>
    $(document).ready(function(){
        $(".flip").click(function(){
            //$(".panel").slideDown("slow");
            $(".panel").slideUp("slow");
            //$(".panel").slideToggle("slow");
        });
    });
</script>
<style>
    div.panel, p.flip {
        margin:0px;
        padding:5px;
        text-align:center;
        background:#e5eecc;
        border:solid 1px #c3c3c3;
    }
    div.panel {
        height:120px;
    }
</style>
</head>
<body>
    <div class="panel">
        <p>领先的 Web 技术教程站点</p>
        <p>可以找到所需要的所有网站建设教程。</p>
    </div>
    <p class="flip">请点击这里</p>
</body>
</html>
```

### 6.7.4 jQuery 动画

animate()方法用于创建自定义动画。语法如下：

$(selector).animate({params}, speed, callback);

必需的 params 参数定义形成动画的 CSS 属性。可选的 speed 参数规定效果的时长，它可以取以下值："slow"、"fast"或者毫秒数。可选的 callback 参数是动画完成后所执行的函数名称。

**例 6-37**：

```
<!DOCTYPE html>
<html>
    <head>
        <script src="http://libs.baidu.com/jquery/1.11.1/jquery.min.js"></script>
        <script>
```

```html
        var action = {"font-size":"30px", "width":"600px", "height":"300px"};
        $(document).ready(function(){
          $("button").click(function(){
            $("div").animate(action, 4000);
          });
        });
    </script>
  </head>
  <body>
    <button>开始动画</button>
    <p>默认情况下，所有 HTML 元素的位置都是静态的，并且无法移动。<br/>
    如需对位置进行操作，记得首先把元素的 CSS position 属性设置为
    relative、fixed 或者 absolute。</p>
    <div style="background:#23983f;height:100px;width:150px;
       position:absolute;color:white">Animation 动画</div>
  </body>
</html>
```

## 6.7.5 jQuery 停止动画

stop()方法用于在动画或者效果完成前对它们进行停止。该方法适用于所有 jQuery 效果，包括滑动、淡入淡出和自定义动画。语法如下：

$(selector).stop(stopAll, goToEnd);

可选的 stopAll 参数规定是否应该清除动画队列，默认是 false，即仅停止活动的动画，允许任何排入队列的动画向后执行。可选的 goToEnd 参数规定是否立即完成当前动画，默认是 false。因此，stop()方法会默认清除在被选元素上指定的当前动画。

例 6-38：

```html
<!DOCTYPE html>
<html>
  <head>
    <script src="http://libs.baidu.com/jquery/1.11.1/jquery.min.js"></script>
    <script>
        var action = {"font-size":"30px", "width":"600px", "height":"300px"};
        $(document).ready(function(){
          $("#start").click(function(){
            $("div").animate(action, 4000);
          });
          $("#stop").click(function(){
            $("div").stop();
          });
        });
    </script>
  </head>
```

```html
<body>
    <button id="start">开始动画</button>
    <button id="stop">停止动画</button>
    <p>默认情况下,所有 HTML 元素的位置都是静态的,并且无法移动。<br/>
    如需对位置进行操作,记得首先把元素的 CSS position 属性设置为 relative、fixed 或者 absolute。</p>
    <div style="background:#23983f;height:100px;width:150px;
        position:absolute;color:white">Animation 动画</div>
</body>
</html>
```

### 6.7.6　jQuery Callback 方法

Callback 函数在当前动画 100%完成之后执行。Callback 方法在当前动画 100%完成之后执行。由于 JavaScript 语句是逐一执行的,可能会出现动画还没有完成,而动画之后的语句就被执行,从而会产生错误或者页面冲突的情况。为了避免这个情况,可以以参数的形式添加 Callback 方法。

**1. 语法**

当动画 100%完成后,即调用 Callback 函数。典型的语法如下:

$(selector).hide(speed, callback);

callback 参数是一个在 hide 操作完成后被执行的函数。

**2. 实例**

例 6-39:

```html
<!DOCTYPE html>
<html>
    <head>
        <script src="http://libs.baidu.com/jquery/1.11.1/jquery.min.js"></script>
        <script>
            $(document).ready(function(){
                $("#btn1").click(function(){
                    $("p").hide(1000, function(){
                        alert("段落正在隐藏");
                    });
                });
                $("#btn2").click(function(){
                    $("p").toggle(1000);
                });
            });
        </script>
    </head>
    <body>
        <button id="btn1" type="button">隐藏</button>
        <button id="btn2" type="button">切换</button>
```

```
            <p>
                这是段落中的一些文本。<br/>
                这是段落中的一些文本。<br/>
                这是段落中的一些文本。<br/>
                这是段落中的一些文本。<br/>
                这是段落中的一些文本。<br/>
                这是段落中的一些文本。<br/>
                这是段落中的一些文本。<br/>
                这是段落中的一些文本。<br/>
                这是段落中的一些文本。<br/>
                这是段落中的一些文本。<br/>
            </p>
        </body>
</html>
```

### 6.7.7　jQuery 链式编程

通过 jQuery，可以把动作/方法链接起来。链式编程允许我们在一条语句中调用多个 jQuery 方法（在相同的元素上）。到目前为止，我们都是一次写一条 jQuery 语句。不过，有一种名为链接（chaining）的技术，允许我们在相同的元素上运行多条 jQuery 命令，一条接着另一条。这样的话，浏览器就不必多次查找相同的元素。如果需要链接一个动作，只需要简单地把该动作追加到之前的动作上即可。

下面的例子把 css()、slideUp()、slideDown()方法链接在一起。p1 元素首先会变为红色，然后向上滑动，最后向下滑动。

```
$("#p1").css("color","red").slideUp(2000).slideDown(2000);
```

这样写也可以运行：

```
$("#p1").css("color","red")
    .slideUp(2000)
    .slideDown(2000);
```

## 6.8　jQuery 应用实例

### 6.8.1　jQuery 遍历函数

jQuery 遍历函数包括了用于筛选、查找和串联元素的方法。下面介绍几个应用遍历函数的实例。

**1. $(selector).each()**

each()方法主要用于 DOM 遍历，该方法为每个匹配元素规定运行的函数。语法如下：

```
$(selector).each(function(index,element));
```

回调函数是必需的，index 代表选择器的索引位置，element 代表当前的元素（也可以使用 this 选择器）。

$().each()方法在 DOM 处理上面应用较多。如果页面有多个 input 标签类型为 checkbox，可以应用$().each()来处理多个 checkbox，例如：

```
$("input[name='gender']").each(function(i){
    if($(this).attr("checked") == true) {
        //一些操作代码
    }
})
```

**2. $.each()**

each()函数可以遍历对象、数组的属性值并进行处理。语法如下：

```
$.each( object, callback );
```

jQuery 和 jQuery 对象都实现了该方法。对于 jQuery 对象，只是把 each()方法简单地进行了委托，即把 jQuery 对象作为第一个参数传递给 jQuery 的 each()方法。换句话说，jQuery 提供的 each()方法是对参数一提供的对象中的所有子元素逐一进行方法调用。而 jQuery 对象提供的 each()方法则是对 jQuery 内部的子元素进行逐个调用。each()函数根据参数的类型实现的效果不完全一致。下面是几种常见的用法。

**例 6-40：**

```
<script>
    $(document).ready(function(){
        var arr = [ "one", "two", "three", "four"];
        $.each(arr, function() {
            alert(this);
        });
        var arr1 = [[1, 4, 3], [4, 6, 6], [7, 20, 9]];
        $.each(arr1, function(i, item) {
            alert(item[0]);
        });
        var obj = { one:1, two:2, three:3, four:4 };
        $.each(obj, function(key, val) {
            alert(obj[key]);
        });
    });
</script>
```

**3. $.map()**

map()方法主要用来遍历操作数组和对象中的每个元素，并将返回值收集到 jQuery 对象的实例中。在回调函数中，this 指向每次迭代中的当前 DOM 元素。语法如下：

```
$.map(object, callback);
```

与 each()方法的区别在于:each()返回的是原来的数组,并不会新创建一个数组,而 map()方法会返回一个新的数组。如果在没有必要的情况下使用 map,则有可能造成内存浪费。

**例 6-41:**

```
<script>
  $(document).ready(function(){
    var arr = [ "one", "two", "three", "four" ];
    arr = $.map(arr, function(item, index) {
      return item + "" + index
    });
    alert(arr); //输出:one0, two1, three2, four3
  });
</script>
```

### 6.8.2 评分控件

需求说明:动态创建 5 个空心星星图片,当鼠标依次划过这些空心星星时会依次变成实心的星星图片,得出相应的评分。

```
<!DOCTYPE html>
<html>
  <head>
    <script src="http://libs.baidu.com/jquery/1.11.1/jquery.min.js"></script>
    <script>
      $(function() {
        $("#ratings td").html("<img src='images/starEmpty.gif'/>")
          .mouseover(function() {
            $("#ratings td").html("<img src='images/starFill.gif'/>");
            $(this).nextAll().html("<img src='images/starEmpty.gif'/>");
          });
      });
    </script>
  </head>
  <body>
    <table id="ratings">
      <tr>
        <td></td>
        <td></td>
        <td></td>
        <td></td>
        <td></td>
      </tr>
    </table>
  </body>
</html>
```

162

### 6.8.3　表格选取

需求说明：构建一个成绩表格，第一行是表头，显示大的字体（40px），最后一行是汇总，显示红色字体。表格正文的前三行是前三名，显示较大的字体（28px），表格的奇数行是黄色背景。

```
<!DOCTYPE html>
<html>
  <head>
    <script src="http://libs.baidu.com/jquery/1.11.1/jquery.min.js"></script>
    <script>
     $(function() {
       $("#table1 tr:first").css("font-size","40px");
       $("#table1 tr:last").css("color","red");
       $("#table1 tr:gt(0):lt(3)").css("font-size","28px");
       $("#table1 tr:gt(0):even").css("background-color","yellow");
     });
    </script>
  </head>
  <body>
    <table id="table1">
     <tr>
      <td>姓名</td>
      <td>成绩</td>
     </tr>
     <tr>
      <td>Tom</td>
      <td>100</td>
     </tr>
     <tr>
      <td>Marry</td>
      <td>98</td>
     </tr>
     <tr>
      <td>Jim</td>
      <td>90</td>
     </tr>
     <tr>
      <td>Jerry</td>
      <td>88</td>
     </tr>
     <tr>
      <td>Sarah</td>
      <td>80</td>
     </tr>
     <tr>
```

```
            <td>统计</td>
            <td>92</td>
         </tr>
      </table>
   </body>
</html>
```

### 6.8.4 倒计时读秒阅读协议

需求说明：协议内容下面的注册按钮，其初始状态为不可用，灰色显示"请仔细阅读 XX 秒"，初始值为 10s，时钟倒数。10s 之后按钮才能变为可用状态。

```
<!DOCTYPE html>
<html>
   <head>
      <script src="http://libs.baidu.com/jquery/1.11.1/jquery.min.js"></script>
      <script>
         var id;
         $(function() {
            $("#btn").attr("disabled",true);
            id=setInterval("countDown()",1000);
         });
         var leftSeconds=10;
         function countDown() {
            if (leftSeconds <= 0) {
               $("#btn").val("同意");
               $("#btn").attr("disabled",false);
               clearInterval(id);
               return;
            }
            leftSeconds--;
            $("#btn").val("请仔细阅读"+leftSeconds+"秒");
         }
      </script>
   </head>
   <body>
      <textarea>
      </textarea>
      <input type="button" id="btn" value="同意"/>
   </body>
</html>
```

### 6.8.5 搜索框效果

需求说明：构建一个文本框，当焦点位于文本框，如果文本框中显示的是灰色的"请输入关键词"，那么将该提示文本清空，并且字体颜色设置为黑色。当焦点离开文本框，如果文本框中是空值,那么将文本框填充为"请输入关键词",颜色设置恢复为灰色。

```html
<!DOCTYPE html>
<html>
  <head>
    <style>
      .waiting {
        color:grey;
      }
    </style>
    <script src="http://libs.baidu.com/jquery/1.11.1/jquery.min.js"></script>
    <script>
      $(function(){
        $("#kw").val("请输入关键词")
          .addClass("waiting")
          .blur(function() {
            if ($(this).val() == "") {
              $("#kw").val("请输入关键词")
                .addClass("waiting");
            }
          })
          .focus(function(){
            if ($(this).val() == "请输入关键词") {
              $("#kw").val("")
                .removeClass("waiting");
            }
          });
      });
    </script>
  </head>
  <body>
    <input type="text" id="kw"/>
  </body>
</html>
```

## 6.8.6 全选/全不选/反选

需求说明:构建一个 checkbox 列表,列表内容不限。添加三个按钮,分别是全选、全不选和反选,要求点击按钮后实现相应效果。

```html
<!DOCTYPE html>
<html>
  <head>
    <script src="http://libs.baidu.com/jquery/1.11.1/jquery.min.js"></script>
    <script>
      $(function(){
        $("#selAll").click(function(){
```

```
        $("#playlist :checkbox").prop("checked",true);
      });
      $("#unSelAll").click(function(){
        $("#playlist :checkbox").prop("checked",false);
      });
        $("#reverse").click(function(){
         $("#playlist :checkbox").each(function() {
            $(this).prop("checked", !$(this).prop("checked"));
         });
        });
      });
    </script>
  </head>
  <body>
    <div id="playlist">
      <input type="checkbox"/>歌曲 1<br/>
      <input type="checkbox"/>歌曲 2<br/>
      <input type="checkbox"/>歌曲 3<br/>
      <input type="checkbox"/>歌曲 4<br/>
      <input type="checkbox"/>歌曲 5<br/>
      <input type="checkbox"/>歌曲 6<br/>
    </div>
    <input type="button" value="全选" id="selAll"/>
    <input type="button" value="全不选" id="unSelAll"/>
    <input type="button" value="反选" id="reverse"/>
  </body>
</html>
```

提示：checked 属性在页面初始化的时候已经初始化好了，不会随着状态的改变而改变。也就是说，如果 checkbox 在页面加载完毕是选中的，那么返回的永远都是 checked。如果一开始没被选中，则返回的永远是 undefined。prop()方法会返回 true 或者 false。

### 6.8.7 提示文字

需求说明：构建一段文字，当鼠标移动到文字上面时，以单独的层显示提示文字为"我是提示"，移走鼠标，提示层消失。

```
<!DOCTYPE html>
<html>
  <head>
    <script src="http://libs.baidu.com/jquery/1.11.1/jquery.min.js"></script>
    <script>
      $(function() {
        $("#myspan").hover(function() {
          $("<div id='tooltip'
              style='background-color:grey;width:100px;height:30px;
```

```
                    position:absolute;'>我是提示</div>").insertAfter(this);
                $("#tooltip").css({"display":"block","left":e.pageX,"top":e.pageY+18});
            },function() {
                $("#tooltip").remove();
            });
        });
    </script>
</head>
<body>
    <span id="myspan">这是一段文字</span>
</body>
</html>
```

# 思考题

1. 以下关于 jQuery 描述错误的是（　　）。

   A．jQuery 是一个 JavaScript 函数库

   B．jQuery 极大地简化了 JavaScript 编程

   C．jQuery 的宗旨是"write less，do more"

   D．jQuery 的核心功能不是根据选择器查找 HTML 元素，然后对这些元素执行相应的操作

2. 以下关于 jQuery 优点的说法中错误的是（　　）。

   A．jQuery 的体积较小，压缩以后，大约只有 100kB

   B．jQuery 封装了大量的选择器、DOM 操作、事件处理，使用起来比 JavaScript 简单得多

   C．jQuery 的浏览器兼容性很好，能兼容所有的浏览器

   D．jQuery 易扩展，开发者可以自己编写 jQuery 的扩展插件

3. 在 jQuery 中，下列关于文档就绪函数的写法错误的是（　　）。

   A．$(document).ready(function() {        B．$(function() {
      });                                       });

   C．$(document)(function() {               D．$().ready(function() {
      });                                       });

4. 在 jQuery 中，可用于获取和设置元素属性值的方法是（　　）。

   A．val()                                  B．attr()

   C．removeAttr()                           D．css()

5. 有以下标签：`<input id="txtContent" class="txt" type="text" value="张三"/>`。
   请问不能够正确获取文本框里面的值"张三"的语句是（　　）。

   A．$(".txt").val()                        B．$(".txt").attr("value")

   C．$("#txtContent").text()                D．$("#txtContent").attr("value")

6. 在 jQuery 中指定一个类，如果存在就执行删除功能，如果不存在就执行添加功能。

下面（　　）方法可以直接完成该功能。
  A．removeClass()　　　　　　　　B．deleteClass()
  C．toggleClass(class)　　　　　　　D．addClass()

7．在 jQuery 中，以下对遍历祖先元素的说法正确的有（　　）。
  A．parent()获取当前匹配元素集合中每个元素的父级元素
  B．parent()获取当前匹配元素集合中每个元素的祖先元素
  C．parents()获取当前匹配元素集合中每个元素的祖先元素
  D．parents()获取当前匹配元素集合中每个元素的父级元素

8．在 jQuery 中，关于 fadeIn( )方法正确的是（　　）。
  A．可以改变元素的高度
  B．可以改变元素的透明度
  C．可以改变元素的宽度
  D．与 fadeIn( )相对的方法是 fadeOn( )

9．在 jQuery 中，函数（　　）能够实现元素显示和隐藏的互换。
  A．toggle()　　　　　　　　　　　B．show()
  C．hide()　　　　　　　　　　　　D．fade()

10．在 jQuery 中，有以下代码：

```
$(".btn").click(function() {
    var json = [ { "S_Name": "周颜", "S_Sex": "男" },
                 { "S_Name": "周颖", "S_Sex": "女" } ];
    $.each(json, function(index, s) {
        alert(s.S_Name + "," + s.S_Sex);     ——语句 1
    });
});
```

以下说法正确的是（　　）。
  A．此代码不会正常运行　　　　　　B．语句 1 会被执行 1 次
  C．语句 1 会被执行 2 次　　　　　　D．$.each()函数的用法有误

11．简述 jQuery 中的选择器和 CSS 中的选择器的区别。
12．简述 jQuery 中的选择器的优势。
13．简述在使用选择器的时候需要注意的地方。
14．jQuery 对象和 DOM 对象之间是怎样转换的？

# 第二部分 Web 进阶

# 第 7 章 HTML5

HTML5 是定义 HTML 标准的最新版本，具有新的元素、属性和行为。它拥有更大的技术集，支持更多样化和强大的网站和应用程序。大部分现代浏览器已经支持某些 HTML5 标准。最新版本的 Safari、Chrome、Firefox 以及 Opera 支持某些 HTML5 特性。Internet Explorer 9 将支持某些 HTML5 特性。

## 7.1 HTML5 简介

**1. HTML5 是如何起步的？**

HTML5 是 W3C 与 WHATWG 合作的结果。W3C 指 World Wide Web Consortium，即万维网联盟。WHATWG 指 Web Hypertext Application Technology Working Group。WHATWG 致力于 Web 表单和应用程序，而 W3C 专注于 XHTML 2.0。在 2006 年，双方决定进行合作，共同创建一个新版本的 HTML。

**2. HTML5 设计目的**

HTML5是最新的第五代 HTML 标准。它不仅提供丰富的媒体支持，而且还增强了对创建一个能够与用户进行交互的 Web 应用的支持，使用户的本地数据和服务器交互比以前更有效、更容易。以下是建立 HTML5 遵循的一些规则：

- 新特性应该基于 HTML、CSS、DOM 以及 JavaScript。
- 减少对外部插件的需求（例如 Flash）。
- 更优秀的错误处理。
- 更多取代脚本的标记。
- HTML5 应该独立于设备。
- 开发进程应对公众透明。

HTML5 的设计目的是为了在移动设备上支持多媒体，新的语法特征被引进以支持这一点。HTML5 还引进了新的功能，可以真正改变用户与文档的交互方式，主要包括：

- 用于绘画的 canvas 元素。
- 用于媒体回放的 video 和 audio 元素。
- 对本地离线存储的更好的支持。
- 一个 HTML5 文档到另一个文档间的拖放功能。

- 新的特殊内容元素，例如 article、footer、header、nav、section。
- 新的表单控件，例如 calendar、date、time、email、url、search。

## 7.2 HTML5 新特性

### 7.2.1 简化的文档类型和字符集

**1. HTML5<!DOCTYPE>标签**

HTML5 对<!DOCTYPE>标签进行了简化，只支持 HTML 一种文档类型。定义代码如下：

```
<!DOCTYPE html>
```

之所以这么简单，是因为 HTML5 不再是 SGML（Standard Generalized Markup Language）的一部分，而是独立的标记语言。这样设计 HTML 文档时就不需要考虑文档类型了。

使用这个 DOCTYPE，对于目前还不支持 HTML5 的浏览器采用标准模式解析，即会解析那些 HTML5 中兼容的旧的 HTML 标签部分，而忽略浏览器不支持的 HTML5 新特性。同时，文档类型比以前更短、更简单，能够更容易地被记住并且减少必须下载的字节数。

**2. HTML5 的字符集**

如果要正确显示 HTML 页面，浏览器必须知道使用何种字符集。HTML4 的字符集包括 ASCII、ISO-8859-1、Unicode 等很多类型。

HTML5 的字符集也得到了简化，只需要使用 UTF-8 即可，使用一个<meta>标签就可以指定 HTML5 的字符集，代码如下：

```
<meta charset="UTF-8">
```

值得注意的是，HTML5 限制了可用的字符集，需要兼容 8 位的 ASCII。这样做是为了加强安全，防止某些类型的攻击。

### 7.2.2 使用新的 HTML5 解析器

HTML5 的解析器分析主要是从标签的语义进行，并且语义化标签在 HTML5 中得到更加严格的定义。在 HTML5 之前，只有明确定义的标签才能使用，这意味着一旦有一个小错误在标签上，表现出来的形式就是未定义的标签。从本质上讲，这会导致所有的浏览器使用相同的标签时，产生的作用和表现形式都不一样。如今面对标签问题，所有的浏览器厂商必须定义一个相同标准。

这个统一的开发标准帮助了网站开发者进行开发。目前大多数浏览器使用 HTML5 的分析标准，但是非 HTML5 标准的浏览器也有部分人使用。推荐使用语义化标签，HTML5 的新标准让这些代码可以更加简单地理解和维护，并且将会大量减少目前市场存在的旧浏览器的兼容问题。

## 7.2.3　HTML5 文档结构

文档结构，即<body>标记之间内容的语义结构，对于呈现页面给用户是很重要的。HTML4 使用文档中的章节和子章节概念描述文档结构。一个章节由一个包含着标题元素（<h1>~<h6>）的 div 元素表示。这些 HTML 划分元素（HTML Dividing Elements）和标题元素（HTML Heading Elements）形成了文档的结构和纲要。HTML5 新增了几个元素，使得开发者可以使用标准语义描述 Web 文档结构。

<body>元素中的所有内容都是节段中的一部分。节段在 HTML5 中是可以嵌套的。<body>元素定义了主节段，基于主节段，可以显式或者隐式定义各个子节段的划分。显式定义的节段是通过<body>、<section>、<article>、<aside>和<nav>这些标记中的内容体现的。HTML5 还引入了两个可以用于标记节段的页眉和页脚的新元素。

- <section>标签：用于定义文档中的节段，例如：章节、页眉、页脚或者文档中的其他部分。
- <article>标签：用于定义文章或者网页中的主要内容。
- <nav>标签：用于定义导航链接。但是，不是所有的链接都需要包含在<nav>元素中。
- <aside>标签：用于定义主要内容之外的其他内容（例如侧边栏）。<aside>标签的内容应与主区域的内容相关。
- <header>标签：用于定义文档的页眉（介绍信息）。在页面中可以使用多个<header>元素。
- <footer>标签：用于定义节段（section）或者文档的页脚。通常，该元素包含作者的姓名、文档的创作日期或者联系方式等信息。
- <figure>和<figcaption>标签：用于定义独立的流内容（图像、图表、照片、代码等等）。<figure>元素的内容应该与主内容相关，但如果被删除，则不应该对文档流产生影响。<figcaption>标签定义<figure>元素的标题。<figcaption>元素应该被置于 figure 元素的第一个或者最后一个子元素的位置。

**例 7-1：**

```
<!DOCTYPE html>
<html>
  <head>
    <meta charset="UTF-8">
    <title>文档结构</title>
  </head>
  <body>
    <h2>Body</h2>
    <header id="header">
    <h2>Header</h2>
    <nav>
      <ul>
        <li><a href="#">Home</a></li>
        <li><a href="#">First</a></li>
        <li><a href="#">Second</a></li>
```

```html
            <li><a href="#">Third</a></li>
        </ul>
    </nav>
</header>
<section id="section">
    <h2>Section</h2>
    <article class="post">
        <h2>Article</h2>
        <header>
            <h3>Article Header</h3>
        </header>
        <aside>
            <h3>Article Aside</h3>
        </aside>
        <p>Article contents.</p>
        <footer>
            <h3>Article Footer</h3>
        </footer>
    </article>
</section>
<section id="sidebar">
    <h2>Section</h2>
    <header>
        <h3>Sidebar Header</h3>
    </header>
    <nav>
        <ul>
            <li><a href="2018/04">April 2018</a></li>
            <li><a href="2018/03">March 2018</a></li>
            <li><a href="2018/02">February 2018</a></li>
            <li><a href="2018/01">January 2018</a></li>
        </ul>
    </nav>
</section>
<footer id="footer">
    <h2>Footer</h2>
</footer>
</body>
</html>
```

## 7.2.4　HTML5 增强的 iframe 元素

HTML 不再推荐页面中使用框架集，因此 HTML5 删除了<frameset>、<frame>和<noframes>这三个元素。不过 HTML5 还保留了<iframe>元素。HTML 内联框架元素<iframe>表示嵌套的浏览上下文，有效地将另一个 HTML 页面嵌入到当前页面中。在 HTML 4.01 中，文档可能包含头部和正文，或者头部和框架集，但不能包含正文和框架集。但是，

<iframe>可以在正常的文档主体中使用。每个浏览上下文都有自己的会话历史记录和活动文档。包含嵌入内容的浏览上下文称为父浏览上下文。顶级浏览上下文（没有父级）通常是浏览器窗口。

例 7-2：

```
<!DOCTYPE html>
<html>
    <head>
        <meta charset="UTF-8">
        <title>行内框架</title>
    </head>
    <body>
        <iframe src="img1.html" width="200" height="120"></iframe>
        主页面内容
    </body>
</html>
```

**1. 新增的 srcdoc 属性**

该属性值可以是 HTML 代码，这些代码会被渲染到 iframe 中。如果同时指定了 src 属性，srcdoc 会覆盖 src 所指向的页面。该属性最好能与 sandbox 和 seamless 属性一起使用。

**2. 新增的 seamless 属性**

seamless 属性是一个支持 boolean 值的属性，指定了该属性的<iframe>所生成的框架看上去是原文档的一部分，不再显示边框和进度条。

**3. 新增的 sandbox 属性**

如果指定了空字符串，该属性对呈现在 iframe 框架中的内容启用一些额外的限制条件。属性值可以是用空格分隔的一系列指定的字符串，具体值见表 7-1。

表 7-1  sandbox 属性

| 属　　性 | 具　体　描　述 |
| --- | --- |
| allow-forms | 允许嵌入的浏览上下文可以提交表单。如果该关键字未使用，该操作将不可用 |
| allow-modals | 允许内嵌浏览环境打开模态窗口 |
| allow-orientation-lock | 允许内嵌浏览环境禁用屏幕朝向锁定 |
| allow-pointer-lock | 允许内嵌浏览环境使用 Pointer Lock API |
| allow-popups | 允许弹窗。如果没有设置该属性，相应的功能将默认失效 |
| allow-popups-to-escape-sandbox | 允许沙箱文档打开新窗口，并且不强制要求新窗口设置沙箱标记 |
| allow-presentation | 允许嵌入者控制 iframe 是否启用一个展示会话 |
| allow-same-origin | 允许将内容作为普通来源对待。如果未使用该关键字，嵌入的内容将被视为一个独立的源 |
| allow-scripts | 允许嵌入的浏览上下文运行脚本（但不能由 window 创建弹窗）。如果该关键字未使用，这项操作不可用 |
| allow-top-navigation | 嵌入的页面的上下文可以导航（加载）内容到顶级的浏览上下文环境（browsing context）。如果未使用该关键字，这个操作将不可用 |

### 7.2.5 HTML5 新增的内联元素

**1. <mark>标签**

<mark>标签用于定义带有记号的文本。在需要突出显示文本时可使用<mark>标签。例如：

    `<p>今天的<mark>出行安排</mark>。</p>`

**2. <time>标签**

<time>标签用来表示 HTML 网页中出现的日期和时间，目的是让搜索引擎等其他程序更容易地提取这些信息。<time>标签的 datetime 属性用于指定日期/时间。如果不指定此属性，则由元素的内容给定日期/时间。例如：

    `<time datetime="2018-07-23">大暑节气</time>`

**3. <meter>标签**

<meter>标签用于定义度量衡，仅用于已知最大和最小值的度量。浏览器会使用图形方式表现<meter>标签。<meter>标签的属性说明如下：

- high——定义度量的值位于哪个点，被界定为高的值。
- low——定义度量的值位于哪个点，被界定为低的值。
- max——定义最大值。默认值是 1。
- min——定义最小值。默认值是 0。
- optimum——定义什么样的度量值是最佳的值。如果该值高于"high"，则意味着值越高越好。如果该值低于"low"属性的值，则意味着值越低越好。
- value——定义度量的值。

例如：

    `<meter value="2" min="0" max="10"></meter>`

**4. <progress>标签**

<progress>标签用于定义一个进度条。它的属性说明如下：

- max——定义完成的值。
- value——定义进度条的当前值。如果不指定，则显示一个动态的进度条。

例如：

    `<progress value="22" max="100"></progress>`

### 7.2.6 HTML5 表单的新特性

HTML5 对表单进行了很多扩充和完善，从而可以设计出全新界面的表单。HTML5 表单的新特性包括新的 input 类型、新的表单元素、新的表单属性以及新增的表单验证功能。

#### 7.2.6.1 新的 input 类型

**1. email 类型**

email 类型用于包含 email 地址的输入域。在提交表单时，会自动验证 email 域的值。

```
<input type="email"/>
```

### 2. url 类型
url 类型用于包含 URL 地址的输入域。在提交表单时，会自动验证 URL 域的值。

```
<input type="url"/>
```

### 3. number 类型
number 类型用于包含数值的输入域，可以对所接受的数字做限定。

```
<input type="number" min="1" max="100" value="30" step="5"/>
```

### 4. tel 类型
tel 类型用于定义输入电话号码字段。

```
<input type="tel" name="usrtel"/>
```

### 5. range 类型
range 类型用于应该包含一定范围内数字值的输入域。range 类型显示为滑动条，可以对所接受的数字做限定。

```
<input type="range" name="points" min="1" max="10"/>
```

### 6. 日期选择器
HTML5 拥有多个可供选取日期和时间的新输入类型：
- date——用于包含日期值的输入域，可以通过一个下拉日历来选择年/月/日。
- month——用于选取月和年。
- week——用于选取周和年。
- time——用于选取时间（小时和分钟）。
- datetime——用于选取时间、日、月、年（UTC 时间）。
- datetime——local-用于选取时间、日、月、年（本地时间）。

```
<input type="date"/>
```

### 7. search 类型
search 类型用于搜索域，例如站点搜索或者百度搜索。它显示为常规的文本域。

```
<input type="search"/>
```

### 8. color 类型
color 类型用于选择颜色。

```
<input type="color"/>
```

#### 7.2.6.2 新的表单元素
### 1. datalist 元素
datalist 元素用于定义输入域的选项列表。定义 datalist 元素的语法如下：

```
<datalist id="…">
    <option label="…" value="…" />
    <option label="…" value="…" />
    …
</datalist>
```

**例 7-3：**

```
<datalist id="url_list">
    <option label="百度" value="http://www.baidu.com" />
    <option label="谷歌" value="http://www.google.com"/>
</datalist>
```

搜索引擎：

```
<input type="url" list="url_list" name="link"/>
```

提示：list 是 input 元素的新增属性，用于规定输入域的 datalist。

**2. keygen 元素**

keygen 元素用于提供一种验证用户的可靠方法，它是一个密钥对生成器。当提交表单时，会生成两个键，一个是私钥（private key），一个公钥（public key）。私钥存储于客户端，公钥则被发送到服务器。公钥可用于之后验证用户的客户端证书。

```
<keygen name="security" />
```

**3. output 元素**

output 元素用于显示不同类型的输出，例如计算或者脚本的结果输出。

**例 7-4：**

```
<form action="" id="myform"
    oninput="num.value=parseInt(num1.value)+parseInt(num2.value)">
    <input type="number" id="num1">+
    <input type="number" id="num2">=
    <output name="num" for="num1 num2"></output>
</form>
```

提示：for 属性规定了计算中使用的元素与计算结果之间的关系。

#### 7.2.6.3 新的表单属性

**1. form 元素的新增属性**

form 元素的新增属性见表 7-2。

表 7-2 form 新增属性

| 属性 | 具体描述 |
| --- | --- |
| autocomplete | 规定表单中的元素是否具有自动完成功能。所谓自动完成功能就是表单会记忆用户在表单元素中输入数据的历史记录。下次输入时会根据用户输入的字头提示匹配的历史数据，帮助用户完成输入。autocomplete="on"表示启用自动完成功能；autocomplete="off"表示停用自动完成功能。<br>&lt;form action="login.jsp" method="get" autocomplete="on"&gt; |

(续)

| 属　性 | 具　体　描　述 |
| --- | --- |
| novalidate | 规定在提交表单时不验证数据，例如：<br><form action="login.jsp" method="get" novalidate><br>如果不使用 novalidate，则会验证数据 |

### 2．input 元素的新增属性

input 元素的新增属性见表 7-3。

表 7-3　input 元素的新增属性

| 属　性 | 具　体　描　述 |
| --- | --- |
| autocomplete | 规定表单中的元素是否具有自动完成功能。所谓自动完成功能就是表单会记忆用户在表单元素中输入数据的历史记录。下次输入时会根据用户输入的字头提示匹配的历史数据，帮助用户完成输入。autocomplete="on"表示启用自动完成功能；autocomplete="off"表示停用自动完成功能。<br><input type="text" name="userName" autocomplete="on"/> |
| autofocus | 规定在页面加载时，域自动地获得焦点。例如：<br><input type="text" name="userName" autofocus/> |
| form | 规定输入域所属的一个或者多个表单。这样就可以在表单的外面定义表单域了。例如：<br><form action="login.jsp" method="get" id="user_form"><br>Name:<input type="text" name="userName" /><br><input type="submit" /><br></form><br>Titile: <input type="text" name="title" form="user_form" /> |
| 表单重写属性 | 重写 form 元素的某些属性。包括：<br>● formaction，重写表单的 action 属性。<br>● formenctype，重写表单的 enctype 属性。<br>● formmethod，重写表单的 method 属性。<br>● formnovalidate，重写表单的 novalidate 属性。<br>● formtarget，重写表单的 target 属性。<br>表单重写属性通常只用于 submit 类型的<input>标签。例如：<br><form action="login.jsp" method="get" id="user_form"><br>E-mail: <input type="email" name="email" /><br /><br><input type="submit" value="Submit" /><br /><br><input type="submit" formaction="login_admin.jsp" value="管理员提交" /> |
| height 和 width | 规定用于 image 类型的 input 标签的图像高度和宽度 |
| list | 规定输入域的 datalist。datalist 是输入域的选项列表 |
| min、max 和 step 属性 | 为包含数字或者日期的 input 类型规定限定。<br>● max 属性规定输入域所允许的最大值。<br>● min 属性规定输入域所允许的最小值。<br>● step 属性为输入域规定合法的数字间隔（如果 step="2"，则合法的数是-2,0,2,4,6 等）。例如：<br><input type="number" name="points" min="0" max="10" step="3" /><br>表示该域只接受最小 0、最大 10，步长为 3 的整数，包括 0,3,6,9 |
| multiple | 规定输入域中可选择多个值，适用于 email 和 file 类型<input>标签 |
| novalidate | 规定在提交表单时不验证数据 |
| pattern | 规定用于验证 input 域的模式，模式（pattern）是正则表达式。使用正则表达式指定 pattern 属性的例子，规定文本域只接受 6 个字母的字符串：<br><input type="text" name="country_code" pattern="[A-z]{6}"/> |
| placeholder | 提供一种提示（hint），描述输入域所期待的值。例如：<br><input type="text" name="title" placeholder="职位"/> |
| required | 规定必须在提交之前填写输入域，即不能为空。例如：<br><input type="text" name="title" required /> |

#### 7.2.6.4 新增的表单验证功能

在提交 HTML5 表单时，浏览器会根据一些 input 元素的属性自动对其进行验证。例如，前面已经介绍的 email、url 等类型的 input 元素会进行格式检查；使用 required 属性的 input 元素会检查是否输入数据；使用 pattern 属性的 input 元素会检查输入数据是否符合定义的模式等。这些都是由浏览器在提交数据时自动进行的。如果用户需要显式地进行表单验证，还可以使用 HTML5 新增的一些相关特性。

**1. checkValidity()方法**

HTML5 为 input 元素增加了一个 checkValidity()方法，用于检查 input 元素是否按照浏览器定义规则满足验证要求。如果满足要求则返回 true；否则返回 false，并提示用户。

在下面的例子中，定义了一个表单，包含一个用于输入电子邮箱的文本框和一个用于表单提交的按钮。

**例 7–5：**

使用 novalidate="true"取消表单默认验证，由程序员自己来处理 email 校验。

```html
<!DOCTYPE html>
<html>
  <head>
    <meta charset="UTF-8">
    <title>checkValidity()校验</title>
  </head>
  <body>
    <form onsubmit="testform()" novalidate="true">
      <label for="email"> 邮箱：</label>
      <input type="email" id="email" name="email"/>
      <input type="submit" value="提交"/>
    </form>
  </body>
  <script>
    function testform(){
      var email=document.getElementById("email");
      if (email.value==""){
        alert("请输入 email！");
        return false;
      } else if (!email.checkValidity()) {
        alert("email 的格式不正确！");
        return false;
      }
    }
  </script>
</html>
```

**2. 特殊需求验证**

如果用户有特殊的验证需求，则可以使用 JavaScript 程序自定义验证方法，然后使用

input 对象的 setCustomValidity()方法设置自定义的提示方式。

在下面的例子中，定义了一个表单 form2，包含两个用于输入密码的文本框、一个 email 地址框和一个用于表单验证的按钮，自定义了一个验证方法 check()，用于检查密码非空、两次输入的密码是否一致以及 email 非空并合法。

**例 7-6：**

```html
<form name="form2" id="form2">
    <p><label for="password1">输入密码：</label>
        <input type="password" id="password1"></p>
    <p><label for="password2">确认密码：</label>
        <input type="password" id="password2"></p>
    <p><label for="password2">Email：</label>
        <input type="email" name="email" id="email" /><br/>
    <button onclick="check ()">验证</button>
</form>
<script>
    function check() {
        var pass1 = document.getElementById("password1");
        var pass2 = document.getElementById("password2");
        if (pass1.value == "")
            pass1.setCustomValidity("请输入密码");
        else
            pass1.setCustomValidity("");                        //取消自定义提示方式
        if (pass1.value != pass2.value)
            pass2.setCustomValidity("两次输入的密码不一致");
        else
            pass2.setCustomValidity("");

        var email=document.getElementbyid("email");
            if (email.value==""){
            email.setCustomValidity("email 地址不能为空");
        } else if (!email.checkValidity()) {
            email.setCustomValidity("请输入正确的 email 地址");
        }
    }
</script>
```

### 3. 使用 ValidityState 对象进行表单验证

ValidityState 代表了一个元素的验证状态，可以通过 validity 属性获取。例如，可以使用下面的方法获取表单 myForm 的 myInput 域的 ValidityState 对象。

```
var valCheck = document.myForm.myInput.validity
```

ValidityState 对象有 8 个属性，分别针对 8 个方面的错误验证，属性值均为布尔值，具体如下：

- valueMissing——必填的表单元素的值为空（required）。

- typeMismatch——输入值与 type 类型不匹配（number, email, url）。
- patternMismatch——输入值与 pattern 属性的正则表达式不匹配（pattern）。
- tooLong——输入的内容超过了表单元素的 maxLength 属性限定的字符长度（maxLength）。
- rangeUnderFlow——输入的值小于 min 属性的值（min range）。
- rangeOverFlow——输入的值大于 max 属性的值（max range）。
- stepMismatch——输入的值不符合 step 属性所推算出的规则（step）。
- customError——使用自定义的验证错误提示信息。

例 7-7：

```
<input id="inp1" type="text" value="foo" required/>
<input id="inp2" type="text" value="" required/>
<script>
  document.getElementById("inp1").validity.valueMissing; //false
  document.getElementById("inp2").validity.valueMissing; //true
</script>
```

## 7.3 HTML5 文件处理

在 HTML5 File API 出现之前，前端对文件的操作是非常局限的，大多需要配合后端实现。出于安全角度考虑，从本地上传文件时，代码不可能获取文件在用户本地的地址，所以纯前端不可能完成一些类似图片预览的功能。但是 File API 的出现，让这一切变成了可能。

### 7.3.1 选择文件的表单控件

file 类型的 input 元素可以选择文件。

```
<input type="file" id="Files" name="files[]" multiple />
```

multiple 属性用于定义可以选择多个文件。

### 7.3.2 HTML5 File API

File API 是文件处理规范的基础，包含最基础的文件操作的 JavaScript 接口设计。其中最主要的接口定义一共有 4 个：

- FileList 接口：FileList 对象针对表单的 file 控件。当用户通过 file 控件选取文件后，这个控件的 files 属性值就是 FileList 对象。它在结构上类似于数组，包含用户选取的多个文件。如果 file 控件没有设置 multiple 属性，那么用户只能选择一个文件，FileList 对象也就只有一个元素了。
- Blob 接口：代表一段二进制数据，提供一系列操作接口。其他操作二进制数据的 API（例如 File 对象），都是建立在 Blob 对象基础上的，继承了它的属性和方法。生成 Blob 对象有两种方法，一种是使用 Blob 构造函数，另一种是对现有的 Blob 对象使用 slice()方法切出一部分。Blob 对象有两个只读属性：

-size：二进制数据的大小，单位为字节。

-type：二进制数据的 MIME 类型，全部为小写，如果类型未知，则该值为空字符串。

- File 接口：用来代表一个文件，是从 Blob 接口继承而来的，并在此基础上增加了诸如文件名、MIME 类型之类的特性。

  -name：文件名，该属性只读。

  -size：文件大小，单位为字节，该属性只读。

  -type：文件的 MIME 类型，如果分辨不出类型，则为空字符串，该属性只读。

  -lastModified：文件的上次修改时间，格式为时间戳。

  -lastModifiedDate：文件的上次修改时间，格式为 Date 对象实例。

- FileReader 接口：提供读取文件的方法和事件。它的参数是 File 对象或者 Blob 对象。对于不同类型的文件，FileReader 提供了不同的方法读取文件。

这里有两点细节需要注意：

- 平时使用 input[type="file"]元素都是选中单个文件，其本身是允许同时选中多个文件的，所以会用到 FileList 接口。
- Blob 接口和 File 接口可以返回数据的字节数等信息，也可以"切割"，但无法获取真正的内容，这也正是 FileReader 接口存在的意义。当文件大小不一致时，读取文件可能会存在明显的时间花费，所以通常采用异步的方式，通过触发另外的事件来返回读取到的文件内容。

### 7.3.3 FileList 接口

FileList 接口是 File API 的重要成员，它代表由本地系统里选中的单个文件组成的文件数组，用于获取 File 类型的 input 元素所选择的文件。FileList 接口的定义代码如下：

```
interface FileList {
    getter File    item(unsigned long index);
    readonly attribute unsigned long length;
};
```

FileList 接口的成员说明如下：

- item 方法——返回 FileList 数组的第 index 个数组元素，一个 File 对象。
- length——数组元素的数量。

**例 7-8**：显示选择文件的名称和大小

- 选择文件的 input 元素的定义代码如下：

  ```
  <input type="file" id="Files" name="files[]" multiple />
  ```

- 定义一个显示文件信息的<div>元素，代码如下：

  ```
  <div id="Lists"></div>
  ```

- 选择文件的 input 元素 File 定义 change 事件的处理函数，代码如下：

```
    if (window.File && window.FileList && window.FileReader && window.Blob) {
        document.getElementById("Files").addEventListener("change", fileSelect, false);
    } else {
        document.write("您的浏览器不支持 File API");
    }
```

提示：事件流依次分为捕获阶段、目标阶段、冒泡阶段，addEventListener()方法的第三个参数为 true 时，表示只在捕获阶段处理事件，如果为 false，则表示在目标阶段和冒泡阶段处理事件。

- 当用户选择文件后，会触发 change 事件，处理函数为 fileSelect()，其定义代码如下：

```
function fileSelect(e) {
    e = e || window.event;                  //兼顾浏览器的兼容性
    var files = e.target.files;             //FileList 对象
    var output = [];
    for (var i = 0, f; f = files[i]; i++) {
        output.push("<li><strong>" + f.name + "</strong>("
            + f.type + ") – "+ f.size +" bytes</li>");
    }
    document.getElementById("Lists").innerHTML
            = "<ul>" + output.join("") + "</ul>";
}
```

### 7.3.4 FileReader 接口

HTML5 定义了 FileReader 作为文件 API 的重要成员用于读取文件。根据 W3C 的定义，FileReader 接口提供了读取文件的方法和包含读取结果的事件模型。FileReader 的使用方式非常简单，可以按照如下步骤创建 FileReader 对象并调用其方法。

**1. 检测浏览器对 FileReader 的支持**

```
if (window.FileReader) {
    var fr = new FileReader();
    //添加操作代码
}
else {
    alert("您的浏览器不支持 File API。");
}
```

**2. 调用 FileReader 对象的方法**

FileReader 的实例拥有 4 个方法，其中 3 个用来读取文件，另一个用来中断读取。表 7-4 列出了这些方法以及它们的参数和功能。需要注意的是，无论读取成功或者失败，方法并不会返回读取结果，这一结果存储在 result 属性中。

表 7-4 FileReader 对象方法

| 方法名 | 参数 | 描述 |
| --- | --- | --- |
| abort | none | 终止文件上传 |
| readAsBinaryString | file | 将文件读取为二进制字符串，已废弃 |
| readAsDataURL | file | 将文件读取为 DataURL。DataURL 是一种将小文件直接嵌入文档的方案。这里的小文件通常是指图像与 HTML 等格式的文件 |
| readAsText | file, [encoding] | 将文件读取为文本。默认情况下，文本编码格式是 UTF-8，可以通过可选的格式参数，指定其他编码格式的文本 |
| readAsArrayBuffer | Blob\|File | 返回一个 ArrayBuffer 对象 |

### 3. 处理事件

FileReader 包含了一套完整的事件模型，用于捕获读取文件时的状态，表 7-5 归纳了这些事件。

表 7-5 FileReader 处理事件

| 事件 | 描述 |
| --- | --- |
| onabort | 中断时触发 |
| onerror | 出错时触发 |
| onload | 文件读取成功完成时触发 |
| onloadend | 读取完成触发，无论成功或失败 |
| onloadstart | 读取开始时触发 |
| onprogress | 读取中 |

文件一旦开始读取，无论成功或者失败，实例的 result 属性都会被填充。如果读取失败，则 result 的值为 null，否则即是读取的结果。绝大多数程序都会在成功读取文件时抓取这个值。下面演示 FileReader 接口的使用。

**例 7-9**：使用 readAsText()读取并显示文本文件内容

● 选择文件的 input 元素的定义代码如下：

&lt;input type="file" id="file"/&gt;

● 定义一个显示文件信息的&lt;div&gt;元素，代码如下：

&lt;div name="result" id="result"&gt;&lt;/div&gt;

● 选择文件的 input 元素 File 定义 change 事件的处理函数，代码如下：

```
if (window.File && window.FileList && window.FileReader && window.Blob) {
    document.getElementById("file").addEventListener("change", fileSelect, false);
} else {
    document.write("'您的浏览器不支持 File API。");
}
```

● 当用户选择文件后，会触发 change 事件，处理函数为 fileSelect()，其定义代码如下：

```
function fileSelect(e) {
    e = e || window.event;                          //兼顾浏览器的兼容性
    var files = e.target.files;
    var f = files[0];
    var reader = new FileReader();                  //创建 FileReader 对象用于读取文件
    reader.readAsText(f);                           //读取文本数据
    //读取数据成功后的处理函数
    reader.onload = function (f) {
        document.getElementById("result").innerHTML = this.result;
    }
}
```

**例 7-10**：使用 readAsDataURL()读取图片

以 readAsDataURL()方法为例，当用户选择文件后，会触发 change 事件，处理函数为 fileSelect()。首先会判断该文件是不是图片，如果是则在页面显示该图片。定义代码如下：

```
function fileSelect(e) {
    e = e || window.event;                          //兼顾浏览器的兼容性
    var file = e.target.files[0];
    if (!/image\/\w+/.test(file.type)) {
        alert("此处需要的是图片文件！");
        return false;
    }
    var reader = new FileReader();
    reader.readAsDataURL(file);
    reader.onload = function (f) {
        document.getElementById("result").innerHTML
            = '<img src="' + this.result + '" alt="" />';
    }
}
```

## 7.4 HTML5 视频

HTML5 提供了展示视频的标准。目前，大多数视频是通过插件（例如 Flash）来显示的。然而，并非所有浏览器都拥有同样的插件。HTML5 规定了一种通过 video 元素来包含视频的标准方法。

### 7.4.1 视频格式

当前，video 元素支持三种视频格式，见表 7-6。

**表 7-6　video 元素支持的视频格式**

| 格　式 | IE | FireFox | Opera | Chrome | Safari |
|---|---|---|---|---|---|
| Ogg | 不支持 | 3.5+ | 10.5+ | 5.0+ | 不支持 |

(续)

| 格式 | IE | FireFox | Opera | Chrome | Safari |
|---|---|---|---|---|---|
| MPEG 4 | 9.0+ | 不支持 | 不支持 | 5.0+ | 3.0+ |
| WebM | 不支持 | 4.0+ | 10.6+ | 6.0+ | 不支持 |

表中：
Ogg = 带有 Theora 视频编码和 Vorbis 音频编码的 Ogg 文件
MPEG4 = 带有 H.264 视频编码和 AAC 音频编码的 MPEG 4 文件
WebM = 带有 VP8 视频编码和 Vorbis 音频编码的 WebM 文件

### 7.4.2 在 HTML5 中显示视频

**1．在 HTML5 中显示视频**

```
<video src="movie.ogg" controls="controls"></video>
```

control 属性用于添加播放、暂停和音量控件。

**2．<video>与</video>之间插入的内容是供不支持 video 元素的浏览器显示的**

```
<video src="movie.ogg" width="320" height="240" controls="controls">
您的浏览器不支持<video>标签。
</video>
```

上面的例子使用一个 Ogg 文件，适用于 Firefox、Opera 以及 Chrome 浏览器。要确保适用于 Safari 浏览器，视频文件必须是 MPEG4 类型。

**3．video 元素允许多个 source 元素**

source 元素可以链接不同的视频文件。浏览器将使用第一个可识别的格式：

```
<video width="320" height="240" controls="controls">
  <source src="movie.ogg" type="video/ogg">
  <source src="movie.mp4" type="video/mp4">
  您的浏览器不支持<video>标签。
</video>
```

### 7.4.3 <video>标签的属性

表 7-7 列举了<video>标签的主要属性。

表 7-7　video 元素属性

| 属性 | 值 | 描述 |
|---|---|---|
| autoplay | autoplay | 如果出现该属性，则视频在就绪后马上播放 |
| controls | controls | 如果出现该属性，则向用户显示控件，例如播放按钮 |
| height | pixels | 设置视频播放器的高度 |
| loop | loop | 如果出现该属性，则当媒体文件完成播放后再次开始播放 |

(续)

| 属性 | 值 | 描述 |
|---|---|---|
| muted | muted | 规定视频的音频输出应该被静音 |
| poster | url | 规定视频下载时显示的图像，或者在用户点击播放按钮前显示的图像 |
| preload | preload | 如果出现该属性，则视频在页面加载时进行加载，并预备播放。如果使用"autoplay"，则忽略该属性 |
| src | url | 要播放的视频的URL |
| width | pixels | 设置视频播放器的宽度 |

## 7.5 HTML5 音频

当前，大多数音频是通过插件（例如 Flash）来播放的。然而，并非所有浏览器都拥有同样的插件。HTML5 规定了一种通过 audio 元素来包含音频的标准方法。audio 元素能够播放声音文件或者音频流。

### 7.5.1 音频格式

audio 元素支持三种音频格式，见表 7-8。

表 7-8  audio 元素支持的音频格式

| | IE 9 | FireFox 3.5 | Opera 10.5 | Chrome 3.0 | Safari 3.0 |
|---|---|---|---|---|---|
| Ogg Vorbis | | √ | √ | √ | |
| MP 3 | √ | | | √ | √ |
| Wav | | √ | √ | | √ |

### 7.5.2 在 HTML5 中播放音频

**1. 在 HTML5 中播放音频**

```
<audio src="song.ogg" controls="controls"></audio>
```

control 属性用于添加播放、暂停和音量控件。

**2. <audio>与</audio>之间插入的内容是供不支持 audio 元素的浏览器显示的**

```
<audio src="song.ogg" controls="controls">
    您的浏览器不支持<audio>标签。
</audio>
```

上面的例子使用一个 Ogg 文件，适用于 Firefox、Opera 以及 Chrome 浏览器。要确保适用于 Safari 浏览器，音频文件必须是 MP3 或者 Wav 类型。

**3. audio 元素允许多个 source 元素**

source 元素可以链接不同的音频文件。浏览器将使用第一个可识别的格式：

```
<audio controls="controls">
```

```
<source src="song.ogg" type="audio/ogg">
<source src="song.mp3" type="audio/mpeg">
您的浏览器不支持<audio>标签。
</audio>
```

### 7.5.3 <audio>标签的属性

表 7-9 列举了<audio>标签的主要属性。

表 7-9  audio 元素的属性

| 属 性 | 值 | 描 述 |
|---|---|---|
| autoplay | autoplay | 如果出现该属性,则音频在就绪后马上播放 |
| controls | controls | 如果出现该属性,则向用户显示控件,例如播放按钮 |
| loop | loop | 如果出现该属性,则每当音频结束时重新开始播放 |
| muted | muted | 规定音频输出应该被静音 |
| preload | preload | 如果出现该属性,则音频在页面加载时进行加载,并预备播放。如果使用"autoplay",则忽略该属性 |
| src | url | 要播放的音频的 URL |

## 7.6 HTML5 拖放

拖放是一种常见的特性,即鼠标抓取对象以后拖动到另一个位置。在 HTML5 中,拖放是标准的一部分,任何元素都能够被拖放。Internet Explorer 9、Firefox、Opera 12、Chrome 以及 Safari 5 都支持拖放。拖放分为两个动作,即拖曳(drag)和放开(drop)。拖曳就是移动鼠标到指定对象上,按下左键,然后拖动对象;放开就是放开鼠标左键,放下对象。

### 7.6.1 HTML5 拖放事件

当拖放一个对象时,会触发一系列事件,见表 7-10。

表 7-10  HTML5 拖放事件

| 属 性 | 描 述 | 作用对象 |
|---|---|---|
| dragstart | 开始拖动对象时触发被拖动对象 | 被拖动对象 |
| dragenter | 当对象第一次被拖动到目标对象时触发 | 目标对象 |
| dragover | 当对象拖动到目标对象时触发 | 当前目标对象 |
| dragleave | 拖动过程中,当被拖动对象离开先前的目标对象时触发 | 先前目标对象 |
| drag | 每当对象被拖动时触发 | 被拖动对象 |
| drop | 每当对象被放开时触发 | 当前目标对象 |
| dragend | 拖放过程中松开被拖动对象时触发 | 被拖动对象 |

当拖放一个元素时,拖放事件被触发的顺序为:dragstart→dragenter→dragover→drop→dropend。

## 7.6.2 HTML5 拖放实例

首先演示一个拖放实例，然后再逐一进行分析。

例 7-11：

```html
<!DOCTYPE html>
<html>
  <head>
    <meta charset="UTF-8">
    <title>拖放实例</title>
    <style>
      #div1 {
        width:150px;
        height:150px;
        padding:10px;
        border:1px solid #aaaaaa;
      }
    </style>
  </head>
  <body>
    <div id="div1" ondrop="drop(event)" ondragover="allowDrop(event)"></div>
    <br/>
    <img id="img1" src="images/cat.bmp"
       draggble="true"
       ondragstart="drag(event)"/>
    <script>
      function drag(event) {
        event.dataTransfer.setData("Text", event.target.id);
      }
      function allowDrop(event) {
        event.preventDefault();
      }
      function drop(event) {
        event.preventDefault();
        var data=event.dataTransfer.getData("Text");
        event.target.appendChild(document.getElementById(data));
      }
    </script>
  </body>
</html>
```

## 7.6.3 实例分析

**1. 设置元素为可拖放**

首先，为了使元素可拖动，需要把元素的 draggable 属性设置为 true。

```html
<img id="img1" draggable="true" />
```

**2. 规定当元素被拖动时会发生什么——ondragstart 和 setData()**

仅仅设置元素可拖放是不够的。在实际应用中需要传递拖曳数据，可以使用 dataTransfer 对象来实现此功能。dataTransfer 对象是 Event 对象的一个属性。

在上面的例子中，开始拖动对象时，触发 dragstart 事件并调用 drag(event)方法。这个方法里面规定了被拖动的数据。通过 dataTransfer 对象的 setData()方法设置被拖动数据的数据类型和值。

```
function drag(event) {
    event.dataTransfer.setData("Text", event.target.id);
}
```

在此例中，数据类型是"Text"，值是被拖动元素<img>的 id 值"img1"，event.target 表示被拖动的 HTML 元素<img>。

**3. 放到何处——ondragover**

当拖动对象（<img>元素）被拖动到目标对象 div 层的时候，触发 dragover 事件并调用 allowDrop(event)方法。默认地，无法将数据或者元素放置到其他元素中。如果想要允许放置，必须阻止对目标元素的默认处理方式。这就需要在 allowDrop(event)方法内部调用 event.preventDefault()方法。

```
function allowDrop(event) {
    event.preventDefault();
    //阻止对目标元素（<div>）的默认处理方式，允许放置
}
```

**4. 进行放置——ondrop**

当拖动对象被放开时，会触发 drop 事件。目标元素 div 层的 ondrop 属性调用了 drop(event) 方法。在这个方法中，首先阻止事件的默认动作，然后使用 dataTransfer 对象的 getData()方法，按照文本格式获取被拖动数据，即被拖动图片元素的 id 值，最后调用 event.target.appendChild()方法，将被拖动元素<img>添加到目标元素 div 层中。

```
function drop(event) {
    event.preventDefault();
    var data = event.dataTransfer.getData("Text");
    event.target.appendChild(document.getElementById(data));
}
```

## 7.7 HTML5 Canvas

HTML5 的 Canvas（画布）元素使用 JavaScript 在网页上绘制图像。Canvas 是一个矩形区域，可以控制其中的每一个像素，拥有多种绘制路径、矩形、圆形、字符以及添加图像的方法。

### 7.7.1 使用 Canvas 元素

#### 1. 创建 Canvas 元素

使用以下代码向 HTML5 页面添加 Canvas 元素，并规定元素的 id、宽度和高度。

```
<canvas id="myCanvas" width="200" height="100"></canvas>
```

#### 2. 通过 JavaScript 来绘制

Canvas 元素本身没有绘图能力，所有的绘制工作必须在 JavaScript 内部完成。

```
<script>
    var c = document.getElementById("myCanvas");
    var cxt = c.getContext("2d");
    cxt.fillStyle = "#0000ff";
    cxt.fillRect(0, 0, 160, 80);
</script>
```

代码分析：

- JavaScript 使用 id 来查找 Canvas 元素：

    ```
    var c = document.getElementById("myCanvas");
    ```

- 然后，创建 Context 对象：

    ```
    var cxt = c.getContext("2d");
    ```

getContext("2d")方法的参数指定了二维绘图，返回一个用于在画布上绘图的环境，该对象拥有多种绘制路径、矩形、圆形、字符以及添加图像的方法。

- 下面的两行代码绘制一个蓝色的矩形：

    ```
    cxt.fillStyle="#0000ff";
    cxt.fillRect(0, 0, 160, 80);
    ```

fillStyle 方法将矩形染成蓝色，fillRect 方法规定了形状、位置和尺寸。

#### 3. 理解坐标

上面的 fillRect 方法拥有参数 (0, 0, 160, 80)。意思是：在画布上绘制 160×80 的矩形，从左上角(0, 0)开始。如图 7-1 所示，画布的 X 和 Y 坐标用于在画布上对绘画进行定位。

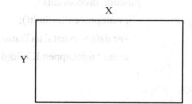

图 7-1　Canvas 坐标

### 7.7.2 绘制图形实例

使用 Canvas API 可以绘制各种基本图形，包括直线、曲线、矩形和圆形等。本小节通过实例介绍具体方法。

**例 7-12**：绘制直线和贝塞尔曲线

贝塞尔曲线（Bézier curve）是应用于二维图形应用程序的数学曲线。1962 年，法国数学家 Pierre Bézier 第一个研究了绘制这种矢量曲线的方法，并给出了详细的计算公式，因此，按照这样的公式绘制出来的曲线就用他的姓氏——贝塞尔来命名。曲线定义了起始点、终止点(也称锚点)、控制点。通过调整控制点,贝塞尔曲线的形状会发生变化。

```html
<!DOCTYPE html>
<html>
    <head>
        <meta charset="UTF-8">
        <title>Canvas 绘制直线和贝塞尔曲线</title>
        <script>
            function draw () {
                var canvas = document.getElementById("myCanvas");
                var ctx = canvas.getContext("2d");
                //绘制直角三角形
                ctx.beginPath();                    //开始绘图路径,或者重置当前的路径
                ctx.moveTo(10, 10);
                ctx.lineTo(10, 100);
                ctx.lineTo(100, 100);
                ctx.lineTo(10, 10);
                ctx.stroke();                       //绘制图形的边界轮廓(描边)
                ctx.beginPath();
                //绘制起始点、控制点、终点
                ctx.moveTo(55, 170);
                ctx.lineTo(150, 40);
                ctx.lineTo(200, 150);
                ctx.stroke();
                ctx.beginPath();
                ctx.moveTo(55, 170);
                //二次方贝塞尔曲线
                ctx.quadraticCurveTo(150, 40, 200, 150);
                ctx.stroke();
                //绘制起始点、控制点、终点
                ctx.beginPath();
                ctx.moveTo(25, 275);
                ctx.lineTo(60, 180);
                ctx.lineTo(150, 130);
                ctx.lineTo(170, 250);
                ctx.stroke();
                ctx.beginPath();
                ctx.moveTo(25, 275);
                //三次方贝塞尔曲线
                ctx.bezierCurveTo(60, 180, 150, 130, 170, 250);
                ctx.stroke();
            }
            window.addEventListener("load", draw, true);
        </script>
    </head>
    <body>
        <canvas id="myCanvas" height=500 width=600>不支持</canvas>
```

```
    </body>
</html>
```

**例 7-13**：绘制圆形

```
<script>
    var c = document.getElementById("myCanvas");
    var cxt = c.getContext("2d");
    cxt.fillStyle = "#ff0000";
    cxt.beginPath();
    //绘制圆弧，圆是一种特殊的圆弧，起始角度是 0，终止角度是 Math.PI*2
    //布尔型参数为 true 代表逆时针绘图，false 为顺时针绘图
    cxt.arc(70, 18, 15, 0, Math.PI*2, true);
    cxt.closePath();          //闭合当前的路径，从起点到现在的这个点形成一个闭合的回路
                              //不能试图通过它开始一条新的路径
    cxt.fill();
</script>
```

canvas 元素：

```
<canvas id="myCanvas" width="200" height="100"
    style="border:1px solid #c3c3c3;">
    您的浏览器不支持 Canvas 元素。
</canvas>
```

**例 7-14**：线性颜色渐变

```
<script>
    var c = document.getElementById("myCanvas");
    var cxt = c.getContext("2d");
    //以线性渐变方式创建 LinearGradient 对象
    //前两个参数，渐变开始点坐标
    //后两个参数，渐变结束点坐标
    var grd = cxt.createLinearGradient(0, 0, 175, 50);
    grd.addColorStop(0, "red");
    grd.addColorStop(0.5, "yellow");
    grd.addColorStop(1, "blue");
    cxt.fillStyle=grd;
    cxt.fillRect(0, 0, 175, 50);
</script>
```

canvas 元素：

```
<canvas id="myCanvas" width="200" height="100"
    style="border:1px solid #c3c3c3;">
    您的浏览器不支持 Canvas 元素。
</canvas>
```

**例 7-15**：放射颜色渐变

192

```html
<!DOCTYPE html>
<html>
  <head>
    <meta charset="UTF-8">
    <title>Canvas 放射颜色渐变</title>
    <script>
      function draw() {
        var canvas = document.getElementById("myCanvas");
        var ctx = canvas.getContext("2d");
        //以放射渐变方式创建 RadialGradient 对象
        //前三个参数，起始圆圆心和半径
        //后三个参数，终止圆圆心和半径
        var gradient = ctx.createRadialGradient(100, 100, 0, 100, 100, 100);
        gradient.addColorStop(0, "red");
        gradient.addColorStop(0.5, "green");
        gradient.addColorStop(1, "yellow");
        ctx.beginPath();
        ctx.arc(100, 100, 100, 0, Math.PI*2, false);
        ctx.fillStyle = gradient;
        ctx.stroke();
        ctx.fill();
      }
      window.addEventListener("load", draw, true);
    </script>
  </head>
  <body>
    <canvas id="myCanvas" height=500 width=600>
      您的浏览器不支持 Canvas 元素。
    </canvas>
  </body>
</html>
```

**例 7-16**：透明颜色

```html
<!DOCTYPE html>
<html>
  <head>
    <meta charset="UTF-8">
    <title>Canvas 透明颜色</title>
    <script>
      function draw() {
        var canvas = document.getElementById("myCanvas");
        var ctx = canvas.getContext("2d");
        ctx.fillStyle = "yellow";
        ctx.fillRect(0, 0, 400, 350);
        for (var i=0; i<10; i++) {
          ctx.beginPath();
```

```
                ctx.arc(i*25, i*25, i*10, 0, Math.PI*2, false);
                //rgba(red, green, blue, alpha)方法定义透明颜色
                //alpha 取值范围为 0~1，0 表示完全透明，1 表示不透明
                ctx.fillStyle = "rgba(255, 0, 0, 0.25)";
                ctx.fill();
            }
        }
        window.addEventListener("load", draw, true);
    </script>
  </head>
  <body>
    <canvas id="myCanvas" height=500 width=600>
        您的浏览器不支持 Canvas 元素。
    </canvas>
  </body>
</html>
```

### 例 7-17：绘制图像

Canvas API 有三个 drawImage()方法，分别是：

```
drawImage(image, x, y);       //以原始大小在指定位置绘制图像
drawImage(image, x, y, width, height);    //在指定位置以指定大小绘制图像
drawImage(image, sourceX, sourceY,
          sourceWidth, sourceHeight, destX, destY, destWidth, destHeight);
          //在指定位置以指定大小绘制图像的一部分，即对图像进行剪裁
<script>
    var c = document.getElementById("myCanvas");
    var cxt = c.getContext("2d");
    var img = new Image();
    img.src = "flower.png";
    cxt.drawImage(img, 0, 0);
</script>
```

Canvas 元素：

```
<canvas id="myCanvas" width="200" height="100"
    style="border:1px solid #c3c3c3;">
    您的浏览器不支持 Canvas 元素。
</canvas>
```

## 7.7.3 图形的操作

**1. 保存和恢复绘图状态**

在绘图和对图形进行操作时，经常需要使用不同的样式或者变形。在绘制复杂图形时就需要保存绘图状态，并在需要时恢复之前保存的绘图状态。

调用 Context.save()方法可以保存当前的绘图状态。Canvas 状态是以堆（stack）的方式保存的，每一次调用 save() 方法，当前的状态就会被推入堆中保存起来。绘图状态包括：

- 当前应用的操作（例如：移动、旋转、缩放或者变形）。
- strokeStyle、fillStyle、globalAlpha、lineWidth、lineCap、lineJoin、miterLimit、shadowOffsetX、shadowOffsetY、shadowBlur、shadowColor、globalComposite Operation 等属性的值。
- 当前的裁切路径（clipping path）。

调用 Context.restore()方法可以从堆中弹出之前保存的绘图状态。每一次调用 restore()方法，上一个保存的状态就从堆中弹出，所有设定都恢复。

Context.save()方法和 Context.restore()方法都没有参数。

### 2. 移动

可以调用 Context.translate()方法将 Canvas 画布的原点移动到指定的位置，移动后再绘图就会按照新的坐标设置位置。这就相当于将之前已经绘制的图形反向移动了位置。

  void translate(x, y);

其中，x, y 指定将 Canvas 画布的原点移动到新的位置。

### 3. 缩放

可以调用 Context.scale()方法将 Canvas 图形或位图进行缩小或放大。

  void scale(x, y);

其中，x, y 分别是 x 轴和 y 轴的缩放因子，它们必须是正值。值比 1.0 小表示缩小，比 1.0 大则表示放大。

### 4. 旋转

可以调用 Context.rotate()方法将 Canvas 图形或者位图旋转一个角度。

  void rotate(angle);

其中，angle 是旋转的角度，单位为弧度，旋转方向是顺时针的。

### 5. 变形

可以调用 context.transform()方法对绘制的 Canvas 图形进行变形，语法如下：

  context.transform(m11, m12, m21, m22, dx, dy);

参数构成如下的变形矩阵：

$$\begin{bmatrix} m_{11} & m_{21} & dx \\ m_{12} & m_{22} & dy \\ 0 & 0 & 1 \end{bmatrix}$$

假定点(x, y)经过变形后变成了(X, Y)，则变形的转换公式如下：

$$X = m11 \times x + m21 \times y + dx$$
$$Y = m12 \times x + m22 \times y + dy$$

下面的例子使用 context.transform()方法实现文字倒影效果。

**例 7-18**：

```html
<!DOCTYPE html>
<html>
    <head>
        <meta charset="UTF-8">
        <title>Canvas 文字倒影效果</title>
        <script>
            function draw() {
                var canvas = document.getElementById("myCanvas");
                var ctx = canvas.getContext("2d");
                ctx.fillStyle = "purple";
                ctx.font = "28pt Helvetica";
                //在画布指定位置输出实心文字
                ctx.fillText("Welcome Learning HTML5 Canvas!", 0, 100);
                //倒影时 x 轴坐标保持不变，y 轴坐标取反，dy 代表倒影之间的缝隙
                ctx.transform(1, 0, 0, -1, 0, 5);
                var gradient = ctx.createLinearGradient(0, -10, 0, -200);
                gradient.addColorStop(0, "purple");
                gradient.addColorStop(1, "white");
                ctx.fillStyle = gradient;
                ctx.fillText("Welcome Learning HTML5 Canvas!", 0, -100);
            }
            window.addEventListener("load", draw, true);
        </script>
    </head>
    <body>
        <canvas id="myCanvas" height=500 width=600>
            您的浏览器不支持 Canvas 元素。</canvas>
    </body>
</html>
```

## 7.8　HTML5 内联 SVG

### 7.8.1　SVG 介绍

**1．什么是 SVG**

SVG 指可伸缩矢量图形（Scalable Vector Graphics），它使用 XML 格式在 Web 上定义基于矢量的图形。SVG 图像在放大或者改变尺寸的情况下图形质量不会有损失。SVG 是万维网联盟的标准。

**2．SVG 的优势**

与其他图像格式相比（例如 JPEG 和 GIF），使用 SVG 的优势在于：

● SVG 图像可通过文本编辑器来创建和修改。
● SVG 图像可以被搜索、索引、脚本化或者压缩。
● SVG 是可伸缩的。

- SVG 图像可以在任何分辨率下高质量地打印。
- SVG 可以在图像质量不下降的情况下放大。

**3. 浏览器支持**

Internet Explorer 9、Firefox、Opera、Chrome 以及 Safari 支持内联 SVG。

**4. 在 HTML5 中使用 SVG 的两种方式**
- 嵌入 .svg 文件。
- 直接在 HTML 文档中添加 SVG 定义代码。

### 7.8.2 嵌入 .svg 文件

**1. 编写 .svg 文件**

```
<?xml version="1.0" standalone="no"?>
<!DOCTYPE svg PUBLIC "-//W3C//DTD SVG 1.1//EN"
"http://www.w3.org/Graphics/SVG/1.1/DTD/svg11.dtd">
<svg width="100%" height="100%" version="1.1"
    xmlns="http://www.w3.org/2000/svg">
  <circle cx="100" cy="50" r="40" stroke="black" stroke-width="2" fill="red"/>
</svg>
```

将上述使用 XML 格式的基于矢量的图形文件保存为 circle.svg。

**2. 嵌入 .svg 文件**

```
<!DOCTYPE html>
<html>
  <head>
    <meta charset="UTF-8">
    <title>SVG：嵌入 .svg 文件</title>
  </head>
  <body>
    <embed src="circle.svg" width=100% height=100%
           type="image/svg+xml" pluginspage=""/>
  </body>
</html>
```

### 7.8.3 HTML 页面直接定义 SVG 代码

在 HTML5 中，可以将 SVG 元素直接嵌入 HTML 页面中，从 <svg> 标签开始，到 </svg> 标签结束。

**例 7-19**：基本形状

```
<!DOCTYPE html>
<html>
  <head>
    <meta charset="UTF-8">
    <title>SVG 基本形状</title>
```

```html
    </head>
    <body>
        <svg width="200" height="250"
            version="1.1" xmlns="http://www.w3.org/2000/svg">
            <rect x="10" y="10" width="30" height="30"
                stroke="black" fill="transparent" stroke-width="5"/>
            <rect x="60" y="10" rx="10" ry="10" width="30" height="30"
                stroke="black" fill="transparent" stroke-width="5"/>
            <circle cx="25" cy="75" r="20" stroke="red"
                fill="transparent" stroke-width="5"/>
            <ellipse cx="75" cy="75" rx="20" ry="5" stroke="red"
                fill="transparent" stroke-width="5"/>
            <line x1="10" x2="50" y1="110" y2="150"
                stroke="orange" fill="transparent" stroke-width="5"/>
            <polyline points="60 110 65 120 70 115 75 130 80 125 85 140 90 135 95 150 100 145" stroke="orange" fill="transparent" stroke-width="5"/>
            <polygon points="50 160 55 180 70 180 60 190 65 205 50 195 35 205 40 190 30 180 45 180" stroke="green" fill="transparent" stroke-width="5"/>
            <path d="M20,230 Q40,205 50,230 T90,230" fill="none"
                stroke="blue" stroke-width="5"/>
        </svg>
    </body>
</html>
```

**例 7-20：线性渐变**

```html
<!DOCTYPE html>
<html>
    <head>
        <meta charset="UTF-8">
        <title>SVG 线性渐变</title>
    </head>
    <body>
        <svg width="120" height="240"
            version="1.1" xmlns="http://www.w3.org/2000/svg">
            <defs>
                <linearGradient id="Gradient1">
                    <stop class="stop1" offset="0%"/>
                    <stop class="stop2" offset="50%"/>
                    <stop class="stop3" offset="100%"/>
                </linearGradient>
                <linearGradient id="Gradient2" x1="0" x2="0" y1="0" y2="1">
                    <stop offset="0%" stop-color="red"/>
                    <stop offset="50%" stop-color="black" stop-opacity="0"/>
                    <stop offset="100%" stop-color="blue"/>
                </linearGradient>
                <style type="text/css"><![CDATA[
                    #rect1 { fill: url(#Gradient1); }
                    .stop1 { stop-color: red; }
```

```
                .stop2 { stop-color: black; stop-opacity: 0; }
                .stop3 { stop-color: blue; }]]>
            </style>
        </defs>
        <rect id="rect1" x="10" y="10" rx="15" ry="15"
            width="100" height="100"/>
        <rect x="10" y="120" rx="15" ry="15" width="100" height="100"
            fill="url(#Gradient2)"/>
    </svg>
  </body>
</html>
```

### 例 7-21：设置 SVG 文本区间

```
<!DOCTYPE html>
<html>
 <head>
    <meta charset="UTF-8">
    <title>SVG 文本区间</title>
 </head>
 <body>
    <svg xmlns="http://www.w3.org/2000/svg" version="1.1"
        width=100% height=100%>
      <text x="30" y="100" font-family="Arial Black" font-size="50"
        text-anchor="center" fill="red">HTML5 绘制可伸缩矢量图形
        <tspan rotate="15 25 55" font-weight="bold" fill="red">SVG</tspan>
      </text>
    </svg>
  </body>
</html>
```

### 例 7-22：图案

patterns（图案）是 SVG 中用到的最让人混淆的填充类型之一，它的功能非常强大。与渐变一样，<pattern>需要放在 SVG 文档的<defs>内部。

```
<!DOCTYPE html>
<html>
 <head>
    <meta charset="UTF-8">
    <title>SVG 图案</title>
 </head>
 <body>
    <svg width="200" height="200"
        xmlns="http://www.w3.org/2000/svg" version="1.1">
      <defs>
        <linearGradient id="Gradient1">
          <stop offset="5%" stop-color="white"/>
```

```
            <stop offset="95%" stop-color="purple"/>
          </linearGradient>
          <linearGradient id="Gradient2" x1="0" x2="0" y1="0" y2="1">
            <stop offset="5%" stop-color="yellow"/>
            <stop offset="95%" stop-color="orange"/>
          </linearGradient>
          <pattern id="Pattern" x="0" y="0" width=".25" height=".25">
            <rect x="0" y="0" width="50" height="50" fill="skyblue"/>
            <rect x="0" y="0" width="25" height="25" fill="url(#Gradient2)"/>
            <circle cx="25" cy="25" r="20"
                    fill="url(#Gradient1)" fill-opacity="0.5"/>
          </pattern>
        </defs>
        <rect fill="url(#Pattern)" stroke="black"
              x="0" y="0" width="200" height="200"/>
      </svg>
   </body>
</html>
```

## 7.8.4　HTML 5 Canvas 与 SVG

Canvas 和 SVG 都允许在浏览器中创建图形，但是它们在根本上是不同的。

**1．SVG**

SVG 是一种使用 XML 描述 2D 图形的语言。SVG 基于 XML，这意味着 SVG DOM 中的每个元素都是可用的，可以为之附加 JavaScript 事件处理器。在 SVG 中，每个被绘制的图形均被视为对象。如果 SVG 对象的属性发生变化，那么浏览器能够自动重现图形。

**2．Canvas**

Canvas 通过 JavaScript 来绘制 2D 图形。Canvas 是逐像素进行渲染的，一旦图形被绘制完成，它就不会继续得到浏览器的关注。如果其位置发生变化，那么整个场景也需要重新绘制，包括任何或许已被图形覆盖的对象。

**3．Canvas 与 SVG 的比较**

下面列出了 Canvas 与 SVG 之间的一些不同之处。

**Canvas：**

- 依赖分辨率。
- 不支持事件处理器。
- 弱的文本渲染能力。
- 能够以.png 或者.jpg 格式保存结果图像。
- 最适合图像密集型的游戏，其中的许多对象会被频繁重绘。

**SVG：**

- 不依赖分辨率。
- 支持事件处理器。

- 最适合带有大型渲染区域的应用程序。
- 复杂度高会减慢渲染速度。
- 不适合游戏应用。

## 7.9 HTML5 MathML

HTML5 可以在文档中使用 MathML 元素，对应的标签是<math>...</math>。MathML 是数学标记语言，是一种基于 XML 的标准，用来在互联网上书写数学符号和公式的置标语言。大部分浏览器都支持 MathML 标签，如果读者的浏览器不支持该标签，可以使用最新版的 Firefox 或者 Safari 浏览器查看。

以前面的 Canvas 变形矩阵为例，构建一个 3×3 的矩阵。

例 7-23：

```
<!DOCTYPE html>
<html>
  <head>
    <meta charset="UTF-8">
    <title>MathML</title>
  </head>
  <body>
    <math xmlns="http://www.w3.org/1998/Math/MathML">
      <mrow>
        <mi>A</mi>
        <mo>=</mo>
        <mfenced open="[" close="]">
          <mtable>
            <mtr>
              <mtd><mi>m11</mi></mtd>
              <mtd><mi>m21</mi></mtd>
              <mtd><mi>dx</mi></mtd>
            </mtr>
            <mtr>
              <mtd><mi>m12</mi></mtd>
              <mtd><mi>m22</mi></mtd>
              <mtd><mi>dy</mi></mtd>
            </mtr>
            <mtr>
              <mtd><mi>0</mi></mtd>
              <mtd><mi>0</mi></mtd>
              <mtd><mi>1</mi></mtd>
            </mtr>
          </mtable>
        </mfenced>
      </mrow>
```

```
            </math>
        </body>
</html>
```

## 7.10  HTML5 地理定位

### 7.10.1  地理位置

HTML5 Geolocation API 用于获得用户的地理位置。鉴于该特性可能会侵犯用户的隐私，除非用户同意，否则用户的位置信息是不可用的。Internet Explorer 9、Firefox、Chrome、Safari 以及 Opera 支持地理定位。对于拥有 GPS 的设备，例如 iPhone，地理定位更加精确。

### 7.10.2  使用地理位置实例

本节介绍使用 Geolocation API 获取地理位置信息的具体方法。

**1. 使用 getCurrentPosition()方法获得用户位置的经度和纬度**

getCurrentPosition() 方法用于获取用户当前定位位置。这会异步地请求获取用户位置，并查询定位硬件来获取最新信息。getCurrentPosition()方法有三个参数：

- 第一个参数是 successCallback：成功获取地理位置信息时调用的回调函数句柄。回调函数 successCallback 有一个参数 position 对象，包含获取到的地理位置信息。
- 第二个参数是 errorCallback：获取地理位置信息失败时调用的回调函数句柄。回调函数 errorCallback 包含一个 positionError 对象参数，positionError 对象包含两个属性。
- 第三个参数是 positionOptions 对象：是获取用户位置信息的配置参数。positionOptions 对象的数据格式为 JSON，有 3 个可选的属性：position 对象、positionError 对象、positionOptions 对象，属性见表 7-11～表 7-14。

表 7-11  position 对象属性

| 属　　性 | 描　　述 |
| --- | --- |
| coords | 包含地理位置信息的 coordinates 对象。coordinates 对象包含 7 个属性，如表 7-12 所示 |
| timestamp | 获取地理位置信息的时间 |

表 7-12  coords 对象属性

| 属　　性 | 描　　述 |
| --- | --- |
| coords.latitude | 十进制数的纬度 |
| coords.longitude | 十进制数的经度 |
| coords.accuracy | 位置精度（m） |
| coords.altitude | 海拔，海平面以上以米计 |
| coords.altitudeAccuracy | 位置的海拔精度（m） |
| coords.heading | 顺时针方向，从正北开始以度计 |
| coords.speed | 速度（m/s） |

表 7-13　positionError 对象属性

| 属性 | 描述 |
|---|---|
| Code | 整数，错误编号 |
| message | 错误描述 |

表 7-14　positionOptions 对象属性

| 属性 | 描述 |
|---|---|
| enableHighAcuracy | 布尔值，表示是否启用高精确度模式，如果启用这种模式，浏览器在获取位置信息时可能需要耗费更多的时间 |
| timeout | 整数，超时时间，单位为 ms，表示浏览需要在指定的时间内获取位置信息，如果超时则会触发 errorCallback |
| maximumAge | 整数，表示浏览器重新获取位置信息的时间间隔 |

**例 7-24**：使用 getCurrentPosition()方法获取地理位置信息

```
<script>
    var x = document.getElementById("demo");
    function getLocation() {
        if (navigator.geolocation) {
            navigator.geolocation.getCurrentPosition(showPosition);
        } else {
            x.innerHTML="您的浏览器不支持 Geolocation API。";
        }
    }
    function showPosition(position) {
        x.innerHTML="Latitude: " + position.coords.latitude
            + "<br />Longitude: " + position.coords.longitude;
    }
</script>
```

程序首先检测是否支持地理定位。如果支持，则运行 getCurrentPosition()方法。如果不支持，则向用户显示提示消息。getCurrentPosition()方法指定成功获取地理位置信息时用的回调函数句柄 showPosition。如果运行成功，则向参数 showPosition 中规定的函数返回一个 coordinates 对象。coordinates 对象获得并显示经度和纬度。

**2．处理错误和拒绝**

上面的例子是一个非常基础的地理定位脚本，不包含错误处理。getCurrentPosition() 方法的第二个参数用于处理错误，它规定了获取用户位置失败时回调的函数句柄。

```
navigator.geolocation.getCurrentPosition(showPosition, showError);
```

**例 7-25**：使用 getCurrentPosition()方法处理错误信息

```
function showError(error) {
    switch(error.code) {
        case error.PERMISSION_DENIED:
            x.innerHTML = "用户拒绝获取地理位置的请求。"
```

```
            break;
        case error.POSITION_UNAVAILABLE:
            x.innerHTML = "位置信息无法获得。"
            break;
        case error.TIMEOUT:
            x.innerHTML = "获取用户位置的请求超时。"
            break;
        case error.UNKNOWN_ERROR:
            x.innerHTML = "发生未知错误。"
            break;
    }
}
```

### 3. 使用精确模式显示

getCurrentPosition() 方法的第三个参数通过 JSON 格式可以启用精确模式。

**例7-26**：使用 getCurrentPosition()方法启用精确模式显示

```
navigator.geolocation.getCurrentPosition(showPosition, showError, {
    // 指示浏览器获取高精度的位置，默认为 false
    enableHighAccuracy: true,
    // 指定获取地理位置的超时时间，默认不限时，单位为毫秒
    timeout: 5000,
    // 最长有效期，在重复获取地理位置时，此参数指定多久再次获取位置。
    maximumAge: 3000
});
```

### 4. 在地图中显示结果

如果需要在地图中显示结果，需要访问可以使用经纬度的地图服务，例如谷歌地图或者百度地图，修改 showPosition()函数如下：

```
function showPosition(position) {
    var latlon = position.coords.latitude + "," + position.coords.longitude;
    var img_url = "http://maps.googleapis.com/maps/api/staticmap?center="
        +latlon+"&zoom=14&size=400x300&sensor=false";
    document.getElementById("mapholder").innerHTML
        ="<img src='"+img_url+"' />";
}
```

### 5. Geolocation 对象的其他方法

Geolocation 对象还提供了监听和跟踪用户地理位置信息的方法：
- watchPosition() - 返回用户的当前位置，并继续返回用户移动时的更新位置。

```
navigator.geolocation.watchPosition(successCallback, errorCallback, options);
```

watchPosition() 方法与 getCurrentPosition() 方法接受相同的参数。区别在于：watchPosition()方法会持续告诉用户位置的改变，尤其是用户移动的时候，更有利于跟踪用户的位置。

- clearWatch() - 停止 watchPosition()方法。

下面的例子展示 watchPosition()方法，需要一台精确的 GPS 设备来测试。

**例 7-27**：使用 watchPosition()方法获取地理位置信息

```
<script>
    var x=document.getElementById("demo");
    function getLocation() {
        if (navigator.geolocation) {
            navigator.geolocation.watchPosition(showPosition);
        } else {
            x.innerHTML="您的浏览器不支持 Geolocation API。";
        }
    }
    function showPosition(position) {
        x.innerHTML="Latitude: " + position.coords.latitude
            + "<br />Longitude: " + position.coords.longitude;
    }
</script>
```

## 7.11 HTML5 Web 存储

HTML5 提供了两种在客户端存储数据的新方法：
- localStorage——没有时间限制的数据存储
- sessionStorage——针对一个 Session 的数据存储

HTML5 之前，这些都是由 cookie 完成的。但是 cookie 不适合大量数据的存储，因为它们由每个对服务器的请求来传递，这使得 cookie 速度很慢而且效率也不高。

在 HTML5 中，数据不是由每个服务器请求传递的，而是只有在请求时使用数据。因此在不影响网站性能的情况下使存储大量数据成为可能。对于不同的网站，数据存储于不同的区域，并且一个网站只能访问自身的数据。HTML5 使用 JavaScript 来存储和访问数据。

### 7.11.1 localStorage 方法

localStorage 作为 HTML5 本地存储 Web Storage 特性的 API 之一，主要作用是将数据保存在客户端，而客户端一般是指用户的计算机。localStorage 保存的数据，一般情况下是永久保存的，也就是说只要采用 localStarage 保存信息，数据便一直存储在用户的客户端中。即使用户关闭当前 Web 浏览器后重新启动，数据仍然存在。直到用户或者程序明确指定删除，数据的生命周期才会结束。

从 HTML5 规范中定义的 Storage 接口规范来看，只有 length 是属性，其余都是方法。其中 setItem()和 getItem()互为一对 setter 和 getter 方法，如果具备面向对象知识，看到这种方法命名，必定不会感到陌生。removeItem()方法的主要作用是删除一个 key/Value（键/值）对。clear()方法的作用是删除所有的键/值对。下面将通过一些简单的例子探讨 localStorage 的用法。

```
localStorage.setItem("name", "Smith");
localStorage.getItem("name");
```

通过 getItem() 可以读取已知 key 值的 value。不过还有一种方法可以读取 name 的 value。假如 localStorage 存储的列表中只存在一个 item，那么就可以通过索引值 index 读取 name 的值，等价于 localstorage.getItem("name")。同样地，通过 length 属性也可以知道 localStorage 中存储着多少个键/值对。

```
localStorage.key(1);
```

而 removeItem() 和 clear() 方法同属于删除 item 操作，例如：

```
localStorage.removeItem("name");
localStorage.clear();
```

除了可以存储字符串，还可以存储 JSON 格式的数据。

**例 7-28**：存储 JSON 格式数据

```
//定义 JSON 格式对象
var userData={
  name:"Tom Smith",
  account:"Savings",
  level:1,
  disabled:true
};
//存储 userData 数据
localStorage.setItem("userData", JSON.stringify(userData));
var newUserData = JSON.parse(localStorage.getItem("userData"));
//删除本地存储的 item
localStorage.removeItem("userData");
alert(newUserData);
```

上面的代码中，使用了一个 JSON 格式的对象。该对象是一种数据交换格式，在所有的现代浏览器中都支持，并且可以通过 window.JSON 或者 JSON 的语法直接调用。JSON.stringify()方法把 JSON 格式对象转换成 JSON 格式的字符串，并存储到本地。读取数据时则通过 JSON.parse()方法把 JSON 格式的字符串转换成原来的数据格式。

### 7.11.2 sessionStorage 方法

sessionStorage 同样作为 HTML5 本地存储 Web Storage 特性的另一个 API 接口，主要作用是将数据保存在当前会话中，其原理和服务器端语言的 session 功能类似。sessionStorage 在移动设备上与 localStorage 一样，大部分浏览器都支持 sessionStorage 特性，因此在 Android 和 iOS 等智能手机上的 Web 浏览器中可以正常使用 sessionStorage 特性。

sessionStorage 存储的数据只能保存在存储它的当前窗口或者由当前窗口新建的新窗口中，相关联的标签页关闭则不再保存。因此 sessionStorage 和 localStorage 两者的主要差异在于数据的保存时长以及数据的分享方式。

sessionStorage 和 localStorage 一样都继承于 Storage 接口。因此 sessionStorage 的属性和方法的使用方式基本相同。例如以下代码设置和读取一组键-值对：

```
sessionstorage.setItem("name", "Tom Smith");
sessionStorage.getitem("name");
```

### 7.11.3 IndexedDB

localStorage 和 sessionStorage 都是以键-值对存储的解决方案，存储少量数据结构很有用，但是对于大量结构化数据就无能为力了。为了在数据库中处理大量的结构化数据，HTML5 引入了 WebSQL Database 的概念。它是使用 SQL 来操纵客户端数据库的 API，这些 API 是异步的，规范中使用的方言是 SQLite。虽然部分浏览器已经实现，但这已经是一个废弃的标准了。为了替换 WebSQL，出现了 IndexedDB。

IndexedDB 是一个事务型数据库系统，类似于基于 SQL 的关系数据库管理系统（RDBMS）。不同的是，它使用固定列表。IndexedDB 是一个基于 JavaScript 的面向对象的数据库。它允许存储和检索用键索引的对象，可以存储结构化克隆算法（structured clone algorithm）支持的任何对象。用户只需要指定数据库模式，打开与数据库的连接，即可检索和更新一系列事务中的数据。

IndexedDB 分别为同步和异步访问提供了单独的 API。同步 API 本来是仅供 Web Workers 内部使用，但是还没有被任何浏览器所实现。异步 API 在 Web Workers 内部和外部都可以使用。

异步 API 方法调用完后会立即返回，不会阻塞调用线程。如果要异步访问数据库，就需要调用 window 对象 indexedDB 属性的 open() 方法。该方法返回一个 IDBRequest 对象（IDBOpenDBRequest），异步操作通过在 IDBRequest 对象上触发事件与调用程序进行通信。

**1. 创建和打开数据库**

IndexedDB 中的大部分操作并不是常用的调用方法会返回结果的模式，而是请求—响应的模式，例如打开数据库的操作：

```
var request = window.indexedDB.open("testDB");
```

这条指令并不会返回一个 DB 对象的句柄，得到的是一个 IDBOpenDBRequest 对象。而我们希望得到的 DB 对象在其 result 属性中。除了 result 属性，IDBOpenDBRequest 接口还定义了几个重要属性：

- onerror——请求失败的回调函数句柄。
- onsuccess——请求成功的回调函数句柄。
- onupgradeneeded——请求数据库版本变化句柄。

所谓异步 API 并不是指这条指令执行完毕，就可以使用 request.result 来获取 indexedDB 对象了，就像使用 Ajax 一样，语句执行完毕并不代表已经获取到了对象，所以一般在其回调函数中创建和打开数据库。

## 2. 创建对象存储空间 ObjectStore

有了数据库之后我们自然希望创建一个表用来存储数据,但 indexedDB 中没有表的概念,而是 ObjectStore。一个数据库中可以包含多个 ObjectStore。ObjectStore 是一个灵活的数据结构,可以存放多种类型数据。也就是说,一个 ObjectStore 相当于一张表,里面存储的每条数据和一个键相关联。

可以使用每条记录中的某个指定字段作为键值(keyPath),也可以使用自动生成的递增数字作为键值(keyGenerator),也可以不指定。选择键的类型不同,ObjectStore 可以存储的数据结构也有差异。IndexedDB 数据库提供键的选项见表 7-15。

表 7-15 IndexedDB 数据库提供键的选项

| 键类型 | 存储数据 |
| --- | --- |
| 不使用 | 任意值,但是每添加一条数据的时候需要指定键参数 |
| keyPath | JavaScript 对象,对象必须有一属性作为键值 |
| keyGenerator | 任意值 |
| 都使用 | JavaScript 对象,如果对象中有 keyPath 指定的属性则不生成新的键值,如果没有自动生成递增键值,填充 keyPath 指定属性 |

## 3. 事务

在对新数据库做任何事情之前,需要开始一个事务。事务中需要指定该事务跨越哪些 ObjectStore。事务具有三种模式:

- 只读——IDBTransaction.READ_ONLY,不能修改数据库数据,可以并发执行。
- 读写——IDBTransaction.READ_WRITE,可以进行读写操作。
- 版本变更——IDBTransaction.VERSION_CHANGE。

## 4. 实例

以下实例将演示在 IndexedDB 数据库 MyData 的对象存储空间 employees 中增删改查数据。

**例 7-29**:插入数据

```
<!DOCTYPE html>
<html>
  <head>
    <meta charset="UTF-8">
    <title>插入数据</title>
    <script>
      var db;
      var request = indexedDB.open("MyData");
      request.onerror = function(event) {
        alert(event.target.errorCode);
      };
      request.onsuccess = function(event) {
        db = request.result;
        if (!db.objectStoreName.contains("employees"))  {
          var objectStore = db.createObjectStore("employees", { keyPath:"id" });
          objectStore.createIndex("email", "email", {unique: true});
```

```
            }
            var data = {
                "id": 110;
                "name": "张三";
                "age": "35";
                "email": "zhangsan@just.edu.cn"
            }
            var trans = db.transaction("employees", IDBTransaction.READ_WRITE);
            var store = trans.objectStore("employees");
            var request1 = store.add(data);
            request1.onsuccess = function(event) {
                alert("插入数据成功！id=" + event.target.result);
            }
        }
    </script>
  </head>
  <body>
  </body>
</html>
```

**例 7-30**：根据键值删除记录代码片段

```
var transaction = db.transaction(employees, IDBTransaction.READ_WRITE);
var store = transaction.objectStore("employees");
var request = store.delete(key);
request.onsuccess = function(event) {
    alert("成功删除数据！");
}
```

**例 7-31**：根据键值更新记录代码片段

```
var transaction = db.transaction(employees, IDBTransaction.READ_WRITE);
var store = transaction.objectStore("employees");
var request = store.get(key);                //key 为主键的值
request.onsuccess = function(event) {
    var employee = event.target.result;
    employee.age = 32;
    store.put(employee);
};
```

**例 7-32**：根据键值查询记录代码片段

```
var transaction = db.transaction(employees, IDBTransaction.READ_WRITE);
var store = transaction.objectStore("employees");
var request = store.get(key);           //key 为主键的值
request.onsuccess = function(event) {
    var employee = event.target.result;
    console.log(employee.name);
};
```

## 7.12 HTML5 应用程序缓存

HTML5 提供了一种应用程序缓存机制，使得基于 Web 的应用程序可以离线运行。开发者可以使用 Application Cache（AppCache）接口设定浏览器应该缓存的资源并使得离线用户可用。在处于离线状态时，即使用户点击刷新按钮，应用也能正常加载与工作。应用程序缓存为应用带来三个优势：

- 离线浏览——用户可以在应用离线时使用它们。
- 速度——已缓存资源加载得更快。
- 减少服务器负载——浏览器将只从服务器下载更新过或者更改过的资源。

值得注意的是，该特性已经从 Web 标准中删除。虽然一些浏览器目前仍然支持它，但也许会在未来的某个时间停止支持，因此尽量不要使用该特性。推荐使用 Service Workers 代替，但是目前 Service Workers 仍然有兼容性问题，所以应用程序缓存仍然是目前进行离线存储的最好方式。

### 7.12.1 Cache Manifest 基础

如果需要启用应用程序缓存，应在文档的 `<html>` 标签中包含 manifest 属性：

```
<!DOCTYPE html>
<html manifest="test.appcache">
...
</html>
```

manifest 特性与缓存清单（cache manifest）文件关联，这个文件包含了浏览器需要为您的应用程序缓存的资源（文件）列表。每个指定了 manifest 的页面在用户对其访问时都会被缓存。如果未指定 manifest 属性，则页面不会被缓存（除非在 manifest 文件中直接指定了该页面）。manifest 文件的建议扩展名是：".appcache"。manifest 文件需要配置正确的 MIME 类型，即"text/cache-manifest"，必须在 Web 服务器上进行配置。

### 7.12.2 Manifest 文件

Manifest 文件是简单的文本文件，它告知浏览器被缓存的内容以及不需要缓存的内容，可分为三个部分：

- CACHE MANIFEST——在此标题下列出的文件将在首次下载后进行缓存。
- NETWORK——在此标题下列出的文件需要与服务器连接，且不会被缓存。
- FALLBACK——在此标题下列出的文件规定当页面无法访问时的回退页面。

**1. CACHE MANIFEST**

第一行，CACHE MANIFEST，是必需的：

```
CACHE MANIFEST
/myStyle.css
/header.png
/myScript.js
```

上面的 manifest 文件列出了三个资源：一个 CSS 文件，一个 PNG 图像以及一个 JavaScript 脚本文件。当 manifest 文件加载后，浏览器会从网站的根目录下载这三个文件。然后，无论用户何时与因特网断开连接，这些资源都是可用的。

**2．NETWORK**

NETWORK 小节指明了文件 network.html 永远不会被缓存，该页面必须始终从网络获取并且离线时也是不可用的。

```
NETWORK:
network.html
```

可以使用星号来指示所有其他资源/文件都需要因特网连接：

```
NETWORK:
*
```

**3．FALLBACK**

FALLBACK 指定了一个后备页面。当资源无法访问时，浏览器会使用该页面。该段落的每条记录都列出两个 URI。第一个 URI 是资源，第二个是替补。当资源无法访问时，浏览器使用后备资源去替代。两个 URI 都必须使用相对路径并且与清单文件同源，可以使用通配符。

```
FALLBACK:
/ /fallback.html
```

此处，fallback.html 页面应该作为后备资源来提供（例如：当无法与服务器建立连接时）。

### 7.12.3 更新缓存

每个应用缓存都有一个状态，用于标识缓存的当前状况。共享同一清单 URI 的缓存拥有相同的缓存状态（applicationCache.status），它可以是如下的值。

- UNCACHED：未缓存。用于表明一个应用缓存对象还没有完全初始化。
- IDLE：空闲。应用缓存此时未处于更新过程中。
- CHECKING：检查。清单已经获取完毕并检查更新。
- DOWNLOADING：下载中。下载资源并准备加入到缓存中，这是由于清单变化引起的。
- UPDATEREADY：更新就绪。一个新版本的应用缓存可以使用。
- OBSOLETE：废弃。应用缓存现在被废弃。

例 7-33：手动更新缓存，并对 applicationCache 对象的各种事件进行处理。

```
<!DOCTYPE html>
<html manifest="test.manifest">
  <head>
    <meta charset="UTF-8">
```

```html
    <title>手动更新缓存</title>
    <script src="test.js"></script>
    <link rel="stylesheet" href="test.css"/>
  </head>
  <body>
    <p>
      The time is:
      <output id="test"></output>
    </p>
    <button onclick="update();">更新缓存</button>
    <output id="msg"></output>
    <script>
      function update() {
        if (window.applicationCache) {
          window.applicationCache.update();
        } else {
          alert("您的浏览器不支持 Application Cache API。");
        }
      }
      applicationCache.onchecking = function() {
        document.getElementById('msg').value = "检查 manifest 文件是否存在";
      };
      applicationCache.onnoupdate = function() {
        document.getElementById('msg').value
          = "检测出 manifest 文件没有更新";
      };
      applicationCache.ondownloading = function() {
        document.getElementById('msg').value = "发现更新并且正在获取资源";
      };
      applicationCache.onprogress = function() {
        document.getElementById('msg').value
          = "正在下载 manifest 文件中需要缓存的资源";
      };
      applicationCache.oncached = function() {
        document.getElementById('msg').value = "下载结束";
      };
      applicationCache.onobsolete = function() {
        document.getElementById('msg').value = "未找到文件";
      };
      applicationCache.onerror = function() {
        document.getElementById('msg').value = "出现错误";
      };
    </script>
  </body>
</html>
```

## 7.13 HTML5 Web Worker

当在 HTML 页面中执行脚本时，页面的状态是不可响应的，直到脚本完成为止。Web Worker 是运行在后台的 JavaScript，使用它可以在后台独立地运行不需要与用户进行交互的 JavaScript 程序。这就使得一些需要长时间运行的脚本与需要和用户交流的脚本之间可以互不干扰地运行。Internet Explorer 10、Firefox、Chrome、Safari 和 Opera 都支持 Web Worker。

后台运行的脚本可以称为 Worker。通常 Worker 的工作量都是相对"重量级"的，启动一个 Web Worker 对象所耗费的性能成本和维护一个 Web Worker 实例所需要的内存成本都比较高，因此不建议大量使用 Web Worker 对象。一般只用于长期运行的后台运算，也不要频繁地创建和销毁 Web Worker 对象。

### 7.13.1 Web Worker 工作过程

#### 1．检测 Web Worker 支持

在创建 Web Worker 之前，先检测用户的浏览器是否支持它。

```
if (typeof(Worker) !== "undefined") {
    alert("您的浏览器支持 Web Workers。");
} else {
    alert("您的浏览器不支持 Web Workers。");
}
```

#### 2．创建 Web Worker 文件

在一个外部 JavaScript 中创建 Web Worker。此处创建了一个用于求和的脚本，该脚本存储于 sum_workers.js 文件中，代码如下：

```
function calSum(){
    for(var j=0,sum=0;j<100;j++){
        for(var i=0;i<10000000;i++){
            sum+=i;
        }
    }
    //调用 postMessage()方法向 HTML 页面回传消息
    postMessage(sum);
}
postMessage("获取计算之前的时间,"+new Date());
calSum ();
postMessage("获取计算之后的时间,"+new Date());
```

以上代码中重要的部分是 postMessage()方法，它用于向 HTML 页面传回一段消息。注意，Web Worker 通常不用于如此简单的脚本，而是用于更耗费 CPU 资源的任务。

#### 3．创建 Web Worker 对象

我们已经有了 Web Worker 文件，现在需要从 HTML 页面调用它。下面的代码检测是否存在 Worker 对象。如果不存在，它会创建一个新的 Web Worker 对象，然后运行

sum_workers.js 中的代码。

```
if (typeof(w) == "undefined") {
    w = new Worker("sum_workers.js");
}
```

然后就可以用 Web Worker 发生和接收消息了。例如，向 Web Worker 添加一个 onmessage 事件监听器：

```
w.onmessage = function(event) {
    document.getElementById("result").textContent += event.data;
};
```

当 Web Worker 传递消息时，会执行事件监听器中的代码。此例中 message 事件可以通过 event.data 来获取后台代码传回的数据。前台使用<output>标签 result 显示结果数据。

**4．终止 Web Worker**

当我们创建 Web Worker 对象后，它会继续监听消息（即使在外部脚本完成之后）直到其被终止为止。如果需要终止 Web Worker，并释放浏览器或者计算机资源，可使用 terminate()方法：

```
w.terminate();
```

## 7.13.2 Web Worker 工作实例

**例 7-34：**

```
<!DOCTYPE html>
<html>
  <body>
    <p><output id="result"></output></p>
    <button onclick="startWorker()">启动 Worker</button>
    <button onclick="stopWorker()">停止 Worker</button>
    <br /><br />
    <script>
      var w;
      function startWorker() {
        if (typeof(Worker) !== "undefined") {
          if (typeof(w) == "undefined") {
            w = new Worker("sum_workers.js");
          }
          w.onmessage = function (event) {
            document.getElementById("result").textContent += event.data;
          };
        } else {
          document.getElementById("result"). textContent
            = "抱歉，您的浏览器不支持 Web Workers";
        }
```

```
            }
            function stopWorker() {
                w.terminate();
            }
        </script>
    </body>
</html>
```

将 sum_workers.js 脚本和 HTML 文档都复制到网站的根目录下，然后在浏览器中访问 HTML 网页，单击"启动 Worker"按钮会看到计算过程，点击"停止 Worker"按钮会终止计算过程。

### 7.13.3 其他类型的 Worker

前文所述的 Worker 属于专用 Worker，一个专用 Worker 仅仅能被生成它的脚本所使用。除此以外，还有一些其他类型的 Worker：

- 共享 Worker：一个共享 Worker 可以被多个脚本使用，即使这些脚本正在被不同的 window、iframe 或者 Worker 访问。生成一个新的共享 Worker 与生成一个专用 Worker 非常相似，只是构造器的名字不同。

    ```
    var myWorker = new SharedWorker("worker.js");
    ```

    还有一个非常大的区别在于，与一个共享 Worker 通信必须通过端口对象，即一个确切的打开的端口供脚本与 Worker 通信。

- 服务 Worker：一般作为 Web 应用程序、浏览器和网络（如果可用）之前的代理服务器。它们旨在创建有效的离线体验、拦截网络请求以及根据网络是否可用采取合适的行动并更新驻留在服务器上的资源。它们还将允许访问推送通知和后台同步 API。
- Chrome Worker：是一种仅适用于 Firefox 的 Worker。如果您正在开发附加组件，希望在扩展程序中使用 Worker 且有在您的 Worker 中访问 js-ctypes 的权限，那么可以使用 Chrome Worker。
- 音频 Worker：使得在 Web Worker 上下文中直接完成脚本化音频处理成为可能。

## 7.14 HTML5 服务器发送事件

HTML5 服务器发送事件（Server-Sent event）允许网页获得来自服务器的更新。Server-Sent 事件，即单向消息传递，指的是网页自动获取来自服务器的更新。以前也可以做到这一点，但前提是网页必须询问是否有可用的更新。通过服务器发送事件，更新能够自动到达。例如：Facebook/Twitter 更新、估价更新、新的博文、赛事结果等。所有主流浏览器均支持服务器发送事件，除了 Internet Explorer。

### 7.14.1 接收 Server-Sent 事件通知

EventSource 对象用于接收服务器发送事件通知。

```
var source = new EventSource("demo_sse.jsp");
source.onmessage = function(event) {
    document.getElementById("result").innerHTML += event.data + "<br />";
};
```

- 创建一个新的 EventSource 对象，然后规定发送更新的页面 URL（本例中是 "demo_sse.jsp"）；
- 每接收到一次更新，就会触发 message 事件；
- 当 message 事件发生时，把已接收的数据推入 id 为"result"的元素中。

### 7.14.2 检测 Server-Sent 事件支持

在上面的实例中，我们编写了一段额外的代码来检测服务器发送事件的浏览器支持情况：

```
if (typeof(EventSource) !== "undefined") {
    alert("您的浏览器支持 Server-sent events。");
} else {
    alert("您的浏览器不支持 Server-sent events。");
}
```

### 7.14.3 服务器端代码示例

为了让上面的例子可以运行，还需要能够发送数据更新的服务器。服务器端事件流的语法是非常简单的，把"Content-Type"报头设置为"text/event-stream"。现在，就可以开始发送事件流了。

**例 7-35:**

JSP 代码片段 (demo_sse.jsp)：

```
<meta http-equiv="pragma" content="no-cache">
<meta http-equiv="cache-control" content="no-cache">
<meta http-equiv="expires" content="-1">
<%
    response.setContentType("text/event-stream");
    response.getWriter().println("data: " + new Date());
%>
```

- 把报头"Content-Type"设置为"text/event-stream"。
- 规定不对页面进行缓存。
- 输出发送日期（始终以"data: "开头）。

### 7.14.4 EventSource 对象

EventSource 接口用于接收服务器发送的事件。它通过 HTTP 协议连接到一个服务器，以 text/event-stream 格式接收事件，不关闭连接。在上面的例子中，使用 message 事件来获取消息。不过还可以使用其他事件：

- onopen——当通往服务器的连接被打开。
- onmessage——当接收到消息。
- onerror——当错误发生。

## 7.15 Web 通信

HTML5 提供了功能强大的 Web 通信机制，可以实现不同域的 Web 应用程序之间的安全通信，也可以在 JavaScript 中进行 HTTP(S)通信和 WebSocket 通信。这些都是构建桌面式 Web 应用的基础。

### 7.15.1 跨文档消息机制

#### 1．检测浏览器对跨文档消息机制的支持情况

在 JavaScript 中可以使用 window.postMessage 属性检测浏览器对跨文档消息机制的支持情况。如果 typeof(window.postMessage) 等于"undefined"，表明当前浏览器不支持跨文档消息机制；否则表明支持。

#### 2．使用 postMessage API 发送消息

可以调用 postMessage API 实现跨文档发送消息，语法如下：

```
window.postMessage(data, url);
```

参数说明如下：
- data——发送消息中包含的数据，通常是一个字符串。
- url——指定允许通信的域名。注意，不是接受消息的目标域名。使用该参数的主要作用是出于安全的考虑，接受消息的窗口可以根据次参数判断消息是否来自可信任的来源，以避免恶意攻击。如果不对访问的域进行判断，则可以使用"*"。

例 7-36：跨框架发送接收消息

定义框架的代码如下：

```
<html>
<head>
<meta http-equiv="Content-Type" content="text/html; charset=UTF-8">
<title>演示跨框架发送消息</title>
</head>
<frameset framespacing="1" border="1" bordercolor= #333399 frameborder="yes">
  <frameset cols="500, *">
    <frame name="left" target="main" src="a.html"
        scrolling="auto" frameborder=1>
    <frame name="main" src="b.html" scrolling="auto" noresize frameborder=1>
  </frameset>
  <noframes>
  <body>
      <p>此网页使用了框架，但您的浏览器不支持框架。</p>
  </body>
```

```
        </noframes>
      </frameset>
```

a.html 代码如下：

```html
<!DOCTYPE html>
<html>
  <body>
    <form>
      <p><input type="text" required autofocus /></p>
      <p class="mt10">
        <input type="submit" value="确认" />
      </p>
    </form>
    <script>
      //querySelector 方法能够方便地从 DOM 选取元素
      //功能类似于 jQuery 选择器
      var eleForm = document.querySelector("form");
      eleForm.onsubmit = function() {
        var message = document.querySelector("input[type='text']").value;
        //向第 2 个框架中发送消息
        window.parent.frames[1].postMessage(message, '*');
        return false;
      }
    </script>
  </body>
</html>
```

b.html 代码如下：

```html
<!DOCTYPE html>
<html>
  <body>
    <div id="message" class="p20">尚未接受到信息。</div>
    <script>
      var eleBox = document.querySelector("#message");
      var messageHandle = function(e) {
        eleBox.innerHTML = "接受到的信息是：" + e.data + ", " + e.orgin;
      };
      if (window.addEventListener) {
        window.addEventListener("message", messageHandle, false);
      } else if (window.attachEvent) {
        window.attachEvent("onmessage", messageHandle);
      }
    </script>
  </body>
</html>
```

因为在 postMessage()方法的第 2 个参数中指定的数据为"*",所以处理函数 messageHandle 接收到消息时 e.origin 为"undefined"。

### 7.15.2 XMLHttpRequest Level 2

XMLHttpRequest 是一个浏览器接口,开发者可以使用它提出 HTTP 和 HTTPS 请求,而且不用刷新页面就可以修改页面的内容。XMLHttpRequest 在 AJAX 编程中大量使用。XMLHttpRequest 的两个最常见的应用是提交表单和获取额外的内容。使用 XMLHttpRequest 对象可以实现下面的功能:

- 在不重新加载页面的情况下更新网页。
- 在页面已加载后从服务器请求数据。
- 在页面已加载后从服务器接收数据。
- 在后台向服务器发送数据。

当 XMLHttpRequest 对象把一个 HTTP 请求发送到服务器时将经历若干种状态,XMLHttpRequest 对象的 ReadyState 属性可以表示请求的状态。它的值总是处于下列状态中的一个,见表 7-16。

表 7-16 ReadyState 属性

| 值 | 状态 | 具 体 说 明 |
| --- | --- | --- |
| 0 | UNSENT | 已经创建一个 XMLHttpRequest 对象,但是还没有初始化,即还没调用 open()方法 |
| 1 | OPENED | 表示正在加载,此时对象已建立,已经调用 open(),但还没调用 send()方法 |
| 2 | HEADERS_RECEIVED | 表示请求已经发送,即方法已调用 send(),并且头部和状态已经可获得 |
| 3 | LOADING | 表示请求处理中。此时,已经接收到 HTTP 响应头部信息,但是消息体部分还没有完全结束接收 |
| 4 | DONE | 表示请求已完成,即数据接收完毕,服务器的响应完成 |

除了 ReadyState 属性以外,XMLHttpRequest 的常用属性见表 7-17。

表 7-17 XMLHttpRequest 属性

| 值 | 具 体 说 明 |
| --- | --- |
| responseText | 包含客户端接收到的 HTTP 响应的文本内容。当 readyState 值为 0、1 或 2 时,reponseText 属性为一个空字符串。当 readyState 值为 3 时,responseText 属性为还未完成的响应信息。当 readyState 值为 4 时,responseText 属性为响应的消息 |
| responseXML | 用于当接收到完整的 HTTP 响应时(readyState 值为 4)描述 XML 响应。如果 readyState 值不为 4,那么 reponseXML 的值也为 null |
| status | 用于描述 HTTP 状态代码,其类型为 short。仅当 readyState 值为 3 或 4 时,status 属性才可用 |
| statusText | 用于描述 HTTP 状态代码文本。仅当 readyState 值为 3 或 4 时才可用 |

**例 7-37**:从服务器获取并显示一个 XML 文件的内容

```
<!DOCTYPE html>
<html>
  <head>
    <script>
      function state_Change() {
```

```
            if (xmlhttp.readyState == 4) {
                //服务器已经响应
                if (xmlhttp.status == 200) {
                    //请求成功
                    //显示服务器的响应数据
                    document.getElementById("A1").innerHTML = xmlhttp.status;
                    document.getElementById("A2").innerHTML = xmlhttp.statusText;
                    document.getElementById("A3").innerHTML
                        = xmlhttp.responseText;
                } else {
                    alert("接收 XML 数据时出现问题:" + xmlhttp.statusText);
                }
            }
        }
        function loadXMLDoc(url) {
            xmlhttp = null;
            if (window.XMLHttpRequest) {
                //其他浏览器
                xmlhttp = new XMLHttpRequest();
            } else if (window.ActiveXObject) {
                //IE 浏览器
                xmlhttp = new ActiveXObject("Microsoft.XMLHTTP");
            }
            if (xmlhttp != null) {
                xmlhttp.onreadystatechange = state_Change;  //指定响应处理函数
                xmlhttp.open("GET", url, true);   //初始化 HTTP 请求的参数
                xmlhttp.send(null);   //发送 HTTP 请求
            } else {
                alert("您的浏览器不支持 XMLHTTP.");
            }
        }
    </script>
</head>
<body>
    <p><b>Status:</b>
        <span id="A1"></span>
    </p>
    <p><b>statusText:</b>
        <span id="A2"></span>
    </p>
    <p><b>responseText:</b><br /><span id="A3"></span></p>
    <button onclick="loadXMLDoc('example.xml')">获取 XML 文件</button>
</body>
</html>
```

例 7-38：获取 HTTP 响应头部信息

```html
<!DOCTYPE html>
<html>
  <head>
    <script>
      function state_Change() {
        if (xmlhttp.readyState == 4) {
          if (xmlhttp.status == 200) {
            document.getElementById("p1").innerHTML
              = "XML 文件的最后修改日期: "
                + xmlhttp.getAllResponseHeader("Last-Modified");
          } else {
            alert("获取数据时出现错误:" + xmlhttp.statusText);
          }
        }
      }
      function loadXMLDoc(url) {
        xmlhttp = null;
        if (window.XMLHttpRequest) {
          xmlhttp = new XMLHttpRequest();
        } else if (window.ActiveXObject) {
          xmlhttp = new ActiveXObject("Microsoft.XMLHTTP");
        }
        if (xmlhttp != null) {
          xmlhttp.onreadystatechange = state_Change;    //指定响应处理函数
          xmlhttp.open("GET", url, true);               //初始化 HTTP 请求的参数
          xmlhttp.send(null);                           //发送 HTTP 请求
        } else {
          alert("您的浏览器不支持 XMLHTTP.");
        }
      }
    </script>
  </head>
  <body>
    <p id="p1">演示 getResponseHeader()方法的使用。</p>
    <button onclick="loadXMLDoc('example.xml')">
        获取 XML 文件的最后修改日期
    </button>
  </body>
</html>
```

**例 7-39**：使用 FormData 模拟表单向服务器发送数据

```html
<p><span id="A1"></span></p>
<button onclick="sendformdata()">发送数据</button>
<script>
  var xmlhttp;
  function sendformdata() {
```

```
        if (window.XMLHttpRequest) {
            xmlhttp = new XMLHttpRequest();
        } else if (window.ActiveXObject) {
            xmlhttp = new ActiveXObject("Microsoft.XMLHTTP");
        }
        if (xmlhttp != null) {
            xmlhttp.onreadystatechange = state_Change;
            var formData = new FormData();
            formData.append("name", "lee");
            formData.append("age", 38);
            xmlhttp.open("POST", "ShowInfo.jsp");
            xmlhttp.send(formData);
        } else {
            alert("您的浏览器不支持 XMLHTTP。");
        }
    }
    function state_Change() {
        if (xmlhttp.readyState == 4) {
            if (xmlhttp.status == 200) {
                // 显示服务器的响应数据
                document.getElementById("A1").innerHTML = xmlhttp.responseText;
            } else {
                alert("接收 XML 数据时出现问题:" + xmlhttp.statusText);
            }
        }
    }
</script>
```

### 7.15.3 Web Socket

Web Socket 接口是 HTML5 的一部分，它定义了一个全双工的 Socket 连接。在 TCP/IP 网络环境中，可以使用 Socket 接口来建立网络连接，实现主机之间的数据传输。Socket 是套接字，它是 TCP/IP 网络环境下应用程序与底层通信驱动程序之间的开发接口，它可以将应用程序与具体的 TCP/IP 隔离开来，使得应用程序不需要了解 TCP/IP 的具体细节，就能够实现数据传输。

Socket 都是应用在 C/S 应用程序中的，Web 应用程序无法实现 Socket 编程。HTML5 中定义了 Web Socket API，使用它可以使 Web 应用程序与服务器端进程保持双向通信。Web Socket 协议可以在现有的 Web 基础结构下很好地工作，它定义 Web Socket 连接的生命周期开始于 HTTP 连接，从而保证了与之前的 Web 应用程序的兼容性。在经过 Web Socket 握手之后，协议才从 HTTP 切换到 Web Socket。

在支持 WebSocket 的浏览器中，在创建 Socket 之后，可以通过 open、message、close、error 四个事件实现对 Socket 进行响应。下面的例子是服务器端用 Java 实现的例子。

## 1. 客户端程序

**例 7-40：**

```html
<!DOCTYPE html>
<html>
  <head>
    <meta charset="UTF-8">
    <title>WebSocket 客户端</title>
  </head>
  <body>
    Welcome:<br/>
    <input id="text" type="text"/>
    <button onclick="send()">发送消息</button>
    <hr/>
    <button onclick="closeWebSocket()">关闭 WebSocket 连接</button>
    <hr/>
    <div id="message"></div>
  </body>
  <script>
    var websocket = null;
    if (window.WebSocket) {
        websocket = new WebSocket("ws://localhost:8080/TestAjax/websocket");
    } else {
        alert("您的浏览器不支持 Web Socket API。")
    }
    //连接发生错误的回调方法
    websocket.onerror = function () {
        setMessageInnerHTML("WebSocket 连接发生错误");
    };
    //连接成功建立的回调方法
    websocket.onopen = function () {
        setMessageInnerHTML("WebSocket 连接成功");
    }
    //接收到消息的回调方法
    websocket.onmessage = function (event) {
        setMessageInnerHTML(event.data);
    }
    //连接关闭的回调方法
    websocket.onclose = function () {
        setMessageInnerHTML("WebSocket 连接关闭");
    }
    //监听窗口关闭事件，当窗口关闭时，主动去关闭 websocket 连接
    //防止连接还没断开就关闭窗口，server 端会抛异常。
    window.onbeforeunload = function () {
        closeWebSocket();
```

```javascript
        }
        //将消息显示在网页上
        function setMessageInnerHTML(innerHTML) {
            document.getElementById("message").innerHTML
                    += innerHTML + "<br/>";
        }
        //关闭 WebSocket 连接
        function closeWebSocket() {
            websocket.close();
        }
        //发送消息
        function send() {
            var message = document.getElementById("text").value;
            websocket.send(message);
        }
    </script>
</html>
```

### 2．Server 端程序

以下是 WebSocket 在 Java Web 中的实现。JavaEE 7 中支持 JSR-356:Java API for WebSocket 规范。不少 Web 容器，例如 Tomcat、Nginx、Jetty 等都支持 WebSocket。Tomcat 从 7.0.27 开始支持 WebSocket。

**例 7-41：**

```java
import java.io.IOException;
import java.util.concurrent.CopyOnWriteArraySet;
import javax.websocket.*;
import javax.websocket.server.ServerEndpoint;

/**
 * @ServerEndpoint 注解是一个类层次的注解
 * 它的功能主要是将目前的类定义成一个 WebSocket 服务器端
 * 注解的值将被用于监听用户连接的终端访问 URL 地址
 * 客户端可以通过这个 URL 连接到 WebSocket 服务器端
 */
@ServerEndpoint("/websocket")
public class WebSocketTest {
    //静态变量，用来记录当前在线连接数
    private static int onlineCount = 0;
    //concurrent 包的线程安全 Set，用来存放每个客户端对应的
    //MyWebSocket 对象。若要实现服务端与单一客户端通信的话
    //可以使用 Map 来存放，其中 Key 可以为用户标识
    private static CopyOnWriteArraySet<WebSocketTest> webSocketSet
            = new CopyOnWriteArraySet<WebSocketTest>();
    //与某个客户端的连接会话，需要通过它来给客户端发送数据
```

```java
private Session session;

//连接建立成功调用的方法
@OnOpen
public void onOpen(Session session){
    this.session = session;
    webSocketSet.add(this);     //加入 Set 中
    addOnlineCount();           //在线数加 1
    System.out.println("有新的连接加入！当前在线人数为："
        + getOnlineCount());
}

//连接关闭调用的方法
@OnClose
public void onClose(){
    webSocketSet.remove(this);  //从 Set 中删除
    subOnlineCount();           //在线数减 1
    System.out.println("有一连接关闭！当前在线人数为："
        + getOnlineCount());
}

//收到客户端消息后调用的方法
@OnMessage
public void onMessage(String message, Session session) {
    System.out.println("来自客户端的消息:" + message);
    //群发消息
    for(WebSocketTest item: webSocketSet){
        try {
            item.sendMessage(message);
        } catch (IOException e) {
            e.printStackTrace();
            continue;
        }
    }
}

//发生错误时调用
public void onError(Session session, Throwable error){
    System.out.println("发生错误");
    error.printStackTrace();
}

public void sendMessage(String message) throws IOException{
    this.session.getBasicRemote().sendText(message);
}
```

```
public static synchronized int getOnlineCount() {
    return onlineCount;
}

public static synchronized void addOnlineCount() {
    WebSocketTest.onlineCount++;
}

public static synchronized void subOnlineCount() {
    WebSocketTest.onlineCount--;
    }
}
```

图 7-2 是运行结果截图。

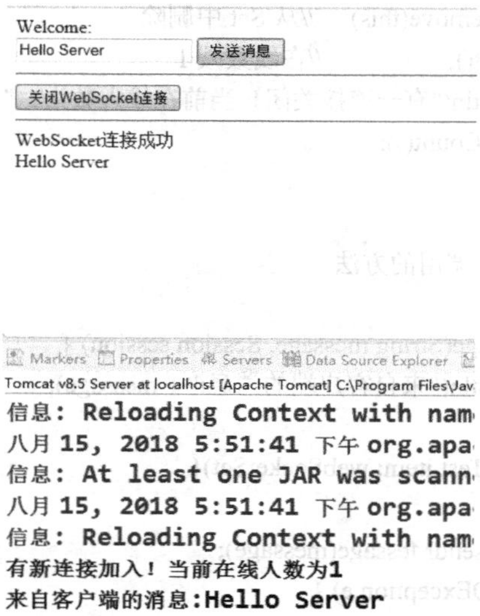

图 7-2　WebSocket 运行结果

# 思考题

1. 什么是 HTML5？为什么 HTML5 里面不需要 DTD（Document Type Definition 文档类型定义）？
2. 如果 HTML 文档没有写入<!DOCTYPE html>，HTML5 还会正常工作吗？请解释原因。
3. HTML5 的页面结构同 HTML4 或者更早版本的 HTML 有什么区别？
4. 简述 HTML5 中 datalist 元素的功能。
5. HTML5 中新增的表单元素类型有哪些？

6．简述 Canvas 和 SVG 图形的区别。
7．HTML5 中本地存储的概念是什么？如何在本地存储中添加和移除数据？
8．本地存储和 Cookies（存储在用户本地终端上的数据）之间的区别是什么？
9．HTML5 中如何实现应用程序缓存？
10．Web Worker 线程的限制是什么？如何中止 Web Worker？如何用 JavaScript 创建一个 Worker 线程？

# 第 8 章 最新的层叠样式表 CSS3

## 8.1 CSS3 简介

CSS3 是CSS技术的升级版本。CSS3 语言开发是朝着模块化发展的。以前的规范作为一个模块实在是太庞大而且比较复杂,所以把它分解为一些小的模块,并且更多新的模块也加入进来。这些模块包括:盒子模型、列表模块、超链接方式、语言模块、背景和边框、文字特效、多栏布局等。

## 8.2 CSS3 新技术

### 8.2.1 CSS3 边框

CSS3 能够创建圆角边框,向矩形添加阴影,使用图片来绘制边框。
- border-radius
- box-shadow
- border-image

**1. CSS3 圆角边框**

可以使用 border-radius 属性实现圆角效果。它是一个简洁属性,语法如下:

```
border-radius:1-4 length1%/1-4 length 1%;/*水平半径/垂直半径*/
```

还可以使用 border-top-left-radius、border-top-right-radius、border-bottom-right-radius、border-bottom-left-radius 属性实现指定的圆角。border-radius 采用的是左上角、右上角、右下角、左下角的顺序。

```
border-radius: 1em/5em;
/* 等价于: */
border-top-left-radius:     1em 5em;
border-top-right-radius:    1em 5em;
border-bottom-right-radius: 1em 5em;
border-bottom-left-radius:  1em 5em;
```

如果省略 bottom-left,则与 top-right 相同。如果省略 bottom-right,则与 top-left 相同。如果省略 top-right,则与 top-left 相同。

```
border-radius: 4px 3px 6px / 2px 4px;
/* 等价于: */
```

```
border-top-left-radius:     4px 2px;
border-top-right-radius:    3px 4px;
border-bottom-right-radius: 6px 2px;
border-bottom-left-radius:  3px 4px;
```

### 2. CSS3 边框阴影

box-shadow 用于向方框添加阴影。阴影分为内阴影和外阴影两个效果，可以通过逗号添加多个阴影效果。基本语法如下：

box-shadow: h-shadow v-shadow blur spread color inset;

属性取值及其说明见表 8-1。

表 8-1　box-shadow 属性

| 值 | 描述 |
| --- | --- |
| h-shadow | 必需。水平阴影的位置。允许负值，正值阴影在右边，负值阴影在左边 |
| v-shadow | 必需。垂直阴影的位置。允许负值，正值阴影向下，正值阴影向上 |
| blur | 可选。模糊距离 |
| spread | 可选。阴影的尺寸 |
| color | 可选。阴影的颜色 |
| inset | 可选。将外部阴影（outset）改为内部阴影 |

**例 8-1**：向 div 元素添加阴影

```html
<!DOCTYPE html>
<html>
    <head>
        <style>
            #div1 {
                border:30px solid transparent;
                box-shadow: 2px 2px 2px 1px rgba(0, 0, 0, 0.2);
                width:100px;
                height:50px;
            }
            #div2 {
                border:30px solid;
                /*任意数量的阴影，可以使用逗号分隔*/
                box-shadow: 3px 3px red, -1em 0 0.4em olive;
                width:100px;
                height:50px;
            }
            #div3 {
                border:1px solid blue;
                box-shadow: 10px 5px 5px black;
                width:100px;
                height:50px;
```

```
        }
    </style>
</head>
<body>
    <div id="div1"></div><br/>
    <div id="div2"></div><br/>
    <div id="div3"></div>
</body>
</html>
```

### 3．CSS3 边框图片

通过 border-image 属性，可以使用图片来绘制边框。语法如下：

border-image: source slice width outset repeat|initial|inherit;

属性取值及其说明见表 8-2。

表 8-2　border-image 属性

| 值 | 描述 |
| --- | --- |
| border-image-source | 用于指定要用于绘制边框的图像的位置 |
| border-image-slice | 图像边界向内偏移 |
| border-image-width | 图像边界的宽度 |
| border-image-outset | 用于指定在边框外部绘制 border-image-area 的量 |
| border-image-repeat | 用于设置图像边界是否应重复（repeat）、拉伸（stretch，默认值）或铺满（round） |

border-image 的主要参数就是：图片路径（border-image-source）、剪裁位置（border-image-slice）和重复性（border-image-repeat）。图片路径使用 url()调用，可以是相对路径或者是绝对路径。

图片剪裁位置（border-image-slice）有 1～4 个参数，分别代表上、右、下、左四个方位的剪裁。它没有单位，默认单位就是像素（px）；支持百分比值，百分比值大小是相对于边框图片的大小。实际的裁切规则会通过裁切属性值，将边框背景图切出了"九宫格"的模型，如图 8-1 所示。

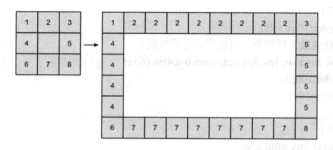

图 8-1　九宫格背景图片

亘古不变的是四个边角，这四个边角就是四条边框的重叠区域，不会有拉伸或者是重复的展现效果。有变化的就是四边区域和中心区域，这几个区域中的水平和垂直属性也是不变的，改变的就只是"拉伸"而已，变成重复或者是平铺。

**例 8-2：**

```html
<!DOCTYPE html>
<html>
  <head>
    <style>
      #gradient {
        border: 30px solid;
        border-image: linear-gradient(red, yellow) 10;
        padding: 20px;
      }
      #bitmap {
        border: 30px solid transparent;
        padding: 20px;
        border-image: url("https://mdn.mozillademos.org/files/4127/border.png") 30;
      }
    </style>
  </head>
  <body>
    <div id="gradient"></div>
    <div id="bitmap"></div>
  </body>
</html>
```

## 8.2.2 CSS3 背景

CSS3 包含多个新的背景属性，它们提供了对背景更加强大的控制。这里主要介绍以下 4 种背景属性：

- background-image
- background-size
- background-origin
- background-clip

**1．background-image 属性**

通过 background-image 属性可以添加背景图片。不同的背景图片用逗号隔开，所有的图片中显示在最顶端的为第一张。

```css
#example1 {
    background-image: url(01.png), url(02.png);
    background-position: right bottom, left top;
    background-repeat: no-repeat, repeat;
}
```

**2．background-size 属性**

在 CSS3 之前，背景图片的尺寸是由图片的实际尺寸决定的。在 CSS3 中，可以规定背景图片的尺寸，这就允许我们在不同的环境中重复使用背景图片。background-size 属性规定背景图片的尺寸。尺寸以像素或者百分比规定，如果以百分比规定尺寸，那么尺寸是相对父元素的宽度和高度。

> background-size: auto | <长度值> | <百分比> | cover | contain

- auto：默认值，不改变背景图片的原始高度和宽度。
- <长度值>：成对出现，例如 200px 50px，将背景图片宽高依次设置为前面两个值，当设置一个值时，将其作为图片宽度值来等比缩放。
- <百分比>：0%～100%之间的任何值，将背景图片宽高依次设置为所在元素宽高乘以前面百分比得出的数值，当设置一个值时同上。
- cover：顾名思义为覆盖，即将背景图片等比缩放以填满整个容器。
- contain：容纳，即将背景图片等比缩放至某一边紧贴容器边缘为止。

**3．background-origin 属性**

background-origin 属性规定了背景图片的定位区域。背景图片可以放置于 content-box、padding-box 或者 border-box 区域，各区域如图 8-2 所示。语法如下：

> background-origin: border-box | padding-box | content-box

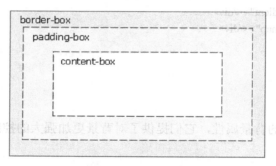

图 8-2 content-box、padding-box 和 border-box 区域

**4．background-clip 属性**

background-clip 背景剪裁属性是从指定位置开始绘制。语法：

> background-clip: border-box | padding-box | content-box | no-clip

参数分别表示从边框、内填充或者内容区域向外裁剪背景。no-clip 表示不裁切，和参数 border-box 显示同样的效果，background-clip 默认值为 border-box。

对于 background-clip，它得到的结果是不完整的背景，也就是其中的一部分，而且它的剪裁是对整个容器背景的剪裁（包括图片与背景颜色）。

对于 background-origin，它得到的结果是完整的背景。与 background-clip 不同的是，它只是单纯设置背景图片的边界，并不会对背景图片造成影响。

## 8.2.3 CSS3 文本效果

CSS3 包含多个新的文本特性，见表 8-3。

表 8-3 CSS3 新文本属性

| 属性 | 描述 |
| --- | --- |
| hanging-punctuation | 规定标点字符是否位于线框之外 |
| punctuation-trim | 规定是否对标点字符进行修剪 |
| text-align-last | 设置如何对齐最后一行或紧挨着强制换行符之前的行 |
| text-emphasis | 对元素的文本应用重点标记以及重点标记的前景色 |
| text-justify | 规定当 text-align 设置为 "justify" 时所使用的对齐方法 |
| text-outline | 规定文本的轮廓 |
| text-overflow | 规定当文本溢出包含元素时发生的事情 |
| text-shadow | 向文本添加阴影 |
| text-wrap | 规定文本的换行规则 |
| word-break | 规定非中日韩文本的换行规则 |
| word-wrap | 允许对长的不可分割的单词进行分割并换行到下一行 |

**1. CSS3 文本阴影**

text-shadow 可以向文本应用阴影,能够规定水平阴影、垂直阴影、模糊距离以及阴影的颜色。基本语法如下:

text-shadow: h-shadow v-shadow blur color;

例 8-3:文本阴影效果

```
<!DOCTYPE html>
<html>
  <head>
    <style>
      h1 {text-shadow: 6px 6px 6px #00ff00; }
    </style>
  </head>
  <body>
    <h1>文本阴影效果!</h1>
  </body>
</html>
```

**2. CSS3 自动换行**

单词太长的话有可能会超出显示区域扩展到外面,word-wrap 属性允许强制文本进行换行,即使这意味着会对单词进行拆分。

p {word-wrap: break-word;}

**3. CSS 文本溢出**

text-overflow 属性确定如何向用户发出未显示的溢出内容信号。它可以被剪切、显示一个省略号或者显示一个自定义字符串。这个属性并不会强制"溢出"事件的发生,因此,为了让"text-overflow"能够生效,程序员必须在元素上添加几个额外的属性,例如:将overflow 设置为"hidden"。

**例 8-4**：文本溢出效果

```
<!DOCTYPE html>
<html>
  <head>
    <style>
      p {
        width: 150px;
        border: 1px solid;
        padding: 2px 5px;
        /* 为了使 text-overflow 生效 */
        white-space: nowrap;
        overflow: hidden;
      }
      .overflow-visible {
        white-space: initial; /*原样显示*/
      }
      .overflow-clip {
        text-overflow: clip; /*截断显示*/
      }
      .overflow-ellipsis {
        text-overflow: ellipsis; /*以省略号显示*/
      }
      .overflow-string {
        text-overflow: " [..]";/*大多数浏览器不支持*/
      }
    </style>
  </head>
  <body>
    <p class="overflow-visible">段落 1 段落 1 段落 1 段落 1 段落 1 段落 1</p>
    <p class="overflow-clip">段落 2 段落 2 段落 2 段落 2 段落 2</p>
    <p class="overflow-ellipsis">段落 3 段落 3 段落 3 段落 3 段落 3</p>
    <p class="overflow-string">段落 4 段落 4 段落 4 段落 4 段落 4</p>
  </body>
</html>
```

### 8.2.4 CSS3 字体

在 CSS3 之前，Web 设计师必须使用已在用户计算机上安装好的字体。通过 CSS3，Web 设计师可以使用他们喜欢的任意字体。当找到或者购买到希望使用的字体时，可将该字体文件存放到 Web 服务器上，它会在需要时被自动下载到用户的计算机上。"自己的"字体是在 CSS3 @font-face 规则中定义的。

**1．使用用户需要的字体**

在新的@font-face 规则中，必须首先定义字体的名称（例如 myFirstFont），然后指向该字体文件。如果为 HTML 元素使用字体，需要通过 font-family 属性来引用字体的名称（myFirstFont）：

```
<style>
  @font-face {
    font-family: myFirstFont;
    src: url('Sansation_Light.ttf'),
        url('Sansation_Light.eot');      /* IE9+ */
  }
  div {
    font-family: myFirstFont;
  }
</style>
```

提示：Internet Explorer 9+、Firefox、Chrome、Safari 和 Opera 支持 WOFF（Web Open Font Format）字体。Firefox、Chrome、Safari 和 Opera 支持 TTF（True Type Font）和 OTF（Open Type Font）字体。Chrome、Safari 和 Opera 也支持 SVG 字体/折叠。Internet Explorer 同样支持 EOT（Embedded OpenType）字体。

### 2．使用粗体字体

粗体文本需要添加另一个包含粗体文本描述符的@font-face 规则。

```
@font-face {
    font-family: myFirstFont;
    src: url('Sansation_Bold.ttf'),
        url('Sansation_Bold.eot');       /* IE9+ */
    font-weight: bold;
}
```

"Sansation_Bold.ttf" 是另一个字体文件，它包含了 Sansation 字体的粗体字符。只要 font-family 为"myFirstFont"的文本需要显示为粗体，浏览器就会使用该字体。通过这种方式，可以为相同的字体设置许多@font-face 规则。

### 3．CSS3 字体描述符

表 8-4 列出了能够在@font-face 规则中定义的所有字体描述符。

表 8-4　CSS3 字体描述符

| 描述符 | 值 | 描述 |
| --- | --- | --- |
| font-family | name | 必需。规定字体的名称 |
| src | URL | 必需。定义字体文件的 URL |
| font-stretch | • normal<br>• condensed<br>• ultra-condensed<br>• extra-condensed<br>• semi-condensed<br>• expanded<br>• semi-expanded<br>• extra-expanded<br>• ultra-expanded | 可选。定义如何拉伸字体。默认是 "normal" |

(续)

| 描述符 | 值 | 描述 |
|---|---|---|
| font-style | • normal<br>• italic<br>• oblique | 可选。定义字体的样式。默认是 "normal" |
| font-weight | • normal<br>• bold<br>• 100<br>• 200<br>• 300<br>• 400<br>• 500<br>• 600<br>• 700<br>• 800<br>• 900 | 可选。定义字体的粗细。默认是 "normal" |
| unicode-range | unicode-range | 可选。定义字体支持的 Unicode 字符范围。默认是 "U+0-10FFFF" |

### 8.2.5 CSS3 2D 转换

CSS3 转换可以对元素进行移动、缩放、转动、拉长或者拉伸。可以使用 2D 或者 3D 转换来变换元素。转换需要使用 transform 属性，Internet Explorer 10、Firefox 和 Opera 支持 transform 属性，Chrome 和 Safari 要求前缀-webkit-版本，Internet Explorer 9 要求前缀-ms-版本。2D 转换方法如下所示：

- translate()
- rotate()
- scale()
- skew()
- matrix()

**1. translate()方法**

通过 translate()方法，元素根据给定的 left（x 坐标）和 top（y 坐标）位置参数，从它所在的当前位置移动。

```
div {
    transform: translate(50px, 100px);
    -ms-transform: translate(50px, 100px);      /* IE 9 */
    -webkit-transform: translate(50px, 100px);  /* Safari and Chrome */
    -o-transform: translate(50px, 100px);       /* Opera */
    -moz-transform: translate(50px, 100px);     /* Firefox */
}
```

值 translate(50px, 100px)把元素从左侧向右移动 50 像素，从顶端向下移动 100 像素。

**2. rotate()方法**

通过 rotate()方法，将元素顺时针旋转给定的角度。角度允许负值，此时元素将逆时针旋转。

```
div {
    transform: rotate(30deg);
    -ms-transform: rotate(30deg);           /* IE 9 */
    -webkit-transform: rotate(30deg);       /* Safari and Chrome */
    -o-transform: rotate(30deg);            /* Opera */
    -moz-transform: rotate(30deg);          /* Firefox */
}
```

值 rotate(30deg)把元素顺时针旋转 30°。

### 3．scale()方法

通过 scale()方法，元素根据给定的宽度（X 轴）和高度（Y 轴）参数，会增加或者减少。

```
div {
    transform: scale(2, 4);
    -ms-transform: scale(2, 4);             /* IE 9 */
    -webkit-transform: scale(2, 4);         /* Safari 和 Chrome */
    -o-transform: scale(2, 4);              /* Opera */
    -moz-transform: scale(2, 4);            /* Firefox */
}
```

值 scale(2,4)把宽度转换为原始宽度的 2 倍，把高度转换为原始高度的 4 倍。

### 4．skew()方法

通过 skew()方法，元素根据给定的水平线（X 轴）和垂直线（Y 轴）参数，翻转给定的角度。如果第二个参数为空，则默认为 0。参数为负表示向相反方向倾斜。

- skewX(<angle>)——表示只在 X 轴（水平方向）倾斜。
- skewY(<angle>)——表示只在 Y 轴（垂直方向）倾斜。

```
div {
    transform: skew(30deg, 20deg);
    -ms-transform: skew(30deg, 20deg);      /* IE 9 */
    -webkit-transform: skew(30deg, 20deg);  /* Safari and Chrome */
    -o-transform: skew(30deg, 20deg);       /* Opera */
    -moz-transform: skew(30deg, 20deg);     /* Firefox */
}
```

值 skew(30deg, 20deg)围绕 X 轴把元素顺时针翻转 30°，围绕 Y 轴顺时针翻转 20°。

### 5．matrix()方法

matrix()方法把所有 2D 转换方法组合在一起。matrix()方法需要六个参数，包含数学函数。允许用户：旋转、缩放、移动以及倾斜元素。

CSS3 transform 的 matrix()方法写法如下：

```
transform: matrix(a, b, c, d, e, f);
```

实际上，这 6 个参数对应的矩阵如下：

$$\begin{bmatrix} a & c & e \\ b & d & f \\ 0 & 0 & 1 \end{bmatrix}$$

反映在这里就是如下转换公式：

$$\begin{bmatrix} a & c & e \\ b & d & f \\ 0 & 0 & 1 \end{bmatrix} \cdot \begin{bmatrix} x \\ y \\ 1 \end{bmatrix} = \begin{bmatrix} ax+cy+e \\ bx+dy+f \\ 0+0+1 \end{bmatrix}$$

其中，$x, y$ 表示转换元素的所有坐标（变量）。$ax+cy+e$ 表示变换后的水平坐标，$bx+dy+f$ 表示变换后的垂直坐标。

2D 各个转换方法具体参数的对应关系如下：

偏移：

  transform: matrix(1, 0, 0, 1, 水平偏移距离, 垂直偏移距离);

缩放：

  transform: matrix(水平缩放, 0, 0, 垂直缩放, 0, 0);

旋转（假设角度为 θ）：

  transform: matrix(cosθ, sinθ, −sinθ, cosθ, 0, 0);

拉伸（θx 表示 X 轴倾斜角度，θy 表示 Y 轴倾斜角度）：

  transform: matrix(1, tan(θy), tan(θx), 1, 0, 0);

例如，使用 matrix 方法将 div 元素顺时针旋转 30°：

```
div {
    transform:matrix(0.866, 0.5, −0.5, 0.866, 0, 0);
    −ms−transform:matrix(0.866, 0.5, −0.5, 0.866, 0, 0);        /* IE 9 */
    −moz−transform:matrix(0.866, 0.5, −0.5, 0.866, 0, 0);       /* Firefox */
    −webkit−transform:matrix(0.866, 0.5, −0.5, 0.866, 0, 0);    /* Safari and Chrome */
    −o−transform:matrix(0.866, 0.5, −0.5, 0.866, 0, 0);         /* Opera */
}
```

### 8.2.6 CSS3 3D 转换

#### 1．3D 转换方法

CSS3 允许使用 3D 转换对元素进行格式化。通过 3D 转换，可以让样式更加立体化。常用的 3D 转换方法见表 8-5。

表 8-5 3D 转换方法

| 属　　性 | 描　　述 |
| --- | --- |
| matrix3d(n,n,n,n,n,n,n,n,n,n,n,n,n,n,n,n) | 定义 3D 转换，使用 16 个值的 4×4 矩阵 |
| translate3d(x,y,z) | 定义 3D 转换 |
| translateX(x) | 定义 3D 转换，仅用于 X 轴的值 |
| translateY(y) | 定义 3D 转换，仅用于 Y 轴的值 |
| translateZ(z) | 定义 3D 转换，仅用于 Z 轴的值 |
| scale3d(x,y,z) | 定义 3D 缩放转换 |
| scaleX(x) | 定义 3D 缩放转换，通过给定一个 X 轴的值 |
| scaleY(y) | 定义 3D 缩放转换，通过给定一个 Y 轴的值 |
| scaleZ(z) | 定义 3D 缩放转换，通过给定一个 Z 轴的值 |
| rotate3d(x,y,z,angle) | 定义 3D 旋转 |
| rotateX(angle) | 定义沿 X 轴的 3D 旋转 |
| rotateY(angle) | 定义沿 Y 轴的 3D 旋转 |
| rotateZ(angle) | 定义沿 Z 轴的 3D 旋转 |
| perspective(n) | 定义 3D 转换元素的透视视图 |

**例 8-5**：rotateX()方法

通过 rotateX()方法，元素围绕 X 轴以给定的度数进行旋转。

```
div {
    transform: rotateX(120deg);
    -webkit-transform: rotateX(120deg);    /* Safari 和 Chrome */
    -moz-transform: rotateX(120deg);       /* Firefox */
}
```

**例 8-6**：rotateY()方法

通过 rotateY()方法，元素围绕 Y 轴以给定的度数进行旋转。

```
div {
    transform: rotateY(130deg);
    -webkit-transform: rotateY(130deg);    /* Safari 和 Chrome */
    -moz-transform: rotateY(130deg);       /* Firefox */
}
```

**例 8-7**：matrix3d()方法

3D 转换虽然只比 2D 多了一维，但是复杂程度却不只多了一个。而在矩阵方面则是从 3×3 变成了 4×4，即 9 到 16 个参数了。其实，本质上很多东西都与 2D 是一致的，只是复杂程度不一样而已。

这里就举一个简单的 3D 缩放变换的例子，其矩阵如下：

$$\begin{bmatrix} sx & 0 & 0 & 0 \\ 0 & sy & 0 & 0 \\ 0 & 0 & sz & 0 \\ 0 & 0 & 0 & 1 \end{bmatrix}$$

```
.matrix_box {
    width: 150px;
    height: 150px;
    background-color: #a0b3d6;
    box-shadow: 2px 2px 4px rgba(0, 0, 0, .6);
}
<div id="matrixBox" class="matrix_box"></div>
```

实施 3D 变换的矩阵:

transform: matrix3d(0.572049, 0, 0, 0, 0, 0.697253, 0, 0, 0, 0, 0.380120, 0, 0, 0, 0, 1)

**2. 3D 转换属性**

表 8-6 列出了 CSS3 所有的 3D 转换属性。

表 8-6 3D 转换属性

| 属性 | 描述 |
|---|---|
| transform | 向元素应用 2D 或者 3D 转换 |
| transform-origin | 允许改变被转换元素的位置 |
| transform-style | 规定被嵌套元素如何在 3D 空间中显示 |
| perspective | 规定 3D 元素的透视效果 |
| perspective-origin | 规定 3D 元素的底部位置 |
| backface-visibility | 定义元素在不面对屏幕时是否可见 |

## 8.2.7 CSS3 过渡

通过 CSS3,可以在不使用 Flash 动画或者 JavaScript 的情况下,当元素从一种样式变换为另一种样式时为元素添加效果。要实现这一点,必须规定两项内容:
- 规定希望把效果添加到哪个 CSS 属性上。
- 规定效果的时长。

表 8-7 列出了所有的 3D 过渡属性。

表 8-7 3D 过渡属性

| 属性 | 描述 |
|---|---|
| transition | 简写属性,用于在一个属性中设置 4 个过渡属性。<br>transition: property duration timing-function delay; |
| transition-property | 规定应用过渡的 CSS 属性的名称。<br>• none: 没有属性会获得过渡效果。<br>• all: 所有属性都将获得过渡效果。<br>• property: 定义应用过渡效果的 CSS 属性名称列表,列表以逗号分隔 |
| transition-duration | 定义过渡效果花费的时间(以秒或毫秒计)。默认是 0,意味着不会有效果 |
| transition-timing-function | 规定过渡效果的时间曲线。<br>• linear: 动画从头到尾的速度是相同的。<br>• ease: 默认。动画以低速开始,然后加快,在结束前变慢。<br>• ease-in: 动画以低速开始。<br>• ease-out: 动画以低速结束。<br>• ease-in-out: 动画以低速开始和结束。<br>• cubic-bezier(n,n,n,n): 在 cubic-bezier(三次方贝塞尔曲线)函数中设置自己的值。可能的值是从 0 到 1 的数值 |
| transition-delay | 规定在过渡效果开始之前需要等待的时间,以秒或毫秒计 |

**例 8-8**：应用于宽度属性的过渡效果，时长为 2s

```css
div {
    transition: width 2s;
    -moz-transition: width 2s;      /* Firefox 4 */
    -webkit-transition: width 2s;   /* Safari 和 Chrome */
    -o-transition: width 2s;        /* Opera */
}
```

**提示**：如果时长未规定，就不会有过渡效果，因为默认值是 0。

**例 8-9**：把鼠标指针放到紫色 div 元素上，查看过渡效果

```html
<!DOCTYPE html>
<html>
    <head>
        <style>
            div {
                width: 120px;
                height: 120px;
                background: purple;
                transition: width 2s;
                -moz-transition: width 2s;      /* Firefox 4 */
                -webkit-transition: width 2s;   /* Safari and Chrome */
                -o-transition: width 2s;        /* Opera */
            }
            div:hover {
                width: 360px;
            }
        </style>
    </head>
    <body>
        <div></div>
        <p>请把鼠标指针放到紫色 div 元素上，来查看过渡效果。</p>
    </body>
</html>
```

**例 8-10**：多项改变

```html
<!DOCTYPE html>
<html>
    <head>
        <style>
            div {
                width: 100px;
                height: 100px;
                background: purple;
                color: white;
```

```
            transition: width 2s, height 2s, transform 2s;
            -moz-transition: width 2s, height 2s, -moz-transform 2s;    /* Firefox 4 */
            -webkit-transition: width 2s, height 2s, -webkit-transform 2s;
            /* Safari and Chrome */
            -o-transition: width 2s, height 2s, -o-transform 2s;        /* Opera */
        }
        div: hover {
            width: 200px;
            height: 200px;
            transform: rotate(180deg);
            -moz-transform: rotate(180deg);      /* Firefox 4 */
            -webkit-transform: rotate(180deg);   /* Safari and Chrome */
            -o-transform: rotate(180deg);        /* Opera */
        }
    </style>
</head>
<body>
    <div>请把鼠标指针放到紫色 div 元素上,来查看过渡效果。</div>
</body>
</html>
```

## 8.2.8 CSS3 动画

动画是使元素从一种样式逐渐变化为另一种样式的效果,可以改变任意多的样式任意多的次数。CSS3 可以创建动画,它可以取代许多网页动画图像、Flash 动画和 JavaScripts。

要创建 CSS3 动画,就必须了解@keyframes 规则。@keyframes 规则用于创建动画。@keyframes 规则内指定一个 CSS 样式,动画将逐步从目前的样式更改为新的样式。语法说明如下所示,值的说明参见表 8-8。

@keyframes animationname {keyframes-selector {css-styles;}}

表 8-8 @keyframes 语法说明

| 值 | 描 述 |
|---|---|
| animationname | 必需。定义动画的名称 |
| keyframes-selector | 必需。动画时长的百分比。<br>合法的值有:<br>• 0-100%<br>• from(与 0% 相同)<br>• to(与 100% 相同)<br>为了得到最佳的浏览器支持,应该始终定义 0%和100%选择器 |
| css-styles | 必需。一个或多个合法的 CSS 样式属性 |

@keyframes 创建动画时,需要把它绑定到一个选择器,否则动画不会有任何效果,因此需要使用 animation 动画属性。animation 属性是一个简写属性,用于设置 8 个动画属性,参见表 8-9。

表 8-9  animation 属性说明

| 值 | 描述 |
| --- | --- |
| animation-name | 规定需要绑定到选择器的 keyframe 名称。<br>如果设定为 none，表示无动画效果 |
| animation-duration | 规定完成动画所花费的时间，以秒或者毫秒计。<br>默认值是 0，意味着没有动画效果 |
| animation-timing-function | 规定动画的速度曲线。<br>• linear：动画从头到尾的速度是相同的。<br>• ease：默认。动画以低速开始，然后加快，在结束前变慢。<br>• ease-in：动画以低速开始。<br>• ease-out：动画以低速结束。<br>• ease-in-out：动画以低速开始和结束。<br>• cubic-bezier(n,n,n,n)：在 cubic-bezier（三次方贝塞尔曲线）函数中设置自己的值。可能的值是从 0 到 1 的数值 |
| animation-delay | 可选。定义动画开始前等待的时间，以秒或者毫秒计。默认值是 0 |
| animation-iteration-count | 规定动画应该播放的次数。<br>• n：定义动画播放次数的数值。<br>• infinite，规定动画应该无限次播放 |
| animation-direction | 规定是否应该轮流反向播放动画。<br>• normal：默认值。动画应该正常播放。<br>• alternate：动画应该轮流反向播放 |
| animation-play-state | 规定动画是否正在运行或暂停。默认是"running"。<br>• paused：规定动画已暂停。<br>• running：规定动画正在播放 |
| animation-fill-mode | 规定对象动画时间之外的状态。<br>• none：不改变默认行为。<br>• forwards：当动画完成后，保持最后一个属性值（在最后一个关键帧中定义）。<br>• backwards：在 animation-delay 所指定的一段时间内，在动画显示之前，应用开始属性值（在第一个关键帧中定义）。<br>• both：向前和向后填充模式都被应用 |

至少指定以下两个 animation 属性用于指向一个选择器：

- 规定动画的名称。
- 规定动画的时长。

**例 8-11**：改变背景色

```
<style>
    div {
        width:100px;
        height:100px;
        background:yellow;
        animation: myframes 5s;
        -moz-animation: myframes 5s; /* Firefox */
        -webkit-animation: myframes 5s; /* Safari and Chrome */
        -o-animation: myframes 5s; /* Opera */
    }
    @keyframes myframes {
        0%   {background:orange;}
        25%  {background:red;}
        50%  {background:blue;}
        100% {background:purple;}
```

```
        }
        @-moz-keyframes myframes {
            0%   {background:orange;}
            25%  {background:red;}
            50%  {background:blue;}
            100% {background:purple;}
        }/* Firefox */
        @-webkit-keyframes myframes {
            0%   {background:orange;}
            25%  {background:red;}
            50%  {background:blue;}
            100% {background:purple;}
        } /* Safari and Chrome */
        @-o-keyframes myframes {
            0%   {background:orange;}
            25%  {background:red;}
            50%  {background:blue;}
            100% {background:purple;}
        } /* Opera */
    </style>
```

提示：必须定义动画的名称和动画的持续时间。如果省略动画的持续时间，动画将无法运行，因为默认值是 0。

### 8.2.9 CSS3 多列

CSS3 可以创建多个列来对文本进行布局。在此之前的实现很麻烦，可能需要用到各种定位。现在只需要一个属性就可以实现。多列布局类似于报纸布局，这样可以方便用户观看。表 8-10 列出了所有 CSS3 的新多列属性。

表 8-10　CSS3 多列属性

| 属　性 | 描　述 |
|---|---|
| column-count | 规定元素应该被分隔的列数 |
| column-fill | 规定如何填充列 |
| column-gap | 规定列之间的间隔 |
| column-rule | 设置所有 column-rule-* 属性的简写属性 |
| column-rule-color | 规定列之间规则的颜色 |
| column-rule-style | 规定列之间规则的样式 |
| column-rule-width | 规定列之间规则的宽度 |
| column-span | 规定元素应该横跨的列数 |
| column-width | 规定列的宽度 |
| columns | 规定设置 column-width 和 column-count 的简写属性 |

例 8-12：

```html
<!DOCTYPE html>
<html>
  <head>
    <title>CSS3 多列</title>
    <style>
      #div {
        column-width: 100px;
      }
    </style>
  </head>
  <body>
    <div id="div1">
      这是层1。这是层1。这是层1。这是层1。这是层1。
      这是层1。这是层1。这是层1。这是层1。这是层1。
      这是层1。这是层1。这是层1。这是层1。这是层1。
      这是层1。这是层1。这是层1。这是层1。这是层1。
      这是层1。这是层1。这是层1。这是层1。这是层1。
      这是层1。这是层1。这是层1。这是层1。这是层1。
      这是层1。这是层1。这是层1。这是层1。这是层1。
      这是层1。这是层1。这是层1。这是层1。这是层1。
      这是层1。这是层1。这是层1。这是层1。这是层1。
    </div>
  </body>
</html>
```

## 8.3 CSS3 应用实例

### 8.3.1 设计页面布局

运用 HTML5 中新的网页结构标签，并结合 CSS3 技术，可更加直观地表现网页布局的架构和外观。

向 7.2.3 节例 7-1 的 HTML 文档，引入 style.css 样式文件。在样式文件中定义网页元素的样式，代码如下。

```css
@charset "utf-8";
/* CSS Document */
body { /*整个页面的属性设定*/
  background-color: #CCCCCC; /*背景色*/
  font-family: Geneva, sans-serif; /*可用字体*/
  margin: 5px auto; /*页边空白*/
  max-width: 800px;
  border: solid; /*边缘立体*/
```

```css
    border-color: #FFFFFF; /*边缘颜色*/
}
h2 { /*设定整个 body 内的 h2 的共同属性*/
    text-align: center; /*文本居中*/
}
header { /*整个 body 页面的 header 适用*/
    background-color: #A23F79;
    color: #FFFFFF;
    text-align: center;
}
article { /*整个 body 页面的 article 适用*/
    background-color: #eee;
}
p { /*整个 body 页面的 p 适用*/
    color: #F36;
}
nav, article, aside { /*共同属性*/
    margin: 5px;
    padding: 5px;
    display: block;
}
header#header nav { /*header#header nav 的属性*/
    list-style: none;
    margin: 0;
    padding: 0;
}
header#header nav ul li { /*header#header nav ul li 属性*/
    padding: 0;
    margin: 0 10px 0 0;
    display: inline;
}
section#section { /*#section 的 section 属性*/
    display: block;
    float: left;
    width: 70%;
    height: auto;
    background-color: #26F;
}
section#section article header { /*section#section article header 属性*/
    background-color: #069;
    text-align: center;
}
section#section article footer { /*section#section article footer 属性*/
    background-color: #069;
    clear: both;
    height: 18px;
```

```css
        display: block;
        color: #FFFFFF;
        text-align: center;
    }
    section#section aside { /*section#section aside 属性*/
        background-color: #F69;
        display: block;
        float: right;
        width: 35%;
        margin-left: 5%;
        font-size: 20px;
        line-height: 40px;
        text-align: center;
    }
    section#sidebar { /*section#sidebar 属性*/
        background-color: #eee;
        display: block;
        float: right;
        width: 25%;
        height: auto;
        background-color: #699;
        margin-right: 15px;
    }
    footer#footer { /*footer#footer 属性*/
        display: block;
        clear: both;
        width: 100%;
        margin-top: 5px;
        display: block;
        color: #FFFFFF;
        text-align: center;
        background-color: #A23F79;
    }
```

## 8.3.2 设计登录页面

登录页面在网页中的应用非常广泛，示例代码如下。

```html
<!DOCTYPE html>
<html>
    <head>
        <title>CSS3 设计登录页面</title>
        <style>
            body {
                font: 12px 'Lucida Sans Unicode', 'Trebuchet MS', Arial, Helvetica;
                margin: 0;
                background-color: #d9dee2;
```

```css
}
#login {
    background-color: #fff;
    height: 240px;
    width: 400px;
    margin: -150px 0 0 -230px;
    padding: 30px;
    position: absolute;
    top: 50%;
    left: 50%;
    z-index: 0;
    border-radius: 3px;
    box-shadow:
        0 0 2px rgba(0, 0, 0, 0.2),
        0 1px 1px rgba(0, 0, 0, .2),
        0 3px 0 #fff,
        0 4px 0 rgba(0, 0, 0, .2),
        0 6px 0 #fff,
        0 7px 0 rgba(0, 0, 0, .2);
}
h1 {
    text-shadow: 0 1px 0 rgba(255, 255, 255, .7),
            0px 2px 0 rgba(0, 0, 0, .5);
    text-transform: uppercase;
    text-align: center;
    color: #666;
    margin: 0 0 30px 0;
    letter-spacing: 4px;
    font: normal 26px/1 Verdana, Helvetica;
    position: relative;
}
fieldset {
    border: 0;
    padding:5px;
    margin: 0;
}
#inputs input {
    padding: 15px 15px 15px 30px;
    margin: 0 0 10px 0;
    width: 353px; /* 353 + 2 + 45 = 400 */
    border: 1px solid #ccc;
    border-radius: 5px;
    box-shadow: 0 1px 1px #ccc inset, 0 1px 0 #fff;
}
#inputs input: focus {
    background-color: #fff;
```

```css
      border-color: #e8c291;
      outline: none;
      box-shadow: 0 0 0 1px #e8c291 inset;
    }
    #actions {
      margin: 5px 50px 0px 25px;
    }
    #link {
      margin: 0px 0px 0px 0px;
    }
    .submit {
      background-color: #ffb94b;
      border-radius: 3px;
      text-shadow: 0 1px 0 rgba(255,255,255,0.5);
      box-shadow: 0 0 1px rgba(0, 0, 0, 0.3), 0 1px 0
                  rgba(255, 255, 255, 0.3) inset;
      border-width: 1px;
      border-style: solid;
      border-color: #d69e31 #e3a037 #d5982d #e3a037;
      float: left;
      height: 35px;
      padding: 0;
      width: 120px;
      cursor: pointer;
      font: bold 15px Arial, Helvetica;
      color: #8f5a0a;
    }
    #link a {
      color: #3151A2;
      float: right;
      line-height: 35px;
      margin-left: 10px;
    }
  </style>
</head>
<body>
  <form id="login">
    <h1>用 户 登 录</h1>
    <fieldset id="inputs">
      <input id="username" type="text" placeholder="用户名"
          autofocus required>
      <input id="password" type="password" placeholder="密码" required>
    </fieldset>
    <fieldset id="actions">
      <input type="submit" class="submit" value="确认"/>  
      <input type="cancel" class="submit" value="取消"
```

```
                style="float:right;text-align:center;"/>
        </fieldset>
        <fieldset id="link">
            <a href="">忘记密码?</a><a href="">注册用户</a>
        </fieldset>
    </form>
</body>
</html>
```

## 8.3.3 设计 3D 导航菜单

本例实现了一个 3D 导航菜单,当鼠标放在菜单条上,菜单项会依次从左至右翻滚,由黄色背景变成橙色背景,当鼠标移走时,导航菜单恢复成原样。示例代码如下:

```
<!DOCTYPE html>
<html>
    <head>
        <title>CSS3 设计 3D 导航菜单</title>
        <style>
            body{
                margin: 0;
                padding:0;
            }
            #nav{
                height: 40px;
                list-style: none;
            }
            #nav li{
                float: left;
                height: 100%;
                width: 120px;
                position: relative;
                /*所有属性都将获得过渡效果。*/
                transition: all 1s;
                /*transform-style 属性规定嵌套元素怎样在三维空间中呈现。*/
                /*flat: 表示所有子元素在 2D 平面呈现。*/
                /*preserve-3d: 表示所有子元素在 3D 空间中呈现。*/
                transform-style: preserve-3d;
                -webkit-transform-style:preserve-3d;
            }
            #nav li span{
                width: 100%;
                height: 100%;
                text-align: center;
                position: absolute;
                line-height: 40px;
                left: 0;
```

```css
        top: 0;
    }
    /*选择属于其父元素的首个子元素的每个<span>元素*/
    #nav li span:first-child{
        background-color: orange;
        transform:rotateX(90deg) translateZ(20px);
        /*注意字的正反,转动了坐标轴跟着动*/
    }
    /*选择属于其父元素的最后一个子元素的每个<span>元素*/
    #nav li span:last-child{
        background-color: yellow;
        transform: translateZ(20px);
    }
    /*选择鼠标指针浮动在其上的元素*/
    #nav:hover li{
        transform: rotateX(-90deg);
    }
    /*规定在过渡效果开始之前需要等待的时间*/
    #nav li:nth-child(1) {transition-delay: 0s;}
    #nav li:nth-child(2) {transition-delay: 0.25s;}
    /*这里 li 前面不设置#nav 就会一起转动*/
    #nav li:nth-child(3) {transition-delay: 0.5s;}
    #nav li:nth-child(4) {transition-delay: 0.75s;}
    #nav li:nth-child(5) {transition-delay: 1s;}
    </style>
</head>
<body>
  <ul id="nav">
    <li>
<span>首页</span>
      <span>首页</span>
    </li>
    <li>
      <span>课程内容</span>
      <span>课程内容</span>
    </li>
    <li>
      <span>文档下载</span>
      <span>文档下载</span>
    </li>
    <li>
      <span>答疑解难</span>
      <span>答疑解难</span>
    </li>
    <li>
      <span>联系我们</span>
      <span>联系我们</span>
    </li>
```

```
        </ul>
    </body>
</html>
```

提示:":nth-child(n)"选择器匹配属于其父元素的第 n 个子元素,不论元素的类型。n 可以是数字、关键词或者公式。注意,n 是从 1 开始的。此例中,#nav li:nth-child(2)表示选择具有 id 为 nav 的<ul>元素的后代<li>元素,该<li>元素必须是某个父元素下的第二个子元素。

### 8.3.4 设计自动轮播效果

首先定义一个@keyframes 的运动规则,再将这个@keyframes 规则应用到 animation 属性中,即可以实现自动轮播效果。本例实现 4 个不同颜色 div 层的自动轮播效果,代码如下所示。

```
<!DOCTYPE html>
<html>
    <head>
        <title>CSS3 自动轮播</title>
        <style>
            .cards {
                position: absolute;
                top: 50%;
                left: 50%;
                width: 180px;
                height: 210px;
                /*用来实现轮播的完全居中*/
                -webkit-transform: translate(-50%, -50%);
                -ms-transform: translate(-50%, -50%);
                transform: translate(-50%, -50%);
                -webkit-perspective: 600px;
                perspective: 600px;
            }
            .cards_content {
                position: absolute;
                width: 100%;
                height: 100%;
                /*transform-style 属性规定嵌套元素怎样在三维空间中呈现。*/
                /*flat: 表示所有子元素在 2D 平面呈现。*/
                /*preserve-3d: 表示所有子元素在 3D 空间中呈现。*/
                -webkit-transform-style: preserve-3d;
                transform-style: preserve-3d;
                -webkit-transform: translateZ(-182px) rotateY(0);
                transform: translateZ(-182px) rotateY(0);
                -webkit-animation:
                    route 10s infinite cubic-bezier(1, 0.015, 0.295, 1.225) forwards;
                animation:
```

```css
  route 10s infinite cubic-bezier(1, 0.015, 0.295, 1.225) forwards;
}
.card {
  position: absolute;
  top: 0;
  left: 0;
  width: 180px;
  height: 210px;
  border-radius: 6px;
}
.card:nth-child(1) {
  background: rgba(252, 192, 77, 0.9);
  -webkit-transform: rotateY(0) translateZ(182px);
  transform: rotateY(0) translateZ(182px);
}
.card:nth-child(2) {
  background: rgba(49, 192, 204, 0.9);
  -webkit-transform: rotateY(90deg) translateZ(182px);
  transform: rotateY(90deg) translateZ(182px);
}
.card:nth-child(3) {
  background: rgba(255, 11, 240, 0.9);
  -webkit-transform: rotateY(180deg) translateZ(182px);
  transform: rotateY(180deg) translateZ(182px);
}
.card:nth-child(4) {
  background: rgba(127, 0, 255, 0.9);
  -webkit-transform: rotateY(270deg) translateZ(182px);
  transform: rotateY(270deg) translateZ(182px);
}
@-webkit-keyframes route {
  0%, 15% {
    -webkit-transform: translateZ(-182px) rotateY(0);
    transform: translateZ(-182px) rotateY(0);
  }
  20%, 35% {
    -webkit-transform: translateZ(-182px) rotateY(-90deg);
    transform: translateZ(-182px) rotateY(-90deg);
  }
  40%, 55% {
    -webkit-transform: translateZ(-182px) rotateY(-180deg);
    transform: translateZ(-182px) rotateY(-180deg);
  }
  60%, 75% {
    -webkit-transform: translateZ(-182px) rotateY(-270deg);
    transform: translateZ(-182px) rotateY(-270deg);
  }
```

```
            }
            80%, 100% {
                -webkit-transform: translateZ(-182px) rotateY(-360deg);
                transform: translateZ(-182px) rotateY(-360deg);
            }
        }
        @keyframes route {
            0%, 15% {
                -webkit-transform: translateZ(-182px) rotateY(0);
                transform: translateZ(-182px) rotateY(0);
            }
            20%, 35% {
                -webkit-transform: translateZ(-182px) rotateY(-90deg);
                transform: translateZ(-182px) rotateY(-90deg);
            }
            40%, 55% {
                -webkit-transform: translateZ(-182px) rotateY(-180deg);
                transform: translateZ(-182px) rotateY(-180deg);
            }
            60%, 75% {
                -webkit-transform: translateZ(-182px) rotateY(-270deg);
                transform: translateZ(-182px) rotateY(-270deg);
            }
            80%, 100% {
                -webkit-transform: translateZ(-182px) rotateY(-360deg);
                transform: translateZ(-182px) rotateY(-360deg);
            }
        }
    </style>
</head>
<body>
    <div class="cards">
        <div class="cards_content">
            <div class="card"></div>
            <div class="card"></div>
            <div class="card"></div>
            <div class="card"></div>
        </div>
    </div>
</body>
</html>
```

提示：":nth-child(n)" 选择器匹配属于其父元素的第 n 个子元素，不论元素的类型。n 可以是数字、关键词或者公式。注意，n 是从 1 开始的。此例中，.card:nth-child(2)表示选择具有.card 类样式的元素，且该元素是某个父元素下的第二个子元素。

# 思考题

1. CSS3 有哪些新特性？试举例说明。
2. 简述 CSS3 框模型。
3. 请简要说明 CSS3 多列布局的用法。
4. CSS3 新增伪类有哪些？
5. 简述 CSS3 实现元素动画的方法。

# 第 9 章 Ajax 技术

Ajax 英文全称为 Asynchronous JavaScript and XML，即异步 JavaScript 和 XML。Ajax 不是新的编程语言，而是一种使用现有标准的新方法。Ajax 技术的流行得益于 Google 的大力推广，正是由于 Gmail 等产品对 Ajax 技术的广泛应用，催生了 Ajax 技术的流行。

## 9.1 Ajax 基础

Ajax 是一种用于创建快速动态网页的技术。通过在后台与服务器进行少量数据交换，Ajax 可以使网页实现异步更新。这意味着可以在不重新加载整个网页的情况下，对网页的某部分进行更新。传统的网页（不使用 Ajax）如果需要更新内容，必需重载整个页面。Ajax 使用以下技术：

- 使用 XHTML+CSS 来标准化呈现。
- 使用 XML 和 XSLT 进行数据交换及相关操作。
- 使用 XMLHttpRequest 对象与 Web 服务器进行异步数据通信。
- 使用 Javascript 操作 Document Object Model 进行动态显示及交互。
- 使用 JavaScript 绑定和处理所有数据。

Ajax 的工作原理相当于在用户和服务器之间架设了一个中间层（Ajax 引擎），使用户操作与服务器响应异步化。并不是所有的用户请求都提交给服务器处理，像一些数据验证和数据处理等都交给 Ajax 引擎自己来做，只有确定需要从服务器读取新数据时再由 Ajax 引擎代为向服务器提交请求。

Ajax 技术的特点令人印象深刻：

- 在不重新加载整个页面的情况下，可以与服务器交换数据并更新部分网页内容，用户体验非常好。
- 使用异步方式与服务器通信，不需要打断用户的操作，具有更加迅速的响应能力。
- 可以把以前一些服务器负担的工作转移到客户端，利用客户端闲置的能力来处理，减轻服务器和带宽的负担，节约空间和带宽租用成本，并且减轻服务器的负担。Ajax 的原则是"按需取数据"，可以最大程度地减少冗余请求和响应对服务器造成的负担。
- 基于标准化的、受到广泛支持的技术，不需要下载插件或者小程序。

### 9.1.1 XMLHttpRequest 对象

Ajax 的原理简单来说，是通过 XMLHttpRequest 对象来向服务器发送异步请求，从服务器获得数据，然后使用 JavaScript 来操作 DOM 进而更新页面。这其中最关键的一步就是从服务器获得请求数据。要清楚这个过程和原理，必须对 XMLHttpRequest 对象有所了解。

XMLHttpRequest 术语缩写为 XHR，中文可以解释为可扩展超文本传输请求。它是 Ajax 技术的核心机制，是在 IE5 中首先引入的，是一种支持异步请求的技术。简单地说，也就是 JavaScript 可以及时向服务器提出请求和处理响应，而不阻塞用户，达到无刷新的效果。

所有现代浏览器（IE7+、Firefox、Chrome、Safari 以及 Opera）均内建 XMLHttpRequest 对象。创建 XMLHttpRequest 对象的语法为：

  variable = new XMLHttpRequest();

老版本的 Internet Explorer（IE5 和 IE6）使用 ActiveX 对象：

  variable = new ActiveXObject("Microsoft.XMLHTTP");

为了应对所有的现代浏览器，包括 IE5 和 IE6，应检查浏览器是否支持 XMLHttpRequest 对象。如果支持，则创建 XMLHttpRequest 对象。如果不支持，则创建 ActiveXObject。

```
var xmlhttp;
if (window.XMLHttpRequest) {
   // code for IE7+, Firefox, Chrome, Opera, Safari
   xmlhttp = new XMLHttpRequest();
} else {
   // code for IE6, IE5
   xmlhttp = new ActiveXObject("Microsoft.XMLHTTP");
}
```

## 9.1.2  XHR 请求

如果需要将请求发送到服务器，可使用 XMLHttpRequest 对象的 open()方法和 send()方法，见表 9-1。

表 9-1  XHR 对象的方法

| 方　法 | 描　述 |
| --- | --- |
| open(method,url,async) | 规定请求的类型、URL 以及是否异步处理请求：<br>• method：请求的类型，GET 或者 POST<br>• url：文件在服务器上的位置<br>• async：true（异步）或者 false（同步） |
| send(string) | 将请求发送到服务器：<br>• string：仅用于 POST 请求 |

**1．请求类型**

请求的类型为 GET 或者 POST。与 POST 相比，GET 更简单也更快，并且在大部分情况下都能使用。然而，在以下情况中，应使用 POST 请求：

- 无法使用缓存文件（更新服务器上的文件或者数据库）。
- 向服务器发送大量数据（POST 没有数据量限制）。
- 发送包含未知字符的用户输入时，POST 比 GET 更稳定也更可靠。

## 2. GET 请求

GET 请求主要用于获取服务器端的数据，请求的数据会附加在 URL 之后，以 "?" 分割 URL 和传输数据，多个参数使用 "&" 连接。因为 GET 请求只是获取服务器端的数据，不会对服务器的数据做更改，所以被认为是安全的请求方式。但是，涉及用户登录这一类包含用户私密信息的需求则不适合使用 GET 请求，因为请求数据附加在 URL 之后，很容易被人截获，从而破解用户信息。下面是 GET 请求的代码案例。

例 9-1：

```
<!DOCTYPE html>
<html>
  <head>
    <script>
      function loadXMLDoc() {
        var xmlhttp;
        if (window.XMLHttpRequest) {
          // code for IE7+, Firefox, Chrome, Opera, Safari
          xmlhttp=new XMLHttpRequest();
        } else {
          // code for IE6, IE5
          xmlhttp=new ActiveXObject("Microsoft.XMLHTTP");
        }
        xmlhttp.onreadystatechange=function() {
          if (xmlhttp.readyState==4 && xmlhttp.status==200) {
            document.getElementById("myDiv").innerHTML =
              xmlhttp.responseText;
          }
        }
        xmlhttp.open("GET", "/AjaxWeb/loadXMLServlet", true);
        xmlhttp.send();
      }
    </script>
  </head>
  <body>
    <h2>Ajax</h2>
    <button type="button" onclick="loadXMLDoc()">请求数据</button>
    <div id="myDiv"></div>
  </body>
</html>
```

如果希望通过 GET 方法发送信息，可以向 URL 添加信息：

```
xmlhttp.open("GET",
    "/AjaxWeb/loadXMLServlet?fname=Tom&lname=Smith",
    true);
xmlhttp.send();
```

### 3. POST 请求

一个简单 POST 请求：

```
xmlhttp.open("POST", "/AjaxWeb/loadXMLServlet", true);
xmlhttp.send();
```

如果需要像 HTML 表单那样 POST 数据，应使用 setRequestHeader()方法来添加 HTTP 头，然后在 send()方法中规定用户所希望发送的数据。

```
xmlhttp.open("POST", "/AjaxWeb/loadXMLServlet ", true);
xmlhttp.setRequestHeader("Content-type", "application/x-www-form-urlencoded");
xmlhttp.send("fname=Tom&lname=Smith");
```

表 9-2 给出了 setRequestHeader()方法的说明。

表 9-2　XHR 对象的方法

| 方法 | 描　　述 |
| --- | --- |
| setRequestHeader(header,value) | 向请求添加 HTTP 头：<br>• header：规定头的名称<br>• value：规定头的值 |

### 4. url – 服务器上的文件

open()方法的 url 参数是服务器上文件的地址：

```
xmlhttp.open("GET", "/AjaxWeb/loadXMLServlet", true);
```

该文件可以是任何类型的文件，例如.txt 和.xml，或者服务器脚本文件。

### 5. 异步

XMLHttpRequest 对象如果要用于 Ajax 的话，其 open()方法的 async 参数必须设置为 true：

```
xmlhttp.open("GET", "/AjaxWeb/loadXMLServlet", true);
```

对于 Web 开发人员来说，发送异步请求是一个巨大的进步。很多在服务器执行的任务都相当费时。Ajax 出现之前，这可能会引起应用程序挂起或者停止。通过 Ajax，JavaScript 无需等待服务器的响应，而是：

- 在等待服务器响应时执行其他脚本。
- 当响应就绪后对响应进行处理。

**例 9-2：**

当使用 async=true 时，请指定在响应处于 readystatechange 事件中的就绪状态时执行的函数。

```
xmlhttp.onreadystatechange = function() {
  if (xmlhttp.readyState == 4 && xmlhttp.status == 200) {
    document.getElementById("myDiv").innerHTML = xmlhttp.responseText;
  }
}
```

```
xmlhttp.open("GET", "test1.txt", true);
xmlhttp.send();
```

**例 9-3：**

如果需要使用 async=false，可将 open()方法中的第三个参数改为 false：

```
xmlhttp.open("GET", "test1.txt", false);
```

通常不推荐使用 async=false，但是对于一些小型的请求，也是可以的。注意：JavaScript 会等到服务器响应就绪才继续执行。如果服务器繁忙或者缓慢，应用程序会挂起或者停止。当使用 async=false 时，不要编写 onreadystatechange 函数，把代码放到 send()语句后面即可。

```
xmlhttp.open("GET", "test1.txt", false);
xmlhttp.send();
document.getElementById("myDiv").innerHTML = xmlhttp.responseText;
```

### 9.1.3 XHR 响应

如果需要获得来自服务器的响应，可使用 XMLHttpRequest 对象的 responseText 或者 responseXML 属性，见表 9-3。

表 9-3　XHR 对象的常用属性

| 属　　性 | 描　　述 |
| --- | --- |
| responseText | 获得字符串形式的响应数据 |
| responseXML | 获得 XML 形式的响应数据 |

**1．responseText 属性**

如果来自服务器的响应并非 XML，则可使用 responseText 属性。ResponseText 属性返回字符串形式的响应。

**例 9-4：**

```
<!DOCTYPE html>
<html>
  <head>
    <script>
      function loadXMLDoc() {
        var xmlhttp;
        if (window.XMLHttpRequest) {
          // code for IE7+, Firefox, Chrome, Opera, Safari
          xmlhttp = new XMLHttpRequest();
        } else {
          // code for IE6, IE5
          xmlhttp = new ActiveXObject("Microsoft.XMLHTTP");
        }
        xmlhttp.onreadystatechange = function() {
```

```
            if (xmlhttp.readyState == 4 && xmlhttp.status == 200) {
                document.getElementById("myDiv").innerHTML
                    = xmlhttp.responseText;
            }
        }
        xmlhttp.open("GET", "xml/books.txt", true);
        xmlhttp.send();
    }
    </script>
</head>
<body>
    <div id="myDiv">
        <h2>运用 Ajax 更改标题</h2>
    </div>
    <button type="button" onclick="loadXMLDoc()">
        获取文本格式的 XML 文件内容</button>
</body>
</html>
```

#### 2．responseXML 属性

如果来自服务器的响应是 XML，而且需要作为 XML 对象进行解析，可使用 responseXML 属性。下面的例子请求 books.xml 文件，并解析响应。

**例 9-5：**

```
<!DOCTYPE html>
<html>
    <head>
        <script>
            function loadXMLDoc() {
                var xmlhttp;
                var txt, x, i;
                if (window.XMLHttpRequest) {
                    // code for IE7+, Firefox, Chrome, Opera, Safari
                    xmlhttp=new XMLHttpRequest();
                } else {
                    // code for IE6, IE5
                    xmlhttp=new ActiveXObject("Microsoft.XMLHTTP");
                }
                xmlhttp.onreadystatechange=function() {
                    if (xmlhttp.readyState==4 && xmlhttp.status==200) {
                        xmlDoc=xmlhttp.responseXML;
                        txt="";
                        x=xmlDoc.getElementsByTagName("title");
                        for (i=0; i<x.length; i++) {
                            txt=txt + x[i].childNodes[0].nodeValue + "<br />";
                        }
```

```
            document.getElementById("myDiv").innerHTML=txt;
        }
    }
    xmlhttp.open("GET","xml/books.xml",true);
    xmlhttp.send();
}
</script>
</head>
<body>
    <h2>My Book Collection:</h2>
    <div id="myDiv"></div>
    <button type="button" onclick="loadXMLDoc()">获得我的图书收藏列表
    </button>
</body>
</html>
```

books.xml 文件如下：

```
<?xml version="1.0" encoding="UTF-8" ?>
<bookstore>
    <book category="children">
        <title lang="en">Harry Potter</title>
        <author>J K. Rowling</author>
        <year>2005</year>
        <price>29.99</price>
    </book>
    <book category="cooking">
        <title lang="en">Everyday Italian</title>
        <author>Giada De Laurentiis</author>
        <year>2005</year>
        <price>30.00</price>
    </book>
    <book category="web" cover="paperback">
        <title lang="en">Learning XML</title>
        <author>Erik T. Ray</author>
        <year>2003</year>
        <price>39.95</price>
    </book>
    <book category="web">
        <title lang="en">XQuery Kick Start</title>
        <author>James McGovern</author>
        <author>Per Bothner</author>
        <author>Kurt Cagle</author>
        <author>James Linn</author>
        <author>Vaidyanathan Nagarajan</author>
        <year>2003</year>
        <price>49.99</price>
```

```
            </book>
        </bookstore>
```

## 9.1.4 XHR readyState

当请求被发送到服务器时，需要执行一些基于响应的任务。一个完整的 HTTP 响应由状态码、响应头集合和响应主体组成。在收到响应后，这些都可以通过 XHR 对象的属性和方法使用。status 体现的是服务器对请求的反馈，而 readystate 表明客户端与客户的交互状态过程。每当 readyState 改变时，就会触发 readystatechange 事件。表 9-4 是 XMLHttpRequest 对象的三个重要的属性。

表 9-4　XHR 对象的属性

| 属性 | 描　　述 |
|---|---|
| onreadystatechange | 存储函数（或函数名），每当 readyState 属性改变时，就会调用该函数 |
| readyState | 存有 XMLHttpRequest 的状态。从 0 到 4 发生变化：<br>• 0: 请求未初始化<br>• 1: 服务器连接已建立<br>• 2: 请求已接收<br>• 3: 请求处理中<br>• 4: 请求已完成，且响应已就绪 |
| status | 常见的状态码说明：<br>• 200: "OK"，请求成功<br>• 300: 请求的资源可在多处获得<br>• 401: 请求授权失败<br>• 404: 未找到页面<br>• 500: 服务器产生内部错误<br>• 503: 服务器过载或者暂停维修 |

在 readystatechange 事件中，假设当服务器响应已经做好被处理的准备时所执行的任务。当 readyState 等于 4 并且状态为 200 时，表示响应已就绪。此时，responseText 属性的内容已经就绪，而且在内容类型正确的情况下，responseXML 也可以访问了。

```
xmlhttp.onreadystatechange = function() {
    if (xmlhttp.readyState == 4 && xmlhttp.status == 200) {
        document.getElementById("myDiv").innerHTML = xmlhttp.responseText;
    }
}
```

**提示**：readystatechange 事件被触发 5 次（0~4），对应着 readyState 值的每个变化。

Callback 函数是一种以参数形式传递给另一个函数的函数。如果网站上存在多个 Ajax 任务，那么应该为创建 XMLHttpRequest 对象编写一个标准的函数，并且为每个 Ajax 任务调用该函数。该函数调用应该包含 URL 以及发生 readystatechange 事件时执行的任务（每次调用可能不尽相同）。

```
function myFunction() {
    loadXMLDoc("ajax_info.txt", function() {
        if (xmlhttp.readyState == 4 && xmlhttp.status == 200) {
```

```
            document.getElementById("myDiv").innerHTML = xmlhttp.responseText;
        }
    });
}
```

### 9.1.5 Ajax 应用的 5 个步骤

综上所述，Ajax 应用开发可以归纳为 5 个步骤：
（1）创建 XMLHttpRequest 对象 xmlHttp。
（2）设置回调函数。

```
xmlHttp.onreadystatechange = callback;
function callback() { … }
```

（3）使用 open()方法与服务器建立连接。

```
xmlHttp.open("GET", "ajax?name="+ name, true)
```

此处需要设置 HTTP 的请求方式（POST/GET）。如果是 POST 方式，注意设置请求头信息：

```
xmlHttp.setRequestHeader(
    "Content-Type","application/x-www-form-urlencoded")
```

（4）向服务器端发送数据。

```
xmlHttp.send(null);
```

如果使用 POST 方式此处不能为空
（5）在回调函数中针对不同的响应状态进行处理。

```
if (xmlHttp.readyState == 4) {
    //判断交互是否成功
    if (xmlHttp.status == 200) {
        //获取服务器返回的数据
        //可以获取纯文本数据
        var responseText = xmlHttp.responseText;
        document.getElementById("info").innerHTML = responseText;
    }
}
```

## 9.2 jQuery Ajax

jQuery 提供了多个与 Ajax 有关的方法。通过 jQuery Ajax 方法，能够使用 HTTP GET 和 HTTP POST 从远程服务器上请求文本、HTML、XML 或者 JSON，同时还能够把这些外部数据直接载入网页的被选元素中。如果没有 jQuery，Ajax 编程还是有些难度的。编写常规的

Ajax 代码并不容易，因为不同的浏览器对 Ajax 的实现并不相同，这意味着程序员必须编写额外的代码对浏览器进行测试。不过，jQuery 团队已经解决了这个难题，程序员只需要一行简单的代码，就可以实现 Ajax 功能。

### 9.2.1 jQuery 加载

load()方法是简单但强大的 Ajax 方法。load()方法从服务器加载数据，并把返回的数据放入被选元素中。语法如下：

$(selector).load(URL, [data], [callback]);

- URL(String)——必需参数，规定请求的 URL 地址。
- data (Map)——可选参数，发送至服务器的查询字符串键/值对集合。
- callback (Callback)——可选参数，请求完成后执行的回调函数。

这个方法默认是使用 GET 方式来传递的。如果[data]参数有传递数据进去，就会自动转换为 POST 方式。

以下是示例文件（txt/welcome.txt）的内容：

```
<h3>Hello jQuery Ajax!</h3>
<p id="p1">jQuery Ajax load()</p>
```

下面的代码会把文件 welcome.txt 的内容加载到指定的<div>元素中。

**例 9-6：**

```
<!DOCTYPE html>
<html>
  <head>
    <script src="http://libs.baidu.com/jquery/1.11.1/jquery.min.js"></script>
    <script>
      $(document).ready(function(){
          $("#div1").load("txt/welcome.txt");
      });
    </script>
  </head>
  <body>
    <h3>加载文本内容</h3>
    <div id="div1"
        style="background:#23983f;height:200px;width:300px;color:white">
    </div>
  </body>
</html>
```

也可以把 jQuery 选择器添加到 URL 参数。例如：把 welcome.txt 文件中 id="p1"的元素的内容，加载到指定的<div>元素中。

$("#div1").load("txt/welcome.txt#p1");

因为默认使用的是 GET 请求方式,所以也可以在 URL 附加数据进行提交。

```
$("#div1").load("loadTest.jsp?name=zhang&age=25")
```

可选的 callback 参数规定当 load()方法完成后允许的回调函数。回调函数可以设置不同的参数:

- responseTxt——包含调用成功时的结果内容。
- statusTXT——包含调用的状态。
- xhr——包含 XMLHttpRequest 对象。

下面的例子会在 load()方法完成后显示一个提示框。如果 load()方法已成功,则显示"外部内容加载成功!",如果失败,则显示错误消息。

例 9-7:

```html
<!DOCTYPE html>
<html>
  <head>
    <script src="http://libs.baidu.com/jquery/1.11.1/jquery.min.js"></script>
    <script>
      $(document).ready(function(){
        $("#div1").load("txt/welcome.txt",
          function(responseTxt, statusTxt, xhr) {
            if (statusTxt=="success")
              alert("外部内容加载成功! ");
            if (statusTxt=="error")
              alert("Error: "+xhr.status+": "+xhr.statusText);
          }
        );
      });
    </script>
  </head>
  <body>
    <h3>加载文本内容</h3>
    <div id="div1"
      style="background: #23983f; height: 200px; width: 300px; color: white">
    </div>
  </body>
</html>
```

## 9.2.2 jQuery get()和 post()

get()和 post()方法用于通过 HTTP GET 或者 POST 请求从服务器请求数据。两种在客户端和服务器端进行请求-响应的常用方法是:GET 和 POST。

- GET——从指定的资源请求数据。
- POST——向指定的资源提交要处理的数据。

GET 基本上用于从服务器获得数据。但是,GET 方法可能返回缓存数据,为了避免这种情况,可以向 URL 添加一个唯一的 ID。POST 也可以用于从服务器获取数据。不过,POST 方法不会缓存数据,并且常用于连同请求一起发送数据。

### 1. $.get()方法

$.get()方法通过 HTTP GET 请求从服务器上请求数据。语法如下:

$.get(URL, [callback]);

- URL (String)——必需参数,规定请求的 URL 地址。
- callback (Callback)——可选参数,请求完成后执行的回调函数。

下面的例子使用$.get()方法从服务器上的一个文件中取回数据。

**例 9-8:**

```html
<!DOCTYPE html>
<html>
    <head>
        <script src="http://libs.baidu.com/jquery/1.11.1/jquery.min.js"></script>
        <script>
            $(document).ready(function(){
                $("button").click(function(){
                    $.get("txt/welcome.txt", function(data,status){
                        $("#div1").html("数据: " + data + "\n 状态: " + status);
                    });
                });
            });
        </script>
    </head>
    <body>
        <h3>发送一个 HTTP GET 请求并获取返回结果</h3>
        <div id="div1"
            style="background: #23983f; height: 200px; width: 300px; color: white">
        </div><br/>
        <button>发送 GET 请求</button>
    </body>
</html>
```

$.get()的第一个参数是希望请求的 URL("txt/welcome.txt")。第二个参数是回调函数,第一个回调参数存有被请求页面的内容,第二个回调参数存有请求的状态。

### 2. $.post()方法

$.post()方法通过 HTTP POST 方式从服务器上请求数据。语法如下:

$.post(URL, [data], [callback]);

- URL(String)——必需参数,规定请求的 URL 地址。
- data (Map)——可选参数,发送至服务器的查询字符串键/值对集合。
- callback (Callback)——可选参数,请求完成后执行的回调函数。

下面的例子使用$.post() 连同请求一起发送数据:

```
$("button").click(function(){
    $.post(
        "/AjaxWeb/verifyServlet",
        {
            name:"Tom Smith",
            city:"New York"
        },
        function(data,status){
            alert("Data: " + data + "\nStatus: " + status);
        }
    );
});
```

$.post()方法的第一个参数是希望请求的 URL ("/AjaxWeb/verifyServlet")。然后连同请求（name 和 city）一起发送数据。"/AjaxWeb/verifyServlet"中的 doPost() 方法读取这些参数，对它们进行处理，然后返回结果。第三个参数是回调函数，第一个回调参数存有被请求页面的内容，而第二个回调参数存有请求的状态。

### 9.2.3 jQuery $.ajax()

ajax()方法通过 HTTP 请求加载远程数据。该方法是 jQuery 底层的 Ajax 实现。$.ajax()返回其创建的 XMLHttpRequest 对象。大多数情况下无需直接操作该函数，除非需要操作不常用的选项，以获得更多的灵活性。最简单的情况下，$.ajax()可以不带任何参数直接使用。表 9-5 是$.ajax()的常用参数。

表 9-5 $.ajax()的常用参数

| 参数 | 类型 | 说 明 |
| --- | --- | --- |
| async | 默认值 | 默认值：true。默认设置下，所有请求均为异步请求。如果需要发送同步请求，请将此选项设置为 false |
| data | String | 发送到服务器的数据。将自动转换为请求字符串格式。GET 请求中将附加在 URL 后 |
| dataType | String | 预期服务器返回的数据类型：<br>• "xml"：返回 XML 文档，可用 jQuery 处理。<br>• "html"：返回纯文本 HTML 信息；包含的 script 标签会在插入 DOM 时执行。<br>• "script"：返回纯文本 JavaScript 代码。不会自动缓存结果。除非设置了"cache"参数。<br>注意：在远程请求时（不在同一个域下），所有 POST 请求都将转为 GET 请求（因为将使用 DOM 的 script 标签来加载）。<br>• "json"：返回 JSON 数据。<br>• "jsonp"：JSONP 格式。使用 JSONP 形式调用函数时，如"myurl?callback=?"，jQuery 将自动替换?为正确的函数名，以执行回调函数。<br>• "text"：返回纯文本字符串 |
| error | Function | 请求失败时调用此函数 |
| success | Function | 请求成功后的回调函数 |
| type | String | 请求方式（"POST"或者"GET"），默认为"GET" |
| url | String | 发送请求的地址 |

下面的例子使用$.ajax()方法连同请求一起发送数据。

例 9-9：

```
$.ajax({
  type: "GET",
  url: "test.json",
  data: {username:$("#username").val(), content:$("#content").val()},
  dataType: "json",
  success: function(data){
    $('#resText').empty();     //清空 resText 里面的所有内容
    var html = '';
    $.each(data, function(commentIndex, comment){
      html += '<div class="comment"><h6>' + comment['username']
        + ':</h6><p class="para"' + comment['content']
        + '</p></div>';
    });
    $('#resText').html(html);
  }
});
```

## 思考题

1. 什么是 Ajax？简述 Ajax 的特点。
2. Ajax 技术有哪些优点和缺点？
3. Ajax 应用与传统 Web 应用有什么不同？
4. Ajax 术语是由（　　）公司或者组织最先提出的。
   A. Google　　　　B. IBM　　　　C. Adaptive Path　　　　D. Dojo Foundation
5. 以下（　　）函数不是 jQuery 内置的与 Ajax 相关的函数。
   A. $.ajax()　　　　B. $.get()　　　　C. $.each()　　　　D. $.post()

# 第 10 章　JSON 简介

JSON（JavaScript Object Notation），指的是 JavaScript 对象表示法。JSON 是轻量级的文本数据交换格式，它独立于语言，具有自我描述性，更易理解。JSON 使用 JavaScript 语法来描述数据对象，它仍然独立于语言和平台。JSON 解析器和 JSON 库支持多种编程语言。

## 10.1　JSON 与 XML

下面看看 JSON 与 XML 的实例比较。

首先使用 XML 表示部分省市数据：

```
<?xml version="1.0" encoding="utf-8"?>
<country>
  <name>中国</name>
  <province>
    <name>黑龙江</name>
    <cities>
      <city>哈尔滨</city>
      <city>大庆</city>
    </cities>
  </province>
  <province>
    <name>广东</name>
    <cities>
      <city>广州</city>
      <city>深圳</city>
      <city>珠海</city>
    </cities>
  </province>
  <province>
    <name>江苏</name>
    <cities>
      <city>南京</city>
      <city>苏州</city>
    </cities>
  </province>
</country>
```

再使用 JSON 格式表示如下：

```
{
```

```
            "name": "中国",
            "province": [{
                "name": "黑龙江",
                "cities": {
                    "city": [
                        "哈尔滨",
                        "大庆"
                    ]
                }
            }, {
                "name": "广东",
                "cities": {
                    "city": [
                        "广州",
                        "深圳",
                        "珠海"
                    ]
                }
            }, {
                "name": "江苏",
                "cities": {
                    "city": [
                        "南京",
                        "苏州"
                    ]
                }
            }
        ]
    }
```

可以看到，JSON 类似 XML：
- JSON 是纯文本。
- JSON 具有"自我描述性"（人类可读）。
- JSON 具有层级结构（值中存在值）。
- JSON 可以通过 JavaScript 进行解析。
- JSON 数据可以使用 Ajax 进行传输。

但是，JSON 简单的语法格式和清晰的层次结构明显要比 XML 容易阅读，并且在数据交换方面，由于 JSON 所使用的字符要比 XML 少得多，可以大大节约传输数据所占用的带宽。

## 10.2 JSON 语法

### 10.2.1 JSON 语法规则

JSON 语法是 JavaScript 对象表示法语法的子集。在 JavaScript 语言中，一切都是对象。因此，任何支持的类型都可以通过 JSON 来表示，例如：字符串、数字、对象、数组等。但是对象和数组是比较特殊且常用的两种类型。

虽然 JSON 没有特殊的格式要求，但是在实践过程中，JSON 有比较认可的格式规范：
- 数据在名称/值对中。
- 数据由逗号分隔。
- 花括号保存对象。
- 中括号保存数组。

## 10.2.2 JSON 名称/值对

JSON 数据的书写格式是：名称/值对。名称/值对包括字段名称（在双引号中），后面写一个冒号，然后是值。

JSON 的语法可以表示以下三种类型的值：

### 1．简单值

简单值使用与 JavaScript 相同的语法，可以在 JSON 中表示字符串、数值、布尔值和 null。字符串必须放在双引号中，不能使用单引号。数值必须以十进制表示，且不能使用 NaN 和 Infinity。JSON 也不支持 JavaScript 中的特殊值 undefined。

- 数字（整数或者浮点数）：{ "age": 36 }
- 字符串（在双引号中）：{ "firstName": "Tom" }
- 逻辑值（true 或者 false）：{ "in-service": true }
- null：{ "address": null }

### 2．对象

对象作为一种复杂数据类型，表示的是一组有序的键值对。而每个键值对中的值可以是简单值，也可以是复杂数据类型的值。同一个对象中不应该出现两个同名属性。与 JavaScript 的对象相比，JSON 有三个不同的地方：

- JSON 没有变量的概念。
- JSON 中，对象的键名必须放在双引号里面。
- 因为 JSON 不是 JavaScript 语句，所以没有末尾的分号。

```
{ "firstName":"Tom", "lastName":"Smith", "age":36,
  "company": {"type": "Software", "location": "Beijing"}}
```

### 3．数组

数组也是一种复杂数据类型，表示一组有序的值的列表，可以通过数值索引来访问其中的值。数组的值也可以是任意类型——简单值、对象或者数组。JSON 数组也没有变量和分号，把数组和对象结合起来，可以构成更复杂的数据集合。注意，数组或者对象最后一个成员的后面，不能加逗号。

```
{
  "employees": [
    { "firstName":"Tom", "lastName":"Smith" },
    { "firstName":"David", "lastName":"White" },
    { "firstName":"Mary", "lastName":"Johnson" }
```

        ]
    }

## 10.2.3　JSON 使用 JavaScript 语法

因为 JSON 使用 JavaScript 语法，所以无需额外的软件就能处理 JavaScript 中的 JSON。通过 JavaScript，可以创建一个对象数组，并像这样进行赋值：

```
var employees = [
    { "firstName":"Tom", "lastName":"Smith" },
    { "firstName":"David", "lastName":"White" },
    { "firstName":"Mary", "lastName":"Johnson" }
];
```

可以像这样访问 JavaScript 对象数组中的第一项：

```
employees[0].lastName;
```

返回的内容是：Smith。

也可以像这样修改数据：

```
employees[0].lastName = "Williams";
```

**例 10-1：**

```
<html>
  <body>
    <h2>在 JavaScript 中创建 JSON 对象</h2>
    <p>
      Name: <span id="jname"></span><br />
      Age: <span id="jage"></span><br />
      Address: <span id="jstreet"></span><br />
      Phone: <span id="jphone"></span><br />
    </p>
    <script>
      var JSONObject = {
        "name":"Tom Smith",
        "street":"Fifth Avenue New York 666",
        "age":36,
        "phone":"555 1234567"
      };
      document.getElementById("jname").innerHTML = JSONObject.name;
      document.getElementById("jage").innerHTML = JSONObject.age;
      document.getElementById("jstreet").innerHTML = JSONObject.street;
      document.getElementById("jphone").innerHTML = JSONObject.phone;
    </script>
  </body>
</html>
```

*273*

### 10.2.4　JSON 文件

JSON 文件的文件类型是".json"，JSON 文本的 MIME 类型是"application/json"。

## 10.3　JSON 使用

### 10.3.1　将 JSON 文本转换为 JavaScript 对象

JSON 最常见的用法之一是，从 Web 服务器上读取 JSON 数据（作为文件或者作为 HttpRequest），将 JSON 数据转换为 JavaScript 对象，然后在网页中使用该数据。为了更简单地讲解，本节使用字符串（而不是文件）作为输入进行演示。

**1. 利用传统的 eval 函数转换**

由于 JSON 语法是 JavaScript 语法的子集，JavaScript 函数 eval()可以用于将 JSON 文本转换为 JavaScript 对象。eval()函数使用的是 JavaScript 编译器，可以解析 JSON 文本，然后生成 JavaScript 对象。务必把文本包围在括号中，这样才能避免语法错误。

例 10-2：

```
<script>
    //创建包含 JSON 语法的 JavaScript 字符串：
    var txt = '{ "employees" : [' +
    '{ "firstName":"Tom", "lastName":"Smith" },' +
    '{ "firstName":"David", "lastName":"White" },' +
    '{ "firstName":"Mary", "lastName":"Johnson" } ]}';

    //请务必把文本包围在括号中，这样才能避免语法错误
    var obj = eval ("(" + txt + ")");
    //在网页中使用 JavaScript 对象
    document.getElementById("fname").innerHTML = obj.employees[0].firstName;
    document.getElementById("lname").innerHTML = obj.employees[0].lastName;
</script>
```

**2. 利用 JSON 解析器方式**

JSON.parse()可以将数据转换为 JavaScript 对象。这种方式更安全，现在主流的、较新的浏览器中都包含了 JSON 解析器。JSON 解析器的速度更快。

例 10-3：

```
<script>
    //创建包含 JSON 语法的 JavaScript 字符串：
    var txt = '{ "employees" : [' +
    '{ "firstName":"Tom", "lastName":"Smith" },' +
    '{ "firstName":"David", "lastName":"White" },' +
    '{ "firstName":"Mary", "lastName":"Johnson" } ]}';
    //JSON 解析器
    var obj = JSON.parse(txt);
```

```
//在网页中使用 JavaScript 对象
document.getElementById("fname").innerHTML = obj.employees[0].firstName;
document.getElementById("lname").innerHTML = obj.employees[0].lastName;
</script>
```

### 10.3.2 将 JSON 对象转换为 JSON 字符串

JSON.stringify() 方法可将一个 JavaScript 值（对象或者数组）转换为一个 JSON 字符串。语法如下：

JSON.stringify(value[, replacer [, space]])

- value——将要序列化成一个 JSON 字符串的值。
- replacer——可选参数。如果该参数是一个函数，则在序列化过程中，被序列化的值的每个属性都会经过该函数的转换和处理；如果该参数是一个数组，则只有包含在这个数组中的属性名才会被序列化到最终的 JSON 字符串中；如果该参数为 null 或者未提供，则对象所有的属性都会被序列化。
- space——可选参数。指定缩进用的空白字符串，用于美化输出（pretty-print）；如果参数是个数字，它代表有多少空格，上限为 10。该值若小于 1，则意味着没有空格；如果 space 参数为字符串（字符串的前十个字母），则这个字符串代表空格；如果该参数没有提供（或者为 null），将没有空格。

例 10-4：

```
JSON.stringify({});                      // '{}'
JSON.stringify(true);                    // 'true'
JSON.stringify("foo");                   // '"foo"'
JSON.stringify([1, "false", false]);     // '[1,"false",false]'
JSON.stringify({ x: 5 });                // '{"x":5}'
JSON.stringify({x: 5, y: 6});            // '{"x":5,"y":6}'
```

## 10.4 JSON 特点及后台使用

对于 JSON 的使用及特点，可以归纳为以下几点：

- 对象是属性/值对的集合。一个对象开始于"{"，结束于"}"。每一个属性名和值间用":"提示，属性间用","分隔。
- 数组是有顺序的值的集合。一个数组开始于"["，结束于"]"，值之间用","分隔。
- 值可以是引号里的字符串、数字、true、false、null，也可以是对象或者数组。这些结构都能嵌套。
- 字符串和数字的定义与 C 或者 Java 基本一致。

前面已经说明在前台如何解析 JSON，如果需要后台传回 JSON 格式的字符串，那么在后台应该怎样来组建这个字符串呢？

第一种，使用手工方式。

Java 代码里：

```
String json = "{"userId":11, "userName": "John"}";
```

这种方式可行，但是容易出错也不灵活。

第二种，借助第三方 jar 包。

幸好 Java 的世界里从不缺乏让人兴奋的东西。Json-lib、开源的 Jackson、Google 的 Gson 以及阿里巴巴的 FastJson 都是常用的 JSON 工具。它们可以将 Java 对象转成 JSON 格式的字符串，也可以将 Java 对象转换成 XML 格式的文档，同样也可以将 JSON 字符串或 XML 字符串转换成 Java 对象。它们封装了大量 JSON 的操作方法和类，通过它们可以轻松创建和解析 JSON。

Json-lib 是最早的也是应用最广泛的 JSON 解析工具，然而 Json-lib 需要依赖很多第三方 jar 包，包括 commons-beanutils.jar、commons-collections.jar、commons-lang-2.4.jar、commons-logging-1.0.jar 和 ezmorph-1.0.6.jar。相比 Json-lib 框架，Jackson 所依赖的 jar 包较少，简单易用并且性能也高些。Gson 是目前功能最全的 JSON 解析器。Gson 的应用主要为 toJson 与 fromJson 两个转换函数，不需要额外的 jar 包，能够直接运行在 JDK 上，但性能比 FastJson 差。FastJson 是一个 Java 语言编写的高性能的 JSON 处理器，由阿里巴巴公司开发。它不需要依赖额外的 jar 包，能够直接运行在 JDK 上。

## 10.5 综合应用

要求构建 JSP 页面，包含 div 层和三个表单元素，分别是用户名文本框、身份证号文本框和提交按钮。当用户点击按钮时，使用 jQuery 发起一个 Ajax 请求，访问服务器端的 Servlet 程序，校验用户名和密码是否为"张三"和"123456"，如果满足条件则以 JSON 格式返回校验结果。成功时返回"用户名密码校验成功"，失败时返回"用户名或者密码错误"。

首先，在 Eclipse 里面新建一个 Web 工程 AjaxJqueryWeb，并导入相应的 JSON 处理 jar 包。

### 10.5.1 JSP 页面

JSP 页面主要包含表单，并使用 jQuery 向服务器发起一个 Ajax 请求。

```
<%@ page language="java" contentType="text/html;
    charset=utf-8" pageEncoding="utf-8"%>
<!DOCTYPE html PUBLIC "-//W3C//DTD HTML 4.01 Transitional//EN"
    "http://www.w3.org/TR/html4/loose.dtd">
<html>
<head>
<meta http-equiv="Content-Type" content="text/html; charset=utf-8">
<title>验证用户</title>
<script src="http://libs.baidu.com/jquery/1.11.1/jquery.min.js"></script>
<script>
    $(function(){
        $("#btn").click(function() {
```

```javascript
            var un=$("#un").val();
            var pd=$("#pd").val();
            $.ajax({
                type:"post",
                url:"/AjaxJqueryWeb/checkInput",
                dataType:"json",
                data:'un='+un+'&pd='+pd,
                success:function(json) {
                    $("#result").html(json.message);
                }
            });
        });
    });
  </script>
 </head>
  <body>
    <div id="result"></div>
    <form>
      <input type="text" name="username" id="un"/><br/>
      <input type="password" name="password" id="pd"/><br/>
      <input type="button" id="btn" value="提交"/>
    </form>
  </body>
</html>
```

### 10.5.2 Servlet 编写

此处使用基于 Annotation 注解的方式配置 Servlet。

```java
import java.io.IOException;
import java.io.PrintWriter;
import javax.servlet.ServletException;
import javax.servlet.annotation.WebServlet;
import javax.servlet.http.HttpServlet;
import javax.servlet.http.HttpServletRequest;
import javax.servlet.http.HttpServletResponse;
import net.sf.json.JSONObject;

@WebServlet("/checkInputServlet")
public class checkInputServlet extends HttpServlet {
    private static final long serialVersionUID = 1L;
    public checkInputServlet() {
        super();
    }
    protected void doGet(HttpServletRequest request,
        HttpServletResponse response) throws ServletException, IOException {
        doPost(request, response);
```

```java
        }
        protected void doPost(HttpServletRequest request,
            HttpServletResponse response) throws ServletException, IOException {
            String un=request.getParameter("un");
            String pd=request.getParameter("pd");
            JSONObject jo = new JSONObject();
            if ("张三".equals(un) && "123456".equals(pd)) {
                jo.put("message", "校验成功！");
            } else {
                jo.put("message", "用户名或者密码错误！");
            }
            response.setCharacterEncoding("UTF-8");
            PrintWriter pw = response.getWriter();
            pw.write(jo.toString());
        }
    }
```

## 思考题

1. 判断题：

JSON(JavaScript Object Notation) 是一种轻量级的数据交换格式，它是基于 JavaScript 的一个子集，数据格式简单，易于读写，占用带宽小。

2. 简述什么是 JSON 及其使用方式。
3. 简述 JSON、XML 解析有哪些方式。
4. 与 XML 相比，为什么推荐使用 JSON？
5. 简述 JSON 的优点与缺点。

# 附录 实 验

## 实验一 使用 JavaScript 实现网页特效

### 一、实验目的
1. 完善一个网站的首页制作。
2. 运用 JavaScript 技术实现网页特效。

### 二、训练技能点
1. 获得页面上的层对象。
2. 获得表单元素。
3. 实现层的隐藏和显示。
4. 使用正则表达式完成表单验证。
5. 实现动态添加下拉列表框选项。

### 三、实验内容
1. 阶段一：制作随鼠标滚动的带有关闭按钮的广告图片。
实现思路：
- 页面添加广告层和关闭层。
- 设置层的 z-index 属性，数值大的靠前显示。
- 样式中的 display 属性控制层的显示和隐藏。
- 用 pixelTop 属性获取层距页面顶部的距离。
- document.body.scrollTop 用于获取网页随鼠标滚动被卷去的高度。

2. 阶段二：实现图片切换效果。
效果截图：

实现思路：
"网游点卡"和"手机充值"各自准备两组凸起和凹进去的图片组合，通过设置图片样式中的 display 属性值 block/none，来实现类似 Tab 页的切换效果。

3. 阶段三：实现表单验证。

实现思路：
- 获得输入表单元素的值，注意 String 对象的相关用法。
- 在表单的 onsubmit 事件中调用验证函数。
- 如果文本框或者密码为空，可以使用 alert()方法显示提示信息，也可以通过层的隐藏和显示实现即时消息提示。
- 当文本框内容为空时，使用 focus()方法自动获得焦点。
- 增加用户名输入类型、字符个数验证、密码长度验证。
- 使用正则表达式完成电子邮件等个人信息的内容验证。

4. 阶段四：实现省市级联功能。

实现思路：
（1）准备省份类别下拉列表框元素和城市名称下拉列表框元素。
（2）在省份类别下拉列表框中加入列表选项，定义下拉列表框的 change 事件。

事件函数的实现思路：
- 定义一个自定义数组，存放城市名称。
- 通过数组索引的方式，创建每个省份类别对应的城市名称数组。
- 获得省份类别，选择省份下拉列表框的索引。
- 依据省份类别索引，将索引相同的城市名称数组循环加入城市下拉列表框中。

四、实验要求及总结

1. 结合上课内容，完成上机实验。
2. 整理上机步骤，总结经验和体会。
3. 撰写实验报告并上交程序及运行结果。

## 实验二  使用 jQuery 实现网页特效

### 一、实验目的

1. 掌握 jQuery 选择器。
2. 掌握 jQuery 事件和动画处理机制。
3. 掌握 jQuery 操作表单和表格的方法。

### 二、训练技能点

1. 熟练运用 jQuery 选择器。
2. 理解 jQuery 对象和 DOM 对象。
3. 熟练掌握 jQuery HTML 操作。
4. 能够运用 jQuery 进行样式的增加、删除以及切换。
5. 能够进行 jQuery 遍历。
6. 能够实现 jQuery 动画。

### 三、实验内容

1. 评分控件

构建一个评分控件，要求初始状态为五颗空白星星，当鼠标滑过时空白星星变为相应数量的黄色星星。

2. 搜索框效果

构建一个文本框，当焦点放入控件，如果文本框中显示的是灰色"请输入关键词"，那么将该提示文本清空，并将字体颜色设置为黑色。当焦点离开控件，如果文本框中是空值，那么将文本框填充为"请输入关键词"，颜色恢复设置为灰色。

3. 全选/全不选/反选效果

构建一个 checkbox 列表，列表内容不限。添加三个按钮，分别是全选、全不选和反选，要求依次点击三个按钮后实现相应的效果。

4. Tooltips 提示

有如下 HTML 代码，请使用 jQuery 实现文字提示功能。当鼠标移动到文字上面时，显示提示文字为"I'm a tooltip"，当鼠标移走时，提示文字消失。

```
<span id="myspan">欢迎光临本网站</span>
```

5. 注册页面

注册提交按钮的初始状态为禁用，通过倒计时读秒阅读用户协议信息，并在按钮处显示剩余秒数，当计时为零时按钮变成启用状态。

### 四、实验要求及总结

1. 结合上课内容，完成上机实验。
2. 整理上机步骤，总结经验和体会。
3. 撰写实验报告并上交程序及运行结果。

## 实验三　HTML5 表单及文件处理

### 一、实验目的
1. 了解表单的概念和定义表单的方法。
2. 学习使用 HTML5 表单的新特性。

### 二、实验准备

1. 了解用户提交数据的最常用方式是通过表单。除了可以使用表单传送用户输入的数据，还可以用于上传文件。在定义表单和表单控件等方面，HTML5 与 HTML4 兼容。

2. HTML5 对表单进行了很多扩充和完善，从而可以设计出全新界面的表单。HTML5 表单的新特性包括新的 input 类型、新的表单元素、新的表单属性以及新增的表单验证功能。

3. 检测是否安装了 Chrome、FF、Opera 等浏览器。

### 三、实验内容

1. 使用 HTML5 表单的新特性

（1）在表单中定义 E-mail 地址的输入域。

```
<form id="form1" name="form1" method="post" action="">
  E-mail: <input type="email" name="user_email" />
  <button type="submit" name="submit" id="submit">提交</button>
  <button type="reset" name="reset" id="reset">重设</button>
```

</form>

（2）在表单中定义输入 url 的文本框。

（3）在表单中定义输入数值的文本框，并规定取值范围为 1~100，默认值为 30。

（4）在表单中定义 date、month、week、time、datetime、datetime-local 类型的文本框，注意观察它们的界面风格和使用方式。

（5）在表单中定义 color 类型的文本框，用于选择颜色。

（6）在表单中定义用于输入搜索引擎的文本框，该文本框中使用 datalist 元素定义输入域的选项列表，选项包含百度和 Google 两个选项。

（7）在表单中使用 output 元素，resCalc() 函数用于计算 num_a 和 num_b 之和，并将计算结果显示在 outupt 元素中。

（8）使用 checkValidity()方法检查 input 元素是否满足非空验证要求。单击"验证"按钮时，如果为空会提示"请填写此字段"。

（9）使用 input 对象的 setCustomValidity() 方法设置自定义的提示方法。定义一个表单 form1，包含一个用于输入密码的文本框和一个用于表单验证的按钮。不输入密码，直接单击"验证"按钮时，会提示"请填写此字段"，说明 checkValidity()方法被调用，对 password1 域进行了验证。

2．练习 HTML5 的文件处理功能

（1）定义选择文件的表单控件。

```
<input type="file" id="Files" name="files[]" multiple />
```

（2）检测浏览器是否支持 HTML5 File API。

```
<script>
function check() {
  if (window.File && window.FileReader && window.FileList && window.Blob) {
      alert("您的浏览器完全支持 HTML5 File API。");
  }
  else{
      alert("您的浏览器不支持 HTML5 File API。");
  }
}
</script>
<button id="check" onclick="check();">
    检测浏览器是否支持 HTML5 File API</button>
```

（3）使用 FileList 接口和 File 接口显示选择文件的名称和大小。

```
<input type="file" id="Files" name="files[]" multiple />
<div id="Lists">div</div>
<script>
  function fileSelect(e) {
      e = e || window.event;
      var files = e.target.files;    //FileList 对象
```

```
            var output = [];
            for(var i = 0, f; f = files[i]; i++) {
                output.push("<li><strong>" + f.name + "</strong>(" + f.type + ") - "
                    + f.size +"bytes</li>");
            }
            document.getElementById("Lists").innerHTML
                = "<ul>"+ output.join("") + "</ul>";
        }
    </script>
```

(4) 使用 FileReader 接口读取并显示选择的文本文件的内容。

```
    <input type="file" id="file"/>
    <div name="result" id="result"></div>
    <script>
        function fileSelect(e) {
            e = e || window.event;
            var files = e.target.files;
            var f = files[0];
            var reader=new FileReader();      //创建 FileReader 对象用于读取文件
            reader.readAsText(f);             //读取文本数据
            //读取数据成功后的处理函数
            reader.onload = function (f) {
                document.getElementById("result").innerHTML = this.result;
            }
        }
    </script>
```

### 四、实验要求及总结

1. 结合上课内容，完成上机实验。
2. 整理上机步骤，总结经验和体会。
3. 撰写实验报告并上交程序及运行结果。

## 实验四　使用 Canvas API 画图

### 一、实验目的

1. 了解什么是 Canvas 元素。
2. 学习使用 Canvas API 绘制各种图形。
3. 掌握图形的操作：包括移动、旋转、缩放或者变形；在绘制复杂图形时保存绘图状态，并在需要时恢复之前保存的绘图状态。

### 二、实验准备

1. 了解 HTML5 提供了 Canvas 元素，可以在网页中定义一个画布，然后使用 Canvas API 在画布中画图以及清除数据。
2. 了解坐标系统的概念和颜色的表示方法。

3. 复习 JavaScript 中 window 对象 setInterval()方法的用法。
4. 检测是否安装了 Chrome、FireFox、Opera 等浏览器。

### 三、实验内容

使用 Canvas API 实现的动画实例——小型太阳系模型，由地球、月球和太阳组成。在漆黑的夜空中，地球围着太阳转、月球围着地球转。

**准备知识：**

定期绘图，也就是每隔一段时间就调用绘图函数进行绘图。动画是通过多次绘图实现的，一次绘图只能实现静态图像。可以使用 setInterval()方法设置一个定时器，语法如下：

   setInterval(函数名, 时间间隔)

清除先前绘制的所有图形。物体已经移动开来，可原来的位置上还保留先前绘制的图形，这样当然不行。解决这个问题最简单的方法是使用 clearRect 方法清除画布中的内容。

在设计小型太阳系模型动画实例之前需要准备 3 个图片，分别用于表现地球、月球和太阳。本例的画面比较小，因此这 3 个图片不需要很精美。这里使用 sun.png 表现太阳，使用 eartrh.png 表现地球，使用 moon.png 表现月球，它们保存在 images 目录下。

**实验步骤：**

1. 首先定义一个 Canvas 元素。
2. 在 JavaScript 代码中定义 3 个 Image 对象，分别用于显示 sun.png、eartrh.png 和 moon.png。然后定义一个 init()函数，初始化 Image 对象，并设置定时器。

```
<script>
    var sun = new Image();
    var moon = new Image();
    var earth = new Image();
    function init(){
        sun.src = "images/sun.png";
        moon.src = "images/moon.png";
        earth.src = "images/earth.png";
        setInterval(draw,100);
    }
    ……
    //此处省略 draw()函数的代码
    window.addEventListener("load", init, true);
</script>
```

3. 绘制背景：背景就是漆黑的夜空，因此简单地画一个黑色的矩形就可以了。

```
function draw() {
    var ctx = document.getElementById("canvasId").getContext("2d");
    ctx.clearRect(0,0,300,300); //清除 canvas 画布
    ctx.fillStyle = "rgba(0,0,0)";
    ctx.fillRect(0,0,300,300);
    ctx.save();
}
```

4. 绘制太阳：

    ctx.drawImage(sun,125,125,50,50);

5. 绘制地球轨道：

    ctx.strokeStyle = "rgba(0,153,255,0.4)";
    ctx.beginPath();
    ctx.arc(150,150,100,0,Math.PI*2,false);  // 地球轨道
    ctx.stroke();
    ctx.closePath();

6. 绘制地球：

因为地球围绕着太阳转，所以在绘制地球之前，要进行下面几次平移和旋转操作。

（1）平移至画布的中心（即站在太阳的角度看地球）。

（2）根据当前的时间旋转一定的角度。

（3）平移至地球轨道。

    ctx.save();
    // 绘制地球
    ctx.translate(150,150);   // 平移至画布的中心
    var time = new Date();    // 获取当前时间
    // 旋转一定的角度
    ctx.rotate( ((2*Math.PI)/60)*time.getSeconds() +
                            ((2*Math.PI)/60000)*time.getMilliseconds() );
    ctx.translate(105,0);     // 平移至地球轨道
    ctx.drawImage(earth,-12,-12);   // 绘制地球

7. 绘制月球：

    ctx.save();
    ctx.rotate( ((2*Math.PI)/6)*time.getSeconds() +
                            ((2*Math.PI)/6000)*time.getMilliseconds() );
    ctx.translate(0,28.5);
    ctx.drawImage(moon,-3.5,-3.5);

8. 恢复绘图状态：

在绘制地球和月球时都进行了平移和旋转操作。绘制之前都调用 ctx.save()方法保存绘图状态。在绘制结束时需要两次恢复绘图状态，代码如下：

    ctx.restore();
    ctx.restore();

### 四、实验要求及总结

1. 结合上课内容，完成上机实验。
2. 整理上机步骤，总结经验和体会。
3. 撰写实验报告并上交程序及运行结果。

# 实验五  获取浏览器的地理位置信息

## 一、实验目的
1. 了解什么是浏览器的地理位置信息。
2. 学习使用 Geolocation API 获取地理位置信息的方法。
3. 学习主流浏览器配置共享地理位置的方法。

## 二、实验准备
1. HTML 5 定义了 Geolocation API 规范，可以通过浏览器获取用户的地理位置。
2. 了解地理位置信息属于个人隐私，很多人不希望自己的位置被别人获取。因此，当浏览器获取地理位置信息时，浏览器都会做一定的数据保护措施。
3. 利用百度 API 绘制显示当前位置的地图。

## 三、实验内容
在访问位置信息前，浏览器都会询问用户是否共享其位置信息。以 Chrome 浏览器为例，如果用户允许 Chrome 浏览器与网站共享他的位置，Chrome 浏览器就会向百度位置服务发送本地网络信息，估计用户所在的位置。然后，浏览器会与请求使用用户位置的网站共享用户的位置。

1. HTML5 Geolocation API 基本调用方式如下：

```
if (navigator.geolocation) {
    navigator.geolocation.getCurrentPosition(locationSuccess, locationError,{
        // 指示浏览器获取高精度的位置，默认为 false
        enableHighAcuracy: true,
        // 指定获取地理位置的超时时间，默认不限时，单位为毫秒
        timeout: 5000,
        // 最长有效期，在重复获取地理位置时，此参数指定多久再次获取位置。
        maximumAge: 3000
    });
}else{
    alert("Your browser does not support Geolocation!");
}
```

2. locationError 为获取位置信息失败的回调函数，可以根据错误类型提示信息：

```
locationError: function(error){
    switch(error.code) {
    case error.TIMEOUT:
        showError("A timeout occured! Please try again!");
        break;
    case error.POSITION_UNAVAILABLE:
        showError("We can't detect your location. Sorry!");
        break;
    case error.PERMISSION_DENIED:
        showError("Please allow geolocation access for this to work.");
```

```
            break;
        case error.UNKNOWN_ERROR:
            showError("An unknown error occured!");
            break;
    }
}
```

3. 结合百度地图 API 在地图中显示当前用户的位置信息。

```
<!DOCTYPE html>
<html>
  <head>
    <script src="http://api.map.baidu.com/api?
        v=2.0&ak=134db1b9cf1f1f2b4427210932b34dcb"></script>
    <title>浏览器定位</title>
    <style>
        body, html,#allmap {width: 100%;height: 100%;
                overflow: hidden;margin:0;font-family:"微软雅黑";}
    </style>
  </head>
  <body>
    <div id="allmap"></div>
  </body>
</html>
    <script>
        //默认地理位置设置为张家港
        var x=120.52;
        var y=32.02;
        window.onload = function() {
            //百度地图 API 功能
            var map = new BMap.Map("allmap");
            var point = new BMap.Point(x,y);
            map.centerAndZoom(point,12);
            var geolocation = new BMap.Geolocation();
            //百度 API 定位不准，借助 HTML5 自带定位
            navigator.geolocation.getCurrentPosition(function(r) {
                if(this.getStatus() == BMAP_STATUS_SUCCESS) {
                    var mk = new BMap.Marker(r.point);
                    map.addOverlay(mk);
                    map.panTo(r.point);
                } else {
                    alert('failed'+this.getStatus());
                }
            },{enableHighAccuracy: true}
            )
            return;
        };
```

        </script>

### 四、实验要求及总结
1. 结合上课内容，完成上机实验。
2. 整理上机步骤，总结经验和体会。
3. 撰写实验报告并上交程序及运行结果。

## 实验六  Web 通信

### 一、实验目的
1. 学习 XMLHttpRequest 的工作原理和功能。
2. 熟练掌握 XMLHttpRequest 的开发过程。

### 二、实验准备
XMLHttpRequest 是一个浏览器接口，开发者可以使用它提出 HTTP 和 HTTPS 请求，而且不用刷新页面就可以修改页面的内容。XMLHttpRequest 的两个最常见的应用是提交表单和获取额外的内容。使用 XMLHttpRequest 对象可以实现下面的功能：
- 在不重新加载页面的情况下更新网页。
- 在页面已加载后从服务器请求/接收数据。
- 在后台向服务器发送数据。

XMLHttpRequest 的开发过程如下：
- 创建 XMLHttpRequest 对象 xmlHttp。
- 设置回调函数。
- 使用 open()方法与服务器建立连接。
- 使用 send()方法向服务器端发送数据。
- 在回调函数中针对不同的响应状态进行处理。

### 三、实验内容
在网页中定义一个按钮，单击此按钮时，使用 XMLHttpRequest 对象从服务器获取并显示一个 XML 文件的内容，并获取完整的 HTTP 相应头部。

实验步骤：

1. 搭建一个 Web 服务器，可以使用 IIS、Apache 或者 Tomcat。搭建成功后将编写的网页和 XML 文件复制到网站的根目录下。

2. 编写网页内容。
- 创建 XMLHttpRequest 对象，对于不同的浏览器，创建的代码不同。
- 发送 HTTP 请求。
- 从服务器接收数据，即指定响应处理函数。
- 调用 getAllResponseHeaders()方法获取完整的 HTTP 响应头部。

### 四、实验要求及总结
1. 结合上课内容，完成上机实验。
2. 整理上机步骤，总结经验和体会。

3. 撰写实验报告并上交程序及运行结果。

## 实验七  使用 CSS3 表现页面

一、实验目的
1. 掌握 CSS 的基础知识和基本功能。
2. 熟练掌握 CSS3 的新特性。
3. 能够根据想要表现的页面要求查阅 CSS3 参考手册和相关文档。

二、实验准备
1. 了解层叠样式表（CSS）是用来定义网页的显示格式的，使用它可以设计出更加整洁、漂亮的网页。目前最新版本的层叠样式表是 CSS3，其中扩充了很多新颖的界面效果。CSS3 并不是 HTML5 的组成部分，但是，CSS3 和 HTML5 有着很好的兼容性。
2. CSS3 语言开发是模块化的，原有的规范被分解为一些小的模块，同时还新增加了一些模块。CSS3 的主要模块包括盒子模块、列表模块、超链接模块、语言模块、背景和边框、文字特效、多栏布局等。
3. 复习 CSS 的基本语法和选择器。
4. 熟悉 CSS3 2D/3D 转换、动画、过渡等样式。
5. 了解 CSS3 新的选择器语法。

三、实验内容
1. 设计 3D 导航菜单
参照 8.3.3 节的例子设计一个 3D 导航菜单，主要样式说明如下：

```
<style>
  body{
    margin: 0;
    padding:0;
  }
  #nav{
    height: 40px;
    list-style: none;
  }
  #nav li{
    float: left;
    height: 100%;
    width: 120px;
    position: relative;
    transition: all 1s;
    transform-style: preserve-3d;
    -webkit-transform-style:preserve-3d;
  }
  #nav li span{
    width: 100%;
    height: 100%;
```

```css
            text-align: center;
            position: absolute;
            line-height: 40px;
            left: 0;
            top: 0;
        }
        #nav li span:first-child{
            background-color: orange;
            transform:rotateX(90deg) translateZ(20px);
            /*注意字的正反，转动了坐标轴跟着动*/
        }
        #nav li span:last-child{
            background-color: yellow;
            transform: translateZ(20px);
        }
        #nav:hover li{
            transform: rotateX(-90deg);
        }
        #nav li:nth-child(1) {transition-delay: 0s;} /*延时*/
        #nav li:nth-child(2) {transition-delay: 0.25s;}
        /*这里 li 前面不设置#nav 就会一起转动*/
        #nav li:nth-child(3) {transition-delay: 0.5s;}
        #nav li:nth-child(4) {transition-delay: 0.75s;}
        #nav li:nth-child(5) {transition-delay: 1s;}
    </style>
```

2. 设计图片的自动轮播效果

请在 8.3.4 节例子的基础上，完成图片的自动轮播效果，主要样式说明如下：

```css
    <style>
        .cards {
            position: absolute;
            top: 50%;
            left: 50%;
            width: 180px;
            height: 210px;
            /*用来实现轮播的完全居中*/
            -webkit-transform: translate(-50%, -50%);
            -ms-transform: translate(-50%, -50%);
            transform: translate(-50%, -50%);
            -webkit-perspective: 600px;
            perspective: 600px;
        }
        .cards_content {
            position: absolute;
            width: 100%;
            height: 100%;
```

```css
/*transform-style 属性规定嵌套元素怎样在三维空间中呈现。*/
/*flat: 表示所有子元素在 2D 平面呈现。*/
/*preserve-3d: 表示所有子元素在 3D 空间中呈现。*/
-webkit-transform-style: preserve-3d;
transform-style: preserve-3d;
-webkit-transform: translateZ(-182px) rotateY(0);
transform: translateZ(-182px) rotateY(0);
-webkit-animation:
    route 10s infinite cubic-bezier(1, 0.015, 0.295, 1.225) forwards;
animation:
    route 10s infinite cubic-bezier(1, 0.015, 0.295, 1.225) forwards;
}
.card {
  position: absolute;
  top: 0;
  left: 0;
  width: 180px;
  height: 210px;
  border-radius: 6px;
}
.card:nth-child(1) {
  background: rgba(252, 192, 77, 0.9);
  -webkit-transform: rotateY(0) translateZ(182px);
  transform: rotateY(0) translateZ(182px);
}
.card:nth-child(2) {
  background: rgba(49, 192, 204, 0.9);
  -webkit-transform: rotateY(90deg) translateZ(182px);
  transform: rotateY(90deg) translateZ(182px);
}
.card:nth-child(3) {
  background: rgba(255, 11, 240, 0.9);
  -webkit-transform: rotateY(180deg) translateZ(182px);
  transform: rotateY(180deg) translateZ(182px);
}
.card:nth-child(4) {
  background: rgba(127, 0, 255, 0.9);
  -webkit-transform: rotateY(270deg) translateZ(182px);
  transform: rotateY(270deg) translateZ(182px);
}
@-webkit-keyframes route {
  0%, 15% {
    -webkit-transform: translateZ(-182px) rotateY(0);
    transform: translateZ(-182px) rotateY(0);
  }
```

```
            20%, 35% {
                -webkit-transform: translateZ(-182px) rotateY(-90deg);
                transform: translateZ(-182px) rotateY(-90deg);
            }
            40%, 55% {
                -webkit-transform: translateZ(-182px) rotateY(-180deg);
                transform: translateZ(-182px) rotateY(-180deg);
            }
            60%, 75% {
                -webkit-transform: translateZ(-182px) rotateY(-270deg);
                transform: translateZ(-182px) rotateY(-270deg);
            }
            80%, 100% {
                -webkit-transform: translateZ(-182px) rotateY(-360deg);
                transform: translateZ(-182px) rotateY(-360deg);
            }
        }
        @keyframes route {
            0%, 15% {
                -webkit-transform: translateZ(-182px) rotateY(0);
                transform: translateZ(-182px) rotateY(0);
            }
            20%, 35% {
                -webkit-transform: translateZ(-182px) rotateY(-90deg);
                transform: translateZ(-182px) rotateY(-90deg);
            }
            40%, 55% {
                -webkit-transform: translateZ(-182px) rotateY(-180deg);
                transform: translateZ(-182px) rotateY(-180deg);
            }
            60%, 75% {
                -webkit-transform: translateZ(-182px) rotateY(-270deg);
                transform: translateZ(-182px) rotateY(-270deg);
            }
            80%, 100% {
                -webkit-transform: translateZ(-182px) rotateY(-360deg);
                transform: translateZ(-182px) rotateY(-360deg);
            }
        }
    </style>
```

## 四、实验要求及总结

1. 结合上课内容，完成上机实验。
2. 整理上机步骤，总结经验和体会。
3. 撰写实验报告并上交程序及运行结果。

## 实验八  Ajax 技术应用

### 一、实验目的
1. 掌握运用 Ajax 技术创建快速动态网页。
2. 熟练掌握 Ajax 请求过程。
3. 掌握运用 JSP/Servlet 构建 Web 应用程序的基本步骤。
4. 掌握 JSON 格式数据的特点和处理。

### 二、训练技能点
1. 运用 JSP/Servlet 构建 Web 应用程序。
2. 运用 JDBC 访问数据库。
3. 运用 Ajax 技术实现数据访问。
4. 构建和解析 JSON 格式的数据。

### 三、实验内容
首先，要求实现下拉框的级联。选择下拉框一中的内容（城市名称），在下拉框二中将会显示在这个城市中的部门，在下拉框二中选择部门名称，在下拉框三中显示部门的人员。其次，在下拉框中选择人员名称，将在页面表格中显示人员具体信息。所有数据全部存储在数据库中。请使用 Ajax 技术只更新当前页面部分内容，无须刷新整个页面，客户端和服务器之间的数据采用 JSON 格式传输。

### 四、实验要求及总结
1. 结合上课内容，完成上机实验。
2. 整理上机步骤，总结经验和体会。
3. 撰写实验报告并上交程序及运行结果。

# 参 考 文 献

[1] W3school[EB/OL]. http://www.w3school.com.cn/.

[2] W3Cschool[EB/OL]. https://www.w3cschool.cn/.

[3] 菜鸟教程[EB/OL]. https://www.runoob.com/.

[4] MDN web docs[EB/OL]. https://developer.mozilla.org/zh-CN/docs/Web.

[5] 李雯, 李洪发. HTML5 程序设计基础教程[M]. 北京: 人民邮电出版社, 2013.

[6] 北大青鸟信息技术有限公司. 使用 HTML 语言和 CSS 开发商业站点[M]. 北京: 科学技术文献出版社, 2011.

[7] 北大青鸟信息技术有限公司. JavaScript 客户端验证和页面特效制作[M]. 北京: 科学技术文献出版社, 2008.

[8] 单东林, 张晓菲, 魏然, 等. 锋利的 jQuery [M]. 2 版. 北京: 人民邮电出版社, 2012.

[9] 弗兰纳根. JavaScript 权威指南 [M]. 6 版. 北京: 机械工业出版社, 2012.

[10] 百度百科[EB/OL]. https://baike.baidu.com/.

[11] MBA 智库百科[EB/OL]. http://wiki.mbalib.com/wiki/%E9%A6%96%E9%A1%B5.

[12] 陶国荣. jQuery 权威指南[M]. 2 版. 北京: 机械工业出版社, 2013.

[13] 李刚. 疯狂 Ajax 讲义: jQuery/Ext JS/Prototype/DWR 企业应用前端开发实战[M]. 3 版. 北京: 电子工业出版社, 2013.

[14] 王波. jQuery easyUI 开发指南[M]. 北京: 人民邮电出版社, 2015.

[15] 兄弟连教育. 细说 Ajax 与 jQuery[M]. 北京: 电子工业出版社, 2017.

[16] jQuery MiniUI[EB/OL]. http://www.miniui.com/.

[17] 赖尔. Head First Ajax（中文版）[M]. 苏金国, 王小振, 王恒, 等译. 北京: 中国电力出版社, 2010.

[18] 巴塞特. JSON 必知必会[M]. 魏嘉讯, 译. 北京: 人民邮电出版社, 2016.

[19] fastJSON[EB/OL]. https://archive.codeplex.com/?p=fastjson.

[20] Jeffrey E F Friedl. 精通正则表达式 [M]. 余晟, 译. 3 版. 北京: 电子工业出版社, 2012.

[21] Jan Goyvaerts, Steven Levithan. 正则表达式经典实例 [M]. 郭耀, 迟骋, 译. 2 版. 北京: 人民邮电出版社, 2014.

[22] 阮晓龙, 耿方方, 许成刚. Web 前端开发 HTML5+CSS3+jQuery+Ajax 从学到用完美实践[M]. 北京: 中国水利水电出版社, 2016.

[23] 李东博. HTML5+CSS3 从入门到精通[M]. 北京: 清华大学出版社, 2013.

[24] Java 后端 WebSocket 的 Tomcat 实现[EB/OL]. https://www.cnblogs.com/xdp-gacl/p/5193279.html.

[25] 理解 CSS3 transform 中的 Matrix（矩阵）[EB/OL]. https://www.zhangxinxu.com/wordpress/2012/06/css3-transform-matrix-%E7%9F%A9%E9%98%B5/.

[26] CSS3 小案例[EB/OL]. https://blog.csdn.net/jifubu6013/article/details/79838082.

[27] CSS3-3D 制作案例分析实战[EB/OL]. https://www.cnblogs.com/st-leslie/p/5791714.html.

[28] 卢冶, 张小立, 许兵, 等. 物流微信化运营模式的设计与实现[J]. 计算机系统应用, 2016, 25(10): 108-113.

[29] 卢冶, 翟东涛, 过锡伟. 边检"V 通关"微信服务平台的设计与实现[J]. 实验室研究与探索, 2015, 34(10): 92-95.

[30] 卢冶, 徐明, 苏勇. 农村环境连片整治长效管理感知平台的设计[J]. 实验室研究与探索, 2014, 33(2): 118-121.

[31] 卢冶, 徐明, 苏勇. 一个基于 Ext-JS 技术的污水管理信息平台的设计与实现[J]. 计算机应用与软件, 2013, 30(9): 241-244.

[32] 柳峰. 微信公众平台应用开发方法、技巧与案例[M]. 北京: 机械工业出版社, 2014.